中国劳动关系学院“十三五”规划教材

建筑施工
安全技术与管理

（第二版）

JIANZHU SHIGONG ANQUAN JISHU YU GUANLI

余志红　胡广霞 ◎ 编著

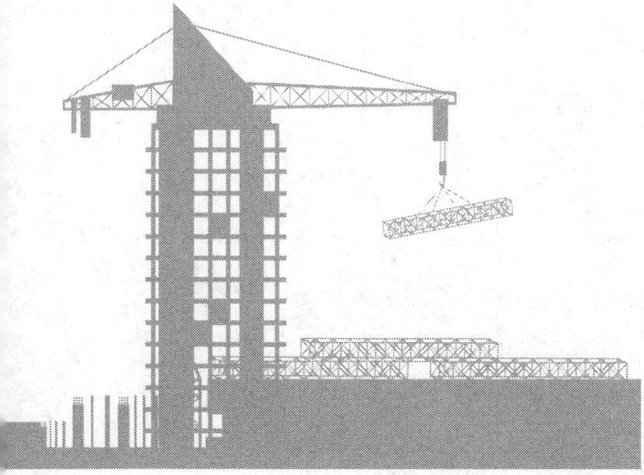

首都经济贸易大学出版社
Capital University of Economics and Business Press
· 北 京 ·

图书在版编目（CIP）数据

建筑施工安全技术与管理 / 余志红，胡广霞编著.
2 版. -- 北京 : 首都经济贸易大学出版社，2025. 6.
ISBN 978-7-5638-3896-7

Ⅰ. TU714

中国国家版本馆 CIP 数据核字第 20259ZS932 号

建筑施工安全技术与管理（第二版）

余志红　胡广霞　编著

责任编辑　杨丹璇

封面设计　砚祥志远·激光照排 TEL: 010-65976003

出版发行　首都经济贸易大学出版社

地　　址　北京市朝阳区红庙（邮编 100026）

电　　话　（010）65976483　65065761　65071505（传真）

网　　址　https://sjmcb. cueb. edu. cn

经　　销　全国新华书店

照　　排　北京砚祥志远激光照排技术有限公司

印　　刷　唐山玺诚印务有限公司

成品尺寸　170 毫米×240 毫米　1/16

字　　数　399 千字

印　　张　21

版　　次　2021 年 11 月第 1 版　**2025 年 6 月第 2 版**

印　　次　2025 年 6 月总第 5 次印刷

书　　号　ISBN 978-7-5638-3896-7

定　　价　54. 00 元

第二版前言

建筑业是我国国民经济的支柱产业。根据中国建筑业协会发布的《2024年建筑业发展统计分析》，2024 年建筑业总产值达到 32.65 万亿元。截至 2024 年底，全国共有建筑业企业 16.8 万个，建筑业从业人数为 5 962.07 万人。虽然近两年建筑业总产值增加速度放缓，但体量仍然很大，建筑施工安全事故时有发生，呼唤着建筑施工安全技术的更新和安全管理体制的完善。《“十四五”建筑业发展规划》提出了行业远景目标：“到 2035 年，中国建造核心竞争力世界领先，迈入智能建造世界强国行列。”党的二十大报告指出，应坚持安全第一、预防为主，建立大安全大应急框架，推进安全生产风险专项整治，加强重点行业、重点领域安全监管。因此，关注建筑施工安全技术和安全管理措施，并将其落实到工程中，对建筑工程质量和从业人员的生命安全具有重要意义。

本次修订在第一版的基础上，对相关数据进行了更新，补充了建筑行业最新颁布施行的法律法规，删去了部分废止的法规内容，调整了部分章节的知识结构，使得教材内容更加与时俱进，更适合当下高校建筑相关行业的教师和学生使用。本教材由建筑施工安全管理、建筑施工安全技术和建筑施工环境保护与职业健康三部分构成，具体内容如下：

建筑施工安全管理部分包括建筑施工安全的基础知识、建筑施工安全管理、建设工程安全法律体系、建筑施工安全事故报告与应急救援。建筑施工安全技术部分包括土方工程安全、脚手架及模板工程安全、高处作业安全、建筑施工机械安全、施工现场电气安全等。建筑施工环境保护与职业健康部分包括建筑施工现场职业危害及防护技术措施、建筑施工现场安全卫生管理与职业健康管理、施工现场环境保护。

本教材在编写过程中参考了大量著作和教材，并吸纳了其中的一些成果，在此谨向有关作者表示诚挚的感谢！

由于编者水平有限，书中难免有不妥之处，敬请读者批评指正。

编者

2025 年 5 月

前 言

本书为中国劳动关系学院“十三五”规划教材。

本书由建筑施工安全管理、建筑施工安全技术和建筑施工环境保护与职业健康三部分构成。其中，建筑施工安全管理部分包括建筑施工安全的基础知识、建筑施工安全管理、建设工程安全法律体系、建筑施工安全事故报告与应急救援。建筑施工安全技术部分包括土方工程安全、脚手架及模板工程安全、高处作业安全、建筑施工机械安全、施工现场电气安全等。建筑施工环境保护与职业健康部分包括建筑施工现场职业危害的分类级职业危害防护技术、建筑施工现场环境污染危害及环境保护措施。

本教材在编写过程中参考了大量著作和教材，并吸纳了其中的一些成果，在此谨向有关作者表示诚挚的感谢！

由于编者水平有限，书中难免有不妥之处，敬请读者批评指正。

编者

2020 年 12 月

目录

CONTENTS

1 建筑施工安全的基础知识

内容提要：本章介绍了建筑施工安全的概念，我国建筑施工安全生产的特点和现状，建筑施工事故类型，我国现行的安全生产方针，我国的安全生产管理体制；介绍了建设的程序和建设项目的组成，施工组织设计的相关内容；介绍了建筑施工安全管理的基本理论、原理、方法、原则、依据、要素、模式。

1.1 建筑施工安全概述

随着建筑技术的发展和进步，建筑产品的施工生产已成为一项综合而复杂的系统工程，无论在规模上还是功能上都达到了前所未有的高峰，这不仅促进了建筑行业科技水平的提高，同时也对安全生产提出了更高的要求。

建筑业有狭义和广义之分。广义的建筑业涵盖了整个建筑产品的生产以及与建筑产品生产有关的所有的服务内容，包括所有有关建筑施工的城市规划、地质勘察、项目设计，建筑材料及成品、半成品的生产销售，建筑工程的施工及产品的安装，工程项目建成后的运营、维护及管理，以及相关的咨询和中介服务等。也就是说，广义的建筑业反映了整个与建筑行业相关的经济活动。狭义的建筑业主要指的是建筑产品的生产，即建筑工程的施工活动。

1.1.1 建筑施工安全的概念

建筑施工安全是一门综合性的科学，包括建筑施工安全管理、建筑施工安全技术和施工现场环境保护与建筑施工职业健康。

1.1.1.1 建筑施工安全管理

建筑施工安全管理，是指确定建筑工程安全生产方针及实施安全生产方针的全部职能及工作内容，并对其工作效果进行评价和改进的一系列工作。它包含在建筑施工过程中组织安全生产的全部管理活动，即通过对生产要素过程的控制，减少和控制生产要素的不安全行为与不安全状态，达到消除和控制事故、实现安全管理的目标。

1.1.1.2 建筑施工安全技术

建筑施工安全技术既是施工技术的重要组成部分，又有其自身的科学体系，是一个处于发展中的新的技术领域。它主要研究建筑施工过程中存在的各种事故隐患及危险源，并采取相应的技术和措施，及时消除、阻止，以避免事故发生。

1.1.1.3 施工现场环境保护与建筑施工职业健康

施工现场环境保护是指为防止粉尘、噪声和水源污染等，搞好施工现场环境卫生的一系列技术措施和管理活动。改善作业环境是保证职工身体健康，使他们积极投入施工生产的主要因素。若环境污染严重，施工人员及周围的居民均将直接受害。搞好环境保护是利国利民的大事，是保障人们身体健康的一项重要任务。

建筑施工职业健康是指为了确保职工在建筑施工生产过程中的健康而采取的技术措施和管理活动。相对于煤矿等高危行业的职业危害，建筑行业的职业健康问题规模较小，很多时候被忽视。

随着建筑水平的不断提高和项目建设组织管理体系的日益完善，职业健康安全管理和环境保护逐渐成为工程建设单位和施工单位关注的重点。在建筑工程施工现场，职业健康安全管理可以保证施工人员的身体健康，对于工程建设的可持续发展有着重要的意义。在劳动生产过程中，改善恶劣的劳动环境、排查安全隐患等，可以保障施工人员的身心健康，确保工程的顺利进行。与此同时，也不能忽视环境保护的重要性，对环境的保护如果不到位，不仅影响工地周边的生态环境，也会被环保部门责令整改，对工程的建设产生不利影响。

1.1.2 我国建筑施工安全生产的特点及现状

近年来，随着我国建筑业企业生产和经营规模的不断扩大，建筑业总产值持续增长。根据中国建筑业协会发布的《2024 年建筑业发展统计分析》，2024 年建筑业总产值达到 32.65 万亿元。截至 2024 年底，全国共有建筑业企业 16.8 万个，建筑业从业人数为 5 962.07 万人。基于这个庞大的劳动群体，如果施工安全生产管理跟不上，势必会引发众多伤亡事故。

1.1.2.1 建筑施工安全生产的特点

建筑施工主要指工程建设实施阶段的生产活动。它有着与工矿企业明显不同的特点。

（1）产品固定

工程建设最大的特点就是产品固定，也是它不同于其他行业的根本点。

建筑产品是固定的，体积大，生产周期长。一座厂房、一幢楼房、一座烟囱或一件设备，一经施工完毕就固定不动了。生产活动都是围绕着建筑物、构筑物来进行的。这就形成了在有限的场地上集中大量的工人、建筑材料、设备零部件和施工机械进行作业的情况，这种情况一般持续几个月或一年，甚至三五年后工程才能施工完成。

（2）流动性大

一座厂房、一幢楼房完成后，施工队伍就要转移到新的地点，去建新的厂房或住宅。这些新的工程，可能在同一个厂区，也可能在另一个区域，甚至在另一个城市内，那么队伍就要相应地在区域内、城市内或者地区内流动。建筑施工复杂且变幻不定，不安全因素增多，加上流动分散，工地不固定，比较容易形成马虎凑合的心理，不采取可靠的安全防护措施，伤亡事故必然频繁发生。

（3）露天，高处作业多

在空旷的地方盖房子，没有遮阳棚，也没有避风的墙，工人长年在室外操作，夏天热，冬天冷，工作条件差。一幢建筑物从基础、主体结构到屋面工程、室外装修等，露天作业约占整个工程的70%。建筑物都是由低到高建起来的，现在的建筑一般是多层建筑，甚至十几层或几十层，以民用住宅每层高 2.9 米计算，绝大部分工人在十几米或几十米甚至百米以上的高空从事露天作业。

（4）手工操作，劳动繁重，体力消耗大

建筑行业的大多数工种至今仍由手工操作。例如：一名瓦工，每天要砌筑一千块砖，以每块砖重 2.5 千克计算，就得凭体力用两只手操作近 3 吨重的砖，一块块砌起来，弯腰上千次。还有很多工种如抹灰工、架子工、混凝土工、管道工等也都从事繁重的体力劳动。

（5）变化大，规则性差

每栋建筑物从基础、主体到装修，各道工序不同，不安全因素也不同。即使是同一道工序，由于工艺和施工方法不同，生产过程也不相同。而随着工程进度的发展，每个月、每天甚至每个小时施工现场的施工状况和不安全因素都在变化。建筑物都是由低到高建成的，从这个角度来说，建筑施工有一定的规律性，但施工现场各不相同，为了完成施工任务，要采取很多的临时性措施，其规则性就比较差了。

（6）交叉作业多

近年来，建筑物由低层向高层发展，施工现场由较为广阔的场地向狭窄的场地变化。为适应这变化的条件，垂直运输的办法也随之改变。起重机械骤然增多，龙门架等也得到了普遍的应用，施工现场吊装工作量增加了，交叉作业也随之大量增加，导致机械伤害、物体打击事故增多。

（7）拆除、改建工程带来作业的不安全性

随着旧城改建，拆除工程、改造工程数量加大，改变了工程原来的力学结构，往往导致坍塌事故的发生，给作业带来了不安全性。

1.1.2.2 建筑施工安全生产的现状

如图 1-1 所示，2015 年以前，我国建筑施工安全事故数和死亡人数总体呈下降趋势。但 2015—2019 年，事故数和死亡人数大幅上升。2020—2023 年，总体趋势下降并趋于稳定，但事故数和死亡人数仍然比较多。由此可见，建筑施工安全生产形势仍十分严峻，建筑施工的相关安全机制等应尽快完善，相关法律制度等应尽快落实，进一步促进建筑施工安全生产形势的稳定好转。

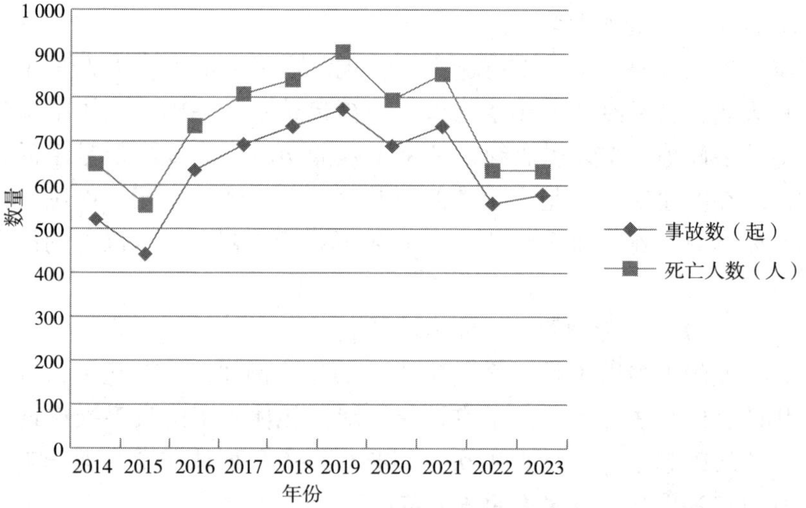

图 1-1　2014—2023 年全国房屋市政工程安全事故情况

安全事故数量随季节呈波动变化。1 月，大多数工地进入停工阶段，事故数量较少。春节过后进入施工期，安全事故数量略有上升。而在 6—8 月，气温逐渐升高，施工环境恶劣，工人的身体和精神都面临考验，安全事故数量急剧增加，7 月达到顶峰。10—12 月，逐渐进入冬期施工阶段，温度逐渐降低，安全事故数量略有下降。由此可见，季节变化对安全事故有一定影响。施工企业应制订有针对性的施工组织方案，夏季采取适当的防暑降温措施，冬季采取相应的保暖措施，优化工人施工条件。同时，努力完善安全行为规范，加强工人的安全意识培训和现场监管力度，防止不安全施工行为的发生。

1.1.2.3 建筑施工安全生产存在的问题

虽然我国现有的建筑施工安全管理水平较以前有大幅度的提高，建筑施工安全状况得到了很大程度的改善，然而，由于政治、经济、文化等发展水平所限，目前我国建筑施工安全生产管理工作还存在一些问题，制约着建筑施工安全生产水平的提高。

（1）法律法规方面

我国自1949年以来颁发并实施的有关安全生产、劳动保护方面的主要法律法规有280余项，特别是1997年通过的《中华人民共和国建筑法》、2004年施行的《建设工程安全生产管理条例》无疑对规范我国建筑市场、加强我国建筑施工安全生产、减少伤亡事故起到了积极的作用。

但是随着社会的发展，不少缺陷已经暴露，如有些建筑法律法规可操作性不强、部分法律法规还存在着内容重复和交叉等问题。

（2）政府监管方面

建筑施工安全生产的监督管理基本上还停留在突击性的安全生产大检查上，缺少日常的监督管理措施。监管体系不够完善，资金落实不到位，监管力度不够，手段落后，不能适应市场经济发展的要求。

（3）人员素质方面

建筑业是吸收农村劳动力的产业之一，与其他行业相比，建筑行业人员整体素质偏低。这主要体现在三个方面：一是目前在施工现场的从业人员中80%为农民工，其安全防范意识和操作技能低下，而职业技能的培训却远远不够。技术工人的持证上岗率相对较低。二是建筑企业负责人及高层管理人员素质不高，适应现代化企业管理模式的能力不强，发展创新动力不足。三是专业施工管理人员不够，考取建造师资格的人数不能满足企业的实际需求。

（4）安全技术方面

建筑施工安全生产科技水平相对落后。近年来，科学技术含量高、施工难度大和施工危险性大的工程增多，给建筑施工安全生产提出了新课题、新挑战。

（5）施工企业安全方面

在我国现有的施工企业中，企业安全生产投入不足、基础薄弱，企业违背客观规律，一味强调施工进度，轻视安全生产，蛮干、乱干、抢工期，在侥幸中求安全的现象相当普遍。这些企业往往过分注重自身的经济效益，忽视自身的安全，致使企业在安全监督管理方面出现有章不循、纪律松弛、违章指挥、违章作业、管理不严、监督不力、对违章行为处罚不严等现象。

（6）个体防护方面

建筑企业虽然建立了个人防护用品管理和发放制度，但仍存在一些问题，例如建筑工人未正确佩戴个人防护用品、缺乏专业培训与指导、个人防护用品维护率低等，说明对个人防护用品的管理缺少监督。

（7）危险预测和评估方面

预防建筑施工安全生产中的事故，是实现建筑施工安全生产的基本保障。目前，建筑施工企业虽然按照法律法规的要求制定了相应的制度措施，但普遍缺少对重大危险源的预测和风险评估机制。施工现场“经验”管理较多，缺少以科学理论作指导、以数据“说话”的监督管理方式。

1.1.2.4　建筑施工安全生产管理工作深化改革的重点

要做好建筑施工安全生产工作，减少事故的发生，就必须贯彻“安全第一、预防为主、综合治理”的方针，树立“以人为本”的思想，这就要求必须对建筑施工安全生产管理工作进行深化改革。

（1）进一步加强领导，加快立法步伐，全面落实建筑施工安全生产责任制

要从促发展、保稳定的高度，以对人民高度负责的态度，切实加强对建筑施工安全生产工作的领导，建立健全建筑施工安全生产责任制，加大执法力度，对违反建筑施工安全生产法律、法规的行为，要依法给予处罚，做到有法必依、执法必严、违法必究，保证建筑施工安全生产法律法规的有效实施。

（2）强化安全监督管理手段，建立建筑施工安全生产良性运行机制

在加强建筑施工安全生产法治建设的同时，强化建筑施工安全生产监督管理手段，进一步完善建筑施工安全生产的制度建设，形成适应建筑业健康稳定发展的良性运行机制。

（3）依靠科技进步，提高施工现场安全防护水平

现阶段必须加强建筑施工安全生产技术的研究、开发与推广工作，促进科技成果向生产力转化，集中力量解决建筑施工安全生产发展中的重大和关键性技术问题。一要依托建筑科研单位和院校，积极组织专家对建筑施工安全生产亟待解决的技术问题进行专题研究。二要利用现代通信技术和计算机技术，逐步实现施工现场安全管理和监控的现代化。三要积极研制适应我国建筑业发展的安全防护用具及机械设备等产品，逐步提高施工现场的安全防护水平。

（4）加强安全教育培训，提高各级管理者与从业人员的安全素质

建立健全建筑施工安全生产教育培训制度，加强对职工的建筑施工安全生产教育培训。同时，要广泛地开展建筑施工安全生产的宣传、教育活动，特别是要加强建筑施工安全生产的法律、法规、标准和规范的宣传。当前，

建筑施工安全教育培训的重点对象是施工现场的项目经理、安全管理人员和作业人员，要尽快优化目前安全管理人员和队伍的素质结构。

1.1.3 建筑施工事故类型

建筑施工事故按类型可以划分为高处坠落事故、物体打击事故、坍塌事故、起重伤害事故、机械伤害事故、触电事故、车辆伤害事故、中毒与窒息事故、其他事故等。这些事故类型在历年数据中占据较大比例，是建筑施工安全管理的重点。

高处坠落事故始终是建筑施工事故中占比最高的事故类型，近年来占比有所下降，但仍维持在40%至60%之间；坍塌事故包括基坑坍塌、模板坍塌等，占比在10%至20%之间，随着施工安全管理的加强，其比例有所下降；物体打击事故占比相对稳定，约为10%~15%，是施工过程中常见的事故类型；起重伤害和触电事故占比相对较低，但仍是安全管理的重要环节。图1-2展示了2024年全国建筑施工事故类型占比。

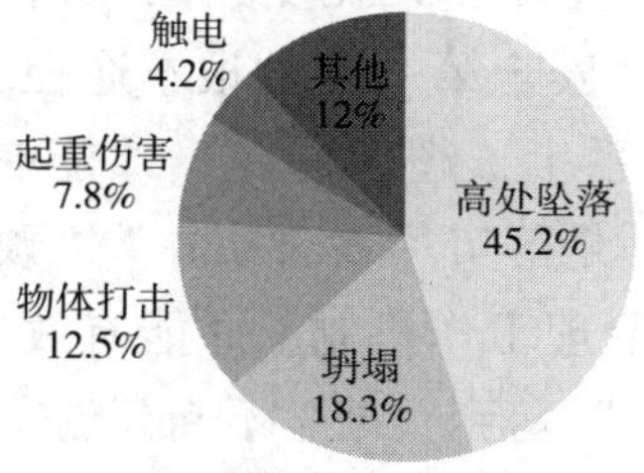

图1-2 2024年全国建筑施工事故类型占比

建筑施工事故主要集中在高处坠落、物体打击、起重伤害、坍塌、机械伤害这五类事故上，总计达到事故总数的八成以上。因此，应把安全管理的重心放到这五类事故上。而高处坠落事故占总数的一半左右，所以高处坠落的治理又是安全管理的重中之重，务必高度重视安全管理，落实相应的安全保障措施。

1.1.4 我国现行的安全生产方针

我国现行的安全生产方针是“安全第一、预防为主、综合治理”，它是在国家建设、经济与社会发展和改革过程中逐步形成并不断完善起来的。

1985年12月，国务院安全生产委员会第一次明确提出了“安全第一、预防为主”的方针。1987年1月26日，“安全第一、预防为主”的方针被写进了我国第一部《中华人民共和国劳动法》草案。1989年11月，在党的十三届五中全会上这一方针被完全确定下来。至此，“安全第一、预防为主”的方针成为我国社会主义新时期的安全生产方针。2002年6月29日第九届全国人民代表大会常务委员会第二十八次会议审议通过了我国安全生产法律体系中最重要的基本法律——《中华人民共和国安全生产法》，并于2002年11月1日起开始施行，而“安全第一、预防为主”的安全生产方针也被正式写进了该法中。

2005年10月8日，党的十六届五中全会胜利召开，在全会上通过的“十一五”规划明确要求坚持安全发展，并提出了“安全第一、预防为主、综合治理”的安全生产新方针。在原来的安全生产方针上增加了“综合治理”，反映了党和政府对安全生产规律的新认识。从近年来安全监管的实践特别是联合执法的实践来看，综合治理是落实安全生产方针政策、法律法规的最有效手段。因此，综合治理具有鲜明的时代特征和很强的针对性。

“安全第一、预防为主、综合治理”的安全生产方针是一个有机统一的整体。“安全第一”是“预防为主”“综合治理”的统帅和灵魂，没有“安全第一”的思想，“预防为主”就失去了思想支撑，“综合治理”就失去了整治依据。“预防为主”是实现“安全第一”的根本途径。只有把安全生产的重点放在建立事故隐患预防体系上，超前防范，才能有效减少事故损失，实现“安全第一”。“综合治理”是落实“安全第一”“预防为主”的手段和方法。只有不断健全和完善综合治理工作机制，才能有效贯彻安全生产方针，真正把“安全第一”“预防为主”落到实处，不断开创安全生产工作的新局面。

1.1.5 我国的安全生产管理体制

1993年国务院在《关于加强安全生产工作的通知》中提出，要努力形成国家安全生产监督管理综合部门监督管理与建设行业管理相结合的“企业负责、行业管理、国家监察、群众监督、劳动者遵章守纪”的安全生产管理体制。

1.1.5.1 企业负责

法定代表人、企业经理作为各企业安全生产第一负责人，对企业安全生产负全面责任；项目经理作为项目施工现场安全生产第一负责人，是企业开展安全达标活动的具体执行人，对项目施工现场的安全生产负责。企业的职责如下：

①自觉地贯彻“安全第一、预防为主、综合治理”的方针和坚持“管生产必须管安全”的原则，严格遵守安全生产的法律、法规和标准。

②正确处理好安全与生产，安全与效益，安全与进度，安全与管理，安

全与技术的关系。

③根据国家有关规定，建立健全企业安全生产责任制和各项安全生产规章制度。

④设置安全机构，配备合格的安全管理人员对企业的安全工作进行有效的管理。

⑤负责提供符合国家安全生产要求的工作场所、生产设施。

⑥加强对有毒、易燃易爆等危险品和特种设备的管理。

⑦对从事危险物品管理和操作的人员进行专门的训练。

⑧编制安全生产保证计划和专项施工组织设计。

⑨进行定期的安全生产检查，杜绝违章指挥、违章作业和违反劳动纪律现象，及时消除不安全因素。

⑩加强对职工的安全教育和培训，提高职工的业务素质和安全素质。

⑪自觉接受行政管理、国家监察和群众监督。

1.1.5.2 行业管理

各级行业主管部门对用人单位的劳动保护工作应加强指导，充分发挥行业主管部门对本行业劳动保护工作进行管理的作用。行业主管部门的管理职责主要有：

①组织贯彻执行劳动保护法律、法规、规章以及国家、行业、地方劳动安全卫生规程和标准。

②编制行业劳动保护的长期规划和发展计划。

③指导用人单位制订和落实劳动保护措施计划，落实或督促用人单位落实对重点劳动保护技术改造项目和重大事故隐患治理项目的资金投入。

④组织行业劳动保护宣传教育和考核，总结、推广劳动保护工作先进经验和管理方法。

1.1.5.3 国家监察

各级政府部门对用人单位遵守劳动保护法律、法规的情况实施监督检查，并对用人单位违反劳动保护法律、法规的行为实施行政处罚。国家监察是一种执法监察，主要监察国家法规、政策的执行情况，预防和纠正违反法规、政策的偏差。它不干预企事业单位内部执行法规、政策的方法、措施和步骤等具体事务，也不能替代行业管理部门日常管理和安全检查。政府部门的国家监察职责主要有：

①监督、检查用人单位劳动保护法律、法规、规章以及国家、行业、地方劳动保护卫生规程和标准的执行情况。

②督促用人单位编制、落实劳动保护技术措施计划；审查用人单位新建、

改建、扩建和技术改造项目中有关劳动保护的工程技术措施。

③监督用人单位的劳动者安全教育和安全技术培训工作；负责用人单位生产经营主要负责人、劳动保护专职管理人员和特种作业人员的考核、发证工作。

④对特种设备的产品进行安全认可。

⑤对用人单位的劳动安全卫生工程技术措施及其组织管理实施监察。

⑥组织重大事故隐患评估分级和伤亡事故的调查处理，参加职业病的调查，按照规定通报伤亡事故和职业病情况。

⑦对违反劳动保护法律、法规和规章的用人单位发出劳动保护监察指令书；对法定代表人或者生产经营主要负责人按照规定建议给予行政处理和实施行政处罚。

1.1.5.4 群众监督

群众组织和劳动者个人对于建筑施工安全生产应负监督责任。在开展广泛深入的安全教育工作、培养和增强职工安全意识的同时，提倡和鼓励广大群众对安全生产工作进行监督。群众监督有助于建立企业的安全文化，形成“安全生产，人人有责”的局面。

1.2 施工组织设计

施工组织设计是以施工项目为对象编制的，用以指导施工的技术、经济和管理的综合性、纲领性文件。具体来讲，施工组织设计是施工单位在施工前，根据工程概况、施工工期、场地环境以及机械设备、施工机具和变配电设施等配备计划，拟定工程施工程序、施工流向、施工顺序、施工进度、施工方法、施工人员、技术措施、材料供应，对运输道路、设备设施和水电能源等现场设施的布置和建设做出规划的文件。在介绍施工组织设计之前，我们先要了解建设的概念及我国建设活动应遵循的基本程序。

1.2.1 建设概述

1.2.1.1 建设程序

建设程序是指建设项目从设想、选择、评估、决策、设计、施工到竣工验收、投入生产整个过程中应当遵守的内在规律和组织制度。

(1) 项目建议书阶段

项目建议书是要求建设某一具体项目的建议文件，是投资决策前对拟建项目的轮廓设想。项目建议书按要求编制完成后，应根据建设规模分别报送有关部门审批。

（2）可行性研究阶段

项目建议书批准后，应紧接着进行可行性研究。可行性研究是对项目在技术上是否可行和经济上是否合理进行科学的分析和论证。在可行性研究的基础上，编制可行性研究报告，并报送有关部门审批。可行性研究报告被批准后，不得随意修改和变更。

（3）建设地点的选择阶段

选择建设地点主要考虑三个问题：一是工程地质、水文地质等自然条件是否可靠；二是建设时所需水、电、运输条件是否落实；三是项目建成投产后原材料、燃料等是否具备。同时，对生产人员生活条件、生产环境等也应全面考虑。

（4）设计工作阶段

设计是对拟建工程的实施在技术上和经济上所进行的全面而详细的安排，是项目建设计划的具体化，是组织施工的依据。对于重大工程项目要进行三阶段设计：初步设计、技术设计和施工图设计。中小型项目进行两阶段设计，即初步设计和施工图设计（见图 1-3）。对于技术上复杂而又缺乏设计经验的项目，可把初步设计的内容适当加深到扩大初步设计。

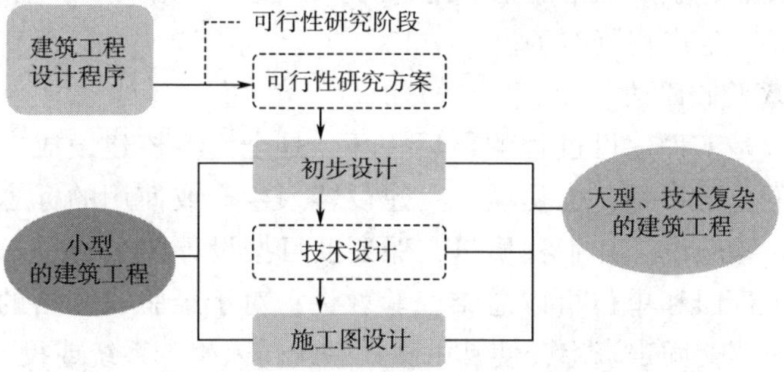

图 1-3 建筑工程的设计过程

初步设计：根据批准的可行性研究报告和比较准确的设计基础资料制订具体实施方案，目的是阐明在指定的地点、时间和投资控制数额内，拟建工程在技术上的可能性和经济上的合理性，并通过对工程项目所做出的基本技术经济规定，编制项目总概算。

技术设计：根据初步设计和更详细的调查研究资料，进一步解决初步设计中的重大技术问题，如工艺流程、建筑结构、设备选型及数量确定等，并修正总概算。

施工图设计：根据批准的扩大初步设计或技术设计的要求，结合现场实际情况，完整地表现建筑物外形、内部空间分割、结构体系、构造状况以及建筑群的组成和周围环境的配合。在施工图设计阶段应编制施工图预算。

（5）建设准备阶段

建设准备阶段的主要内容包括：征地、拆迁和场地平整；完成施工用水、电、路等工程；组织设备、材料订货；准备必要的施工图纸；组织施工招标投标、择优选定施工单位，签订承包合同。

（6）编制年度建设投资计划阶段

建设项目要根据经过批准的总概算和工期，合理地分年度安排投资。年度投资的安排要与长远规划的要求相适应，并保证按期建成。

（7）施工阶段

工程项目经批准新开工建设，项目便进入施工阶段。这是项目决策的实施、建成投产发挥效益的关键环节。新开工建设的时间，是指项目计划文件中规定的任何一项永久性工程第一次破土开槽开始施工的日期，建设工期从新开工时算起。

（8）生产准备阶段

生产准备的内容很多，不同类型的项目对生产准备的要求也各不相同，但从总的方面看，生产准备的主要内容有：招收和培训人员、生产组织准备、生产技术准备、生产物资准备。

（9）竣工验收阶段

竣工验收是工程建设过程的最后一环，是全面考核建设成本、检验设计和施工质量的重要步骤，也是项目由建设转入生产或使用的标志。竣工验收的作用如下：检验设计和工程质量，保证项目按设计要求的技术经济指标正常生产；有关部门和单位可以总结经验教训；对于经验收合格的项目，建设单位可以及时移交固定资产，使其由建设系统转入生产系统或投入使用。

1.2.1.2　建设项目的组成

在工程建设中，为了更好地组织施工、管理和质量控制，通常按照项目规模和复杂程度，工程建设项目可划分为单位工程、分部工程和分项工程等。

（1）单位工程

具备独立施工条件并能形成独立使用功能的建筑物及构筑物为一个单位工程。单位工程是工程建设项目的组成部分，一个工程建设项目有时可以仅包括一个单位工程，也可以包括许多单位工程。从施工的角度看，单位工程就是一个独立的交工系统，在工程建设项目总体施工部署和管理目标的指导下，形成自身的项目管理方案和目标，按其投资和质量的要求如期建成交付生产和使用。对于建设规模较大的单位工程，还可将其能形成独立使用功能的部分划分为若干子单位工程。

由于单位工程的施工条件具有相对的独立性，因此，一般要单独组织施工和竣工验收。单位工程体现了工程建设项目的主要建设内容，是新增生产能力或工程效益的基础。例如，民用建筑的土建、给排水、采暖、通风、照明各为一个单位工程；工业建设的单项工程中的土建工程、机电设备安装、工艺设备安装、工艺管道安装、给排水、采暖、通风、电气安装、自控仪表安装等各为一个单位工程。

(2) 分部工程

分部工程是建筑物按单位工程的部位、专业性质划分的，即单位工程的进一步分解。一般工业与民用建筑工程可划分为基础工程、主体工程、地面与楼面工程、装修工程、屋面工程等部分。例如，工艺管道安装内的管道安装、阀门安装、刷油、保温等各为一个分部工程的内容。

(3) 分项工程

分项工程是分部工程的组成部分，一般按主要工种、材料、施工工艺、设备类别等进行划分，如钢筋工程、模板工程、混凝土工程、砌砖工程、木门窗制作工程等。分项工程是建筑施工生产活动的基础，也是计量工程用工用料的基本单元，同时又是工程质量形成的直接过程。分项工程既有其作业活动的独立性，又有相互联系、相互制约的整体性。

编制施工图预算是从分部工程开始计算的，即以实物量作为基本的计算单位，若干分部工程预算构成单位工程预算，若干单位工程预算构成单项工程预算，若干单项工程预算加上其他基本建设费用构成建设项目的工程总预算。

1.2.2 施工组织设计概述

1.2.2.1 施工组织设计的概念及作用

施工组织设计是规划和指导拟建工程从工程投标、签订承包合同、施工准备到竣工验收全过程的一个综合性的技术经济文件，是对拟建工程在人力和物力、时间和空间、技术和组织等方面所做的全面合理的安排，是工程设计和施工的桥梁。施工组织设计是施工准备工作的重要组成部分，同时又是做好施工准备工作的依据和保证。

施工组织设计的作用体现在以下几个方面：

①施工组织设计是根据工程的各种具体条件拟订的施工方案、施工顺序、劳动组织和技术组织措施等，是指导开展紧凑、有序的施工活动的技术依据。

②施工组织设计所提出的各项资源需要量计划，直接为组织材料、机具、设备、劳动力需要量的供应和使用提供数据。

③通过编制施工组织设计，可以合理利用为施工服务的各项临时设施，合理部署施工现场，确保文明施工、安全施工。

④通过编制施工组织设计，可以将工程的设计与施工、技术与经济、土建施工与设备安装、各部门之间、各专业之间有机结合，统一协调。

⑤通过编制施工组织设计，可分析施工中的风险和矛盾，及时研究解决问题的对策、措施，从而提高施工的预见性，减少盲目性。

⑥施工组织设计是统筹安排施工企业生产投入与产出的关键和依据。施工企业从承接工程任务到竣工验收交付使用为止的全部施工过程的计划、组织和控制的基础就是科学的施工组织设计。

⑦施工组织设计可以指导投标与签订工程承包合同，并作为投标书的内容和合同文件的一部分。

1.2.2.2　施工组织设计的分类及内容

施工组织设计是一个总的概念。根据工程项目的类别、工程规模、编制阶段、编制对象和范围的不同，施工组织设计在编制的深度和广度上也有所不同。

根据施工组织设计阶段和作用的不同，施工组织设计可以划分为两类：一类是投标前编制的施工组织设计，简称标前设计；另一类是签订工程承包合同后编制的施工组织设计，简称标后设计。

施工组织设计按工程对象范围可分为施工组织总设计、单位工程施工组织设计和施工方案三类。

（1）施工组织总设计

施工组织总设计是以由若干单位工程组成的群体工程或特大型项目为主要对象编制的施工组织设计，对整个项目的施工过程起统筹规划、重点控制的作用。在我国，大型房屋建筑工程标准一般为：25 层及以上的房屋建筑工程；高度为 100 米及以上的构筑物或建筑物工程；单跨建筑面积为 3 万平方米及以上的房屋建筑工程；单跨跨度为 30 米及以上的房屋建筑工程；建筑面积为 10 万平方米及以上的住宅小区或建筑群体工程；单项建安合同额为 1 亿元及以上的房屋建筑工程。规模超过上述大型标准的，可称为特大型项目。

（2）单位工程施工组织设计

单位工程施工组织设计是以一个单位工程为编制对象，用以指导其施工全过程的各项施工活动的局部性、指导性文件。单位工程施工组织设计一般在施工图设计完成后、拟建工程开工之前，由工程项目的技术负责人负责编制。根据工程规模、技术复杂程度的不同，单位工程施工组织设计编制内容的深度和广度也有所不同。对于简单的单位工程，施工组织设计一般只编制施工方案并附以施工进度表和施工平面图，简称为“一案、一表、一图”。

（3）施工方案

施工方案是以分部分项工程为对象编制的施工技术与组织方案，用以具体指导其施工过程。施工方案由项目技术负责人负责编制。对重点、难点和危险性较大的分部分项工程，施工前应编制专项施工方案；对超过一定规模的危险性较大的分部分项工程，应当组织专家对方案进行论证。

1.2.2.3 施工组织设计的编制原则与依据

（1）编制原则

施工组织设计的编制必须遵循工程建设程序，并符合下列原则：

①符合施工合同或招标文件中有关工程进度、质量、安全、环境保护、造价等方面的要求。

②积极开发、使用新技术和新工艺，推广应用新材料和新设备。

③坚持科学的施工程序和合理的施工顺序，采用流水施工和网络计划等方法，科学配置资源，合理布置现场，采取季节性施工措施，实现均衡施工，达到合理的经济技术指标。

④采取技术和管理措施，推广建筑节能和绿色施工。

⑤与质量、环境和职业健康安全三个管理体系有效结合。

（2）编制依据

施工组织设计应以下列内容为编制依据：与工程建设有关的法律、法规和文件；国家现行有关标准和技术经济指标；工程所在地区行政主管部门的批准文件；建设单位对施工的要求；工程施工合同或招标投标文件；工程设计文件；工程施工范围内的现场条件，尤其是工程地质及水文地质、气象等自然条件；与工程有关的资源供应情况；施工企业的生产能力、机具设备状况、技术水平等，以及企业的技术标准、施工方法、生产管理制度、规定等。

上面提到的文件一般都是具有法律效力的法规、规范和文件。

1.2.2.4 施工组织设计的主要内容

施工组织设计应包括编制依据、工程概况、施工部署、施工进度计划、施工准备与资源配置计划、主要施工方案、施工现场平面布置及主要施工管理计划等基本内容。但是在三类施工组织设计中，侧重的内容各不相同。

施工组织总设计用于确定建设总工期、各单位工程开展的顺序及工期、主要工程的施工方案、各种物资的供需计划、全工地性暂设工程及准备工作、施工现场的布置等工作，同时它也是施工单位编制年度施工计划和单位工程施工组织设计的依据。施工组织总设计是整个工程项目或群体建筑全面性和全局性的指导施工准备和组织施工的技术文件。

单位工程施工组织设计是以单位工程为主要对象编制的施工组织设计，对单位工程的施工过程起指导和制约作用。它是施工单位年度施工计划和施工组织总设计的具体化，用以直接指导单位工程的施工活动，是施工单位编制作业计划和制订具体施工计划的依据。

施工方案是具体指导施工的操作工艺和做法。

此外，三类施工组织设计中关于施工方法的编制内容也是不同的。

在施工组织总设计中，只需要简要说明工程所采用的施工方法，以及脚手架、起重吊装、临时用水用电工程、季节性施工等专项工程所采用的施工方法。

单位工程施工组织设计，应按照《建筑工程施工质量验收统一标准》中分部分项工程的划分原则，对主要分部分项工程制定施工方案。对脚手架工程、起重吊装工程、临时用水用电工程、季节性施工等专项工程所采用的施工方案应进行必要的验算和说明。对影响整个工程施工的特殊过程、关键过程、难点部分等，应确定其施工方法，明确原则性施工要求。例如，基坑开挖工程，应确定采用的机械类别、开挖流向并分段、土方堆放地点、是否需要降水、采用什么降水设备、垂直运输方案等；模板工程，应确定各种构件采用何种材料的模板、配备数量、周转次数、模板的水平垂直运输方案、模板支拆顺序、特殊部位的支模要点等；脚手架工程，应确定采用何种架子系统、如何周转等，高大模板架子应附验算书。单位工程施工组织设计的施工方案主要指出主要工序大的施工方法、施工安排以及主要措施等，具体操作工艺、做法则在施工方案中给出。

在施工方案的施工方法及工艺要求部分，需明确分部分项工程或专项工程的施工方法，并进行必要的技术核算，对主要分项工程的工序予以详细说明。主要内容包括：明确施工工艺要求；根据工艺流程顺序，提出各环节的施工要点和注意事项；对易发生质量通病的项目、新技术、新工艺、新材料等做重点说明，并绘制详细的施工图加以说明；对具有安全隐患的工序，进行详细计算并绘制详细的施工图加以说明；对开发和使用的新技术、新工艺以及采用的新材料、新设备，通过必要的试验或论证并制订计划。

施工组织总设计、单位工程施工组织设计、施工方案的区别如表1–1所示。

表1–1　施工组织总设计、单位工程施工组织设计、施工方案的区别

项目	施工组织总设计	单位工程施工组织设计	施工方案
编制人及所处管理层次	项目总经理或指挥部指挥长组织编制	单位工程项目经理组织	单位工程专业工程师或专业分包单位组织

续表

项目	施工组织总设计	单位工程施工组织设计	施工方案
交底对象	项目管理总部或指挥部管理人员及单位工程项目经理部管理领导	项目经理部管理人员及分包单位管理领导	项目经理部相关管理人员及分包单位管理人员
编制内容	针对所有单位工程的总管理计划，提出对每个单位工程的管理总要求，比较宏观	在总管理计划指导下针对某个单位工程的管理计划和具体要求，提出其分部分项工程的管理总要求	在单位工程管理计划的指导下针对分部分项工程的管理计划，较为细化的管理计划

1.2.2.5 施工组织设计的编制和审批

施工组织设计的重点为：施工部署、进度计划、施工准备和资源配置计划、主要施工方法以及平面布置。施工组织设计的编制，应注重对工作的具体安排，尽量采用图文并茂的形式，语句应精练，避免长篇大论的说教内容。施工组织设计编制时，要充分进行调查研究，了解现场、建材市场、周围环境，重大的施工部署应与有关人员进行讨论确定。编制施工组织设计之前，一定要充分熟悉图纸，真正做到“吃透”图纸，才能编制出具有可操作性和指导性强的施工组织设计。

施工组织设计的编制和审批应符合下列规定：

施工组织设计应由施工单位项目负责人主持编制，可根据需要分阶段编制和审批。下列情况中，施工组织设计可分阶段编制和审批：主要分部工程，如地基基础、主体结构、装饰工程、机电安装等不是由一个总承包单位完成的；图纸不能及时到位；工程建设工期时间过长。

施工组织总设计应由总承包单位技术负责人审批；单位工程施工组织设计应由施工单位技术负责人或技术负责人授权的技术人员审批；施工方案应由项目技术负责人审批；重点、难点分部分项工程和专项工程施工方案应由施工单位技术部门组织相关专家评审，施工单位技术负责人批准。这里的单位技术负责人是指具有法人资质层面上的企业技术负责人。

由专业承包单位施工的分部分项工程或专项工程的施工方案，应由专业承包单位技术负责人或技术负责人授权的技术人员审批；有总承包单位时，应由总承包单位项目技术负责人核准备案。

规模较大的分部分项工程和专项工程的施工方案应按单位工程施工组织设计进行编制和审批。这里规模较大的分部分项工程主要指：特大型项目的分部（或子分部）工程；有些分部分项工程规模很大且在整个工程中占有重要的地位，需另行分包，如主体结构为钢结构的大型建筑工程中的钢结构分部工程、以精装修为主的工程、以机电安装为主的工程等。

1.2.2.6 施工组织设计的管理

施工组织设计应实行动态管理，并符合下列规定：

项目施工过程中，发生以下情况之一时，施工组织设计应及时进行修改或补充：工程设计有重大修改；有关法律、法规、规范和标准实施、修订和废止时；主要施工方法有重大调整；主要施工资源配置有重大调整；施工环境有重大改变。

经修改或补充的施工组织设计应重新审批后实施。

项目施工前，应进行施工组织设计逐级交底；项目施工过程中，应对施工组织设计的执行情况进行检查、分析并适时调整。

1.3 建筑施工安全管理的基本概念

1.3.1 建筑施工安全管理的基本理论

建筑施工安全管理的发展大致经历了三个代表性的阶段，即从早期的事故后管理发展到20世纪60年代前后的预防型管理，再到现在的隐患管理。早期的安全管理主要是在事故和灾难的基础上认识安全，并进行事故及其规律的分析；到了20世纪50—80年代，开始建立事故系统的综合认识，认识到人、机、环境、管理综合要素，进行主动对策、预防型管理；20世纪90年代后有了安全系统及本质安全化的思想，围绕着本质安全化及预防、主动、协调、综合、全面的方法论开展建筑施工安全管理。

建筑施工安全管理的基本理论主要有安全系统论科学原理、事故预测与预防原理、事故致因理论等。

1.3.1.1 安全系统论科学原理

系统科学对于管理具有一般方法论的意义，包含系统论、控制论和信息论，对现代安全管理具有基本的理论指导作用。

从安全系统的动态特性出发，人类的安全系统是人、社会、环境、技术、经济等因素构成的大系统。在事故预防过程中，广义的安全系统还包括事故系统。

事故系统涉及四个要素：人、机、环境、管理。人，指人的不安全行为，是事故产生的最直接的因素。机，即机器。机器的不安全状态也是事故产生的直接因素。环境，指不良的生产环境对人、机械设备产生了不良的作用。管理，指管理的欠缺。管理对人、机、环境都会产生作用和影响，是最重要的要素。

安全系统的要素是：人、物、能量和信息。人的安全素质、物的安全状态、能量的安全控制和可靠流畅的信息是安全的基础保障。具体说来，人的安全素质包括心理与生理素质、安全能力素质和文化素质。物的安全状态主要指设备、环境的安全可靠性。能量的安全控制是预防事故的重要理论之一，因为事故的本质是“能量的不正常释放或转移”，预防事故的本质就是能量的有效控制，可通过对系统能量的消除、限制、疏导、屏蔽、隔离等技术措施来控制能量的不正常释放或转移。可靠流畅的信息是安全管理和控制所依赖的资源，它以信息流形式存在，如安全管理信息系统包括安全工程技术数据库、安全生产辅助管理、安全事故信息管理等。

1.3.1.2 事故预测与预防原理

事故具有因果性、偶然性、必然性和再现性等特点，但是对大多数事故的统计分析表明，事故也具有一定的规律性。事故的预防分事后型模式和预防型模式两种。事后型模式是指在事故或灾害发生后进行整改，避免同类事故再次发生的一种对策；预防型模式则是一种主动的、积极的预防事故或灾难发生的对策，先分析、查找系统存在的问题，然后制定并落实实施方案，开展评价并建立新的目标。事故预测与预防原理是主要阐明事故怎样发生、为什么发生，采取何种措施防止事故的理论。

1.3.1.3 事故致因理论

导致事故发生的原因是事故的致因因素，在人类研究事故机理的过程中新的事故致因理论相继出现。概括地讲，有以事故频发倾向论和海因里希因果连锁论为代表的早期事故致因理论以及能量意外释放论、人机工程学事故致因论和事故链理论。这些在安全管理类教材中都有详细论述，这里不再赘述。

1.3.2 建筑施工安全管理的原理

建筑施工安全管理的原理主要有系统原理、PDCA 循环原理、动态管理和控制原理、安全风险管理原理等。

1.3.2.1 系统原理

系统原理是针对整个建设工程目标所实施的管理原理，建筑施工安全管理与投资管理、进度管理和质量管理是同时进行的。在实施建筑施工安全管理的同时需要达到预定的投资目标、进度目标和质量目标。因此，在建筑施工安全管理的过程中要实现这四大管理的有机配合与相互平衡，而不能片面强调建筑施工安全管理。

1.3.2.2 PDCA 循环原理

PDCA 循环原理是人们在管理实践中形成的基本理论方法，从实践论的角度确定任务目标，并按照 PDCA 循环原理来实现预期目标。“P”是计划（Plan），是指在建设工程实施中明确目标并制订行动方案，确定安全控制的组织机构与制度、工作程序、技术方法、业务流程、纠正与预防措施、管理措施等，并对实现预期安全目标的可行性、有效性、经济合理性进行分析论证，按照规定的程序与权限审批执行。“D”是实施（Do），它包含两个环节，即计划行动方案的交底和按计划规定的方法与要求展开工程施工作业技术活动，实现预期安全目标。“C”是检查（Check），是指对计划实施过程进行各种检查。它大致包含两大方面：一是检查是否严格执行了计划的行动方案，实际条件是否发生了变化，不执行计划的原因；二是检查计划执行的结果是否达到标准的要求，对此进行确认和评价。“A”是处置（Action），对于安全检查所发现的安全隐患或安全问题，及时进行原因分析，采取必要的措施予以纠正，保持安全状况处于受控状态。一方面，采取应急措施，解决当前的安全隐患；另一方面，信息反馈管理部门反思问题症结或计划的不足，为今后预防类似问题提供借鉴。

1.3.2.3 动态管理和控制原理

建筑施工安全涉及施工生产活动的各个方面，从开工到竣工的全过程是一个动态的系统，因此施工生产活动必须受到动态管理和控制。动态控制包括事前控制、事中控制和事后控制。事前控制强调安全目标的计划预控和按工程施工计划进行安全生产活动前的准备工作状态的控制。事中控制即对施工生产活动的行为约束，它包括两个方面：一是各岗位作业人员为了完成预定安全目标的作业任务而在相关制度管理下对自我行为的约束；二是对施工安全生产活动过程和结果的外部监管①。事后控制包括对施工生产活动结果的评价认定和安全偏差的纠正。在建筑施工过程中不可避免地会存在一些难以预料的影响因素，因此，当实际和目标的偏差超出允许值，产生安全隐患时，必须分析原因，采取措施纠正偏差，保持安全状况处于受控状态。

1.3.2.4 安全风险管理原理

安全风险管理原理，就是通过识别与施工现场相关的所有危险有害因素，找出重大危险源与重大环境因素，并以此为基础制定有针对性的控制措施和管理方案，明确重大危险源和重大环境因素与安全管理其他各要素之间的联系，对其进行管理和控制。安全风险管理原理也体现了系统的、主动的事故

① 这里的外部监管既包括企业内部安全生产管理人员的检查检验，也包括工程监理单位和政府有关部门的安全监督管理。

预防思想。安全风险管理的目的是控制和减少施工现场的安全风险，预防事故发生，实现安全目标。

1.3.3 建筑施工安全管理的方法

建筑施工是一个极其复杂的过程，其有着周期长、自然环境多变、参与人员和机械众多且流动性强、原材料消耗量大、作业交叉严重等特点，所以在整个过程中必然隐藏着众多的危险源，容易产生安全问题。建筑施工安全管理，就是在施工生产活动中，通过一系列的培训教育等增强安全意识的主观方法和制定安全制度、管理体系等的客观手段，对影响建筑施工安全的具体因素进行状态控制，尽可能减少或消除人的不安全行为、物的不安全状态和安全管理上的缺陷，且不引发事故，实现建筑施工安全管理。常用的建筑施工安全管理方法有安全目标管理法、全面管理法、无隐患管理法。

1.3.3.1 安全目标管理法

安全目标是建筑施工安全管理所要达到的各项具体指标，安全目标管理法就是根据施工企业的总体规划要求，制定出在一定时期内建筑施工安全管理方面所要达到的预期目标并组织实现。按照安全目标管理法，建筑施工项目的总安全目标必须逐级分解，落实到每一个部门，直到最基层岗位。

安全目标的内容一般包括以下几个方面：杜绝重大伤亡、设备、管线、火灾和环境污染事故；一般事故频率控制目标；安全标准化工地创建目标；文明工地创建目标；遵循安全生产、劳动保护、文明施工、环境保护方面有关法律法规和标准规范以及对员工和社会要求的承诺；其他需满足的总体目标。

安全目标由施工单位项目经理部制定并实施。安全目标应合理、可测量并考核，并明确实现安全目标的具体时间表等。

1.3.3.2 全面管理法

全面管理法是指施工企业的建筑施工安全管理应该是全过程、全方位、全员参与、全天候的管理。

(1) 全过程管理

所谓全过程管理，就是对整个建筑工程所有内容的安全生产都要进行管理。建筑施工阶段持续时间较长，安全生产涉及工程实施阶段的全部生产过程。全过程管理就是对每个阶段的过程管理。各个阶段对安全问题的侧重点是不同的：在工程勘察设计阶段，要保证建筑施工安全的前提条件得到满足；在公示招标阶段，要落实具体实施工程安全目标的施工承包单位；在施工阶段，要通过施工组织设计（专项施工方案）或建筑施工安全计划，具体实施建筑施工安全管理，实现项目安全目标。

只有加强全过程管理，通过安全预控、安全检查、安全监控，及时消除施工生产中的安全隐患等安全问题，才能保证建筑项目的安全施工。

（2）全方位管理

建筑施工安全的全方位管理就是对整个建筑工程项目的所有工作内容都要进行管理。

首先，建筑工程项目是一个整体，由各个单位工程构成，每一个单位工程又由许多分项工程构成，只有实现了各分项工程的安全生产，才能保证整个建筑工程项目的总安全目标。

其次，建筑工程项目安全目标包括许多具体的内容，如控制目标、管理目标和工作目标等。其中，控制目标包括重大伤亡事故控制目标，一般事故频率控制目标，环境污染事故控制目标；管理目标包括安全隐患消除和整改目标，创文明安全工地目标，扬尘、噪声等环境保护治理目标；工作目标包括安全教育、安全检查等。

最后，建筑施工安全的全方位管理是对影响建筑工程安全目标的因素进行管理。一般将这些因素分为人、物、环境和管理因素。建筑施工安全的全方位管理就是对人的不安全行为、物的不安全状态、作业环境的不安全因素和管理缺陷进行有针对性的管理和控制。

（3）全天候管理

全天候管理就是从建筑工程开始到竣工验收的每一天，时刻都要注意安全，不论什么天气、什么环境，要求施工现场的施工人员时刻把安全放在第一位。

1.3.3.3 无隐患管理法

任何安全事故都是在安全隐患基础上发展起来的，要控制和消除安全事故，必须从安全隐患入手。推行无隐患管理法，即隐患（危险有害因素）识别、隐患分级、隐患检验与检测、隐患处理、隐患控制、隐患统计及档案管理等。在施工现场，一旦发现安全隐患就要立即整改，消除安全隐患，并建立档案。

1.3.4 建筑施工安全管理的原则

在建筑施工过程中，要遵守以下安全管理原则。

1.3.4.1 “管生产必须管安全”的原则

工程项目各级领导和全体职工在生产中必须坚持在抓生产的同时抓好安全工作。这个原则体现了安全和生产的统一。生产和安全是一个有机的整体，两者不能分割，更不能对立，应将安全融于生产中。

1.3.4.2 “安全具有否决权”的原则

在对工程项目各项指标进行考核、评优创先时，首先要考虑安全指标的完成情况。安全指标没实现，就无法实现工程项目的最优化。

1.3.4.3 “三同时”原则

“三同时”原则是指职业安全卫生技术措施及设施应与主体工程同时设计、同时施工、同时投产使用，以保障劳动者在生产过程中的安全与健康，确保项目投产后符合职业卫生要求。

1.3.4.4 “三同步”原则

“三同步”原则是指安全生产与经济建设、企业深化改革、技术改造同步策划、同步发展、同步实施。

1.3.4.5 “四不放过”原则

“四不放过”原则是指在安全事故的调查中，必须坚持：事故原因分析不清不放过；事故责任者和群众没有受到教育不放过；没有整改预防措施不放过；事故责任者和责任领导不处理不放过。

1.3.4.6 “五定”原则

“五定”原则是指对查出的安全隐患要做到定整改责任人、定整改措施、定整改完成时间、定整改完成人、定整改验收人。

1.3.4.7 “六个坚持”原则

为实现安全目标，做好施工项目安全工作，必须做到以下“六个坚持”。

（1）坚持管生产同时管安全

安全寓于生产之中，并对生产发挥促进与保证作用。因此，安全与生产虽有时会出现矛盾，但在安全、生产管理的目标上表现出高度的统一，存在着进行共同管理的基础。

（2）坚持目标管理

安全管理的目标是通过对生产中的人、物、环境因素状态的管理，有效地控制人的不安全行为和物的不安全状态，消除或避免事故，从而保护劳动者的安全与健康。盲目的安全管理往往劳民伤财，危险因素却依然存在。

（3）坚持预防为主

进行安全管理不是处理事故，而是在生产经营活动中针对生产的特点对生产要素采取管理措施，有效地控制不安全因素的发生与扩大，把可能发生的事故消灭在萌芽状态，以保证生产经营活动中人的安全与健康。

（4）坚持全员管理

安全管理不是少数人和安全机构的事，而是一切与生产有关的机构、人员共同的事。缺乏全员的参与，安全管理不会有生气，不会出现好的效果。

（5）坚持过程控制

事故的发生往往是人的不安全行为的运动轨迹与物的不安全状态的运动轨迹交叉造成的。所以，必须将对生产中人的不安全行为和物的不安全状态的控制作为安全管理的重点。

（6）坚持持续改进

安全管理是一种动态管理，是变化着的生产经营活动中的管理。坚持持续改进，就要不断地摸索新的规律，总结控制的办法和经验，指导新的变化后的管理，从而不断提高安全管理水平。

1.3.5 建筑施工安全管理的依据

1.3.5.1 法律法规

国家及相关建设行政主管部门颁发的有关法律法规是建筑施工安全管理的依据，如《中华人民共和国建筑法》《中华人民共和国安全生产法》《建设工程安全生产管理条例》《安全生产许可证条例》《建筑施工企业安全生产许可证管理规定》《建筑施工企业安全生产管理机构设置及专职安全生产管理人员配备办法》《危险性较大的分部分项工程安全管理规定》等。

1.3.5.2 专门技术法规性文件

专门技术法规性文件一般是针对不同的行业、施工对象而制定的，包括各种有关的标准、规范、规程或规定，主要有以下几类。

（1）建设工程施工安全检查标准

建设工程施工安全检查标准主要是由相关部委统一制定的技术法规性文件，用以作为检查和验收建设工程施工安全生产水平的依据，如《建筑施工安全检查标准》（JGJ 59-2011）。

（2）指导施工作业活动安全进行的技术规程和规范

一些技术规程、规范可用来指导施工现场各类作业活动进行，如《建筑机械使用安全技术规程》（JGJ 33-2012）、《建筑与市政工程施工现场临时用电安全技术标准》（JGJ/T 46-2024）、《建筑施工高处作业安全技术规范》（JGJ 80-2016）等。

（3）新技术的鉴定标准规程

凡采用新工艺、新技术、新材料的工程，应事先进行试验，并应有权威性技术部门的技术鉴定书及有关安全数据、指标，以及在此基础上制定的有关安全标准和施工工艺规程等。

1.3.5.3 建设工程合同文件

建设工程合同文件规定了建设单位、施工单位等在施工安全管理方面的权利和义务，有关各方必须履行在合同中的承诺。这些条款也是建筑施工安全管理的依据。

1.3.5.4 设计文件交底及图纸会审

经过批准的设计图纸和技术说明书等设计文件是建筑施工安全管理的重要依据。通过设计文件交底及图纸会审，可以了解设计意图和施工安全生产要求，发现图纸差错，减少安全隐患、安全事故。

1.3.6 建筑施工安全管理的要素

建筑施工安全管理的要素有安全生产政策、安全目标、安全计划、安全组织、施工过程管理、安全检查、审核等。

1.3.6.1 安全生产政策

安全生产政策，是每个施工企业首先必须明确的安全管理要素。施工企业的安全生产政策必须满足国家现行建筑施工安全管理的法律法规的规定，最大限度地满足建设单位、员工、相关方及社会的要求，必须有效并有明确的目标。

1.3.6.2 安全目标

安全目标是建筑施工安全管理的核心要素，应体现安全生产政策。安全目标应由施工单位项目经理部制定并实施；安全目标应合理并可测量、考核；安全目标应自上而下层层分解，落实到每个部门、每个人员，并且有实现安全目标的时间表等。

1.3.6.3 安全计划

安全计划是规范施工单位安全活动的指导性文件和具体行动计划，目的是防止和减少施工现场施工生产过程中安全事故的发生，从而防止和减少财产损失。

1.3.6.4 安全组织

安全组织是指安全管理组织机构和职责权限。建筑施工安全管理的过程中必须建立安全组织，确定合理的职责分工和权限。

1.3.6.5 施工过程管理

施工过程管理是指为了实现安全目标实施安全计划的规定和控制措施，对施工过程中可能影响安全生产的要素进行控制，确保施工现场人员、设备、设施等处于安全受控状态。

1.3.6.6 安全检查

安全检查是指施工单位对施工过程、行为及设施等进行检查，以确保符合安全标准，并对检查的情况进行记录。

1.3.6.7 审核

审核是指施工单位对施工现场项目经理部的安全活动是否符合安全管理体系的要求进行的内部审核，以确定安全管理体系运行的有效性，总结经验教训，不断改进。

1.3.7 建筑施工安全管理的模式

建筑施工安全管理模式有事后型的安全管理模式和预防型的安全管理模式。

1.3.7.1 事后型的安全管理模式

事后型的安全管理模式是一种被动的管理模式，即在事故发生后进行补救，以避免同类事故再次发生。具体过程如图 1-4 所示。

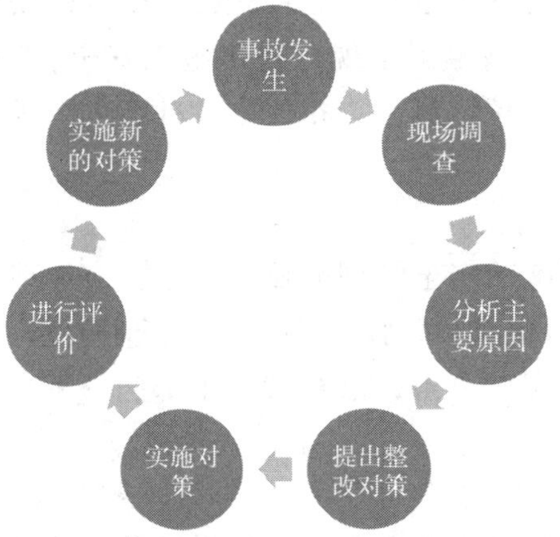

图 1-4 事后型的安全管理模式

1.3.7.2 预防型的安全管理模式

预防型的安全管理模式是一种主动、积极地预防事故的对策，是现代建筑施工安全管理的重要方法和模式。这种模式遵循的基本步骤是：提出安全目标——分析存在的问题——找出主要问题——制订方案——实施方案——审核检查——效果评价——制定新的安全目标，如图 1-5 所示。

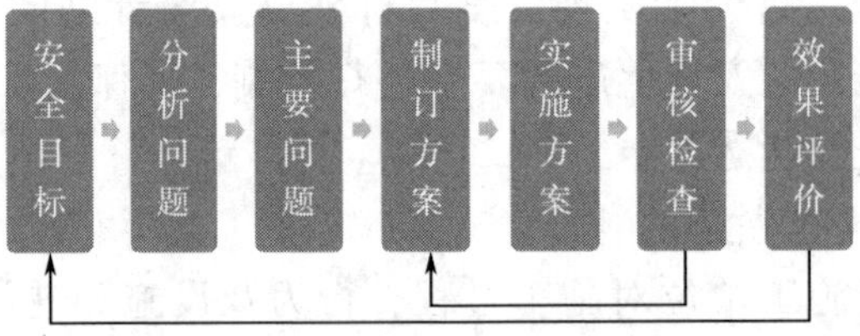

图 1-5 预防型的安全管理模式

1.4 本课程的研究对象和任务

本教材主要包含三大模块的内容，即建筑施工安全管理、建筑施工安全技术以及建筑施工环境保护与职业健康。

第1章为建筑施工安全的基础知识：介绍了建筑施工安全的概念，我国建筑施工安全生产的特点和现状，建筑施工事故类型，我国现行的安全生产方针，我国的安全生产管理体制；介绍了建设的程序和建设项目的组成，施工组织设计的相关内容；介绍了建筑施工安全管理的基本理论、原理、方法、原则、依据、要素、模式。

第2章为建筑施工安全管理：介绍了安全生产管理体系和事故预防的安全控制措施；介绍了建筑施工安全策划；介绍了建筑施工安全管理的内容，包括安全计划、安全生产管理机构、安全资料管理、施工准备阶段的安全管理、施工过程的安全管理；介绍了建筑施工现场的安全管理，包括施工现场危险源辨识与评价、施工现场文明施工管理、施工现场季节性施工安全管理、施工现场安全色及安全标志管理、施工现场消防管理；介绍了全员参与的建筑施工安全管理。

第3章为建设工程安全法律体系：介绍了法律法规的基本概念；介绍了我国常用的建设工程安全法律法规、建筑安全标准规范，以及与环境保护相关的建设工程法律法规与标准规范；并对一些重要的法规、标准进行了详细解读。

第4章为土方工程安全：介绍了土方工程的安全技术与管理；介绍了基坑支护及降水工程的安全技术与管理，包括一般基（沟）槽的支护、一般基坑的支护、深基坑的支护、基坑支护工程的现场监测、地面及基坑（槽）排水、基坑工程安全管理与技术措施。

第5章为脚手架及模板工程安全：介绍了脚手架的种类及基本要求；以落地式脚手架、悬挑式脚手架为例，介绍了常用脚手架的结构及施工安全技术；介绍了脚手架工程事故类型及原因；介绍了脚手架作业安全管理及事故预防；介绍了模板系统的种类及基本要求；介绍了模板的设计；介绍了模板安装与拆除的安全技术与管理。

第6章为高处作业安全：介绍了高处作业事故类型及危险性分析；介绍了临边作业与洞口作业安全技术与管理；介绍了攀登作业与悬空作业安全技术与管理；介绍了操作平台作业安全技术与管理；介绍了交叉作业安全技术与管理；介绍了安全帽、安全带、安全网的使用方法。

第 7 章为建筑施工机械安全：介绍了常用的建筑施工机械及事故类型；介绍了塔式起重机、施工升降机、物料提升机等起重机械的安全使用要点；介绍了土方施工机械、混凝土机械、钢筋加工机械的构造和安全使用要点；介绍了打孔机具、切割机具、加工机具、铆接紧固机具的安全使用要点。

第 8 章为施工现场电气安全：分析了施工现场电气安全事故发生的原因；介绍了施工现场临时用电管理的原则和内容；介绍了供配电系统，包括配电系统、TN-S 接零保护系统；介绍了电动建筑机械、手持式电动工具、照明器等用电设备的选择和使用及外电防护；介绍了安全用电措施和电器防火措施。

第 9 章为建筑施工安全事故报告与应急救援：介绍了建筑施工安全事故报告与处理；介绍了建筑施工安全事故应急救援的规定和应急预案的内容；以建筑施工公司、项目经理部、施工现场各类事故为例，编写了建筑施工单位各级应急预案案例。

第 10 章为建筑施工劳动保护与环境保护：介绍了施工现场常见的职业危害种类、职业危害防护技术措施；介绍了施工现场安全卫生管理与职业健康管理；介绍了施工现场常见的环境污染以及环境保护的措施。

建筑施工安全的内容较多，涉及面很宽，需要掌握的基础知识较多。首先，我们需要深刻理解与掌握建筑施工安全的管理与技术。施工安全与施工组织设计、施工技术密切相关。但是对于安全工程专业而言，相关的建筑工程类的课程开设较少，对建筑工程的基础知识学习不够深入，给学习建筑施工安全带来一些困难。我们要把安全管理融入建筑施工生产与项目管理，而不是孤立、片面地空谈管理安全。其次，建筑施工安全这门学科具有较高的政策性，要学好它，就必须学习与研究透彻建筑施工安全相关的法律法规，把法律法规落实到工作中。同时，一些建筑施工安全专业知识往往是以技术规范、规定、规程的形式颁布的，因此，在学习的过程中要掌握众多的建筑施工规范、规定、规程等，并注意更新，把新的要求应用到建筑安全管理工作中。最后，我们要认识到这是一门实践性很强的学科，在努力学习理论的基础上，要重视所有的实践环节，要通过课程实践、课程实习、生产实习、到建筑工地参观实习等形式，把理论与实践相结合，不断循环往复，学好理论，解决实际问题。

思考题

1. 简述建筑施工的特点。这些特点对建筑施工安全产生哪些影响？
2. 什么是“广义建筑业”？什么是“狭义建筑业”？

3. 简述我国的安全生产方针及其发展历程。

4. 我国建筑施工安全管理发展历程可分为哪几个阶段？各阶段分别有哪些特点？

5. 什么是施工组织设计？怎么分类？主要起什么作用？

6. 收集近年建筑施工事故的案例，并根据事故类型对其进行分类。

2　建筑施工安全管理

内容提要：本章进行了建筑施工安全管理概述，包括安全生产管理体系和事故预防的安全控制措施；介绍了建筑施工安全策划；介绍了建筑施工安全管理的内容，包括安全计划、安全生产管理机构、安全资料管理、施工准备阶段的安全管理、施工过程的安全管理；介绍了建筑施工现场的安全管理，包括施工现场危险源辨识与评价、施工现场文明施工管理、施工现场季节性施工安全管理、施工现场安全色及安全标志管理、施工现场消防管理；介绍了全员参与的建筑施工安全管理。

2.1　建筑施工安全管理概述

安全生产是指为预防生产过程中发生人身、设备事故，形成良好劳动环境和工作秩序而采取的一系列措施和活动。安全生产管理是指安全技术人员对安全生产工作进行的计划、组织、指挥、协调和控制的一系列活动。建筑施工安全管理是一个对建筑施工各环节的安全生产进行系统管理的过程。要全面提升企业安全管理水平，真正体现以人为本、科学发展，承担企业社会责任，实现全社会安全生产形势的根本好转，必须建立建筑施工安全生产管理体系，采取事故预防的安全控制措施。

2.1.1　建立安全生产管理体系

安全生产管理体系建设是指生产经营单位在认真贯彻落实国家有关安全生产的法律法规和标准技术规范的基础上，学习借鉴先进的企业安全管理理念、管理方法和管理体系，建立涵盖企业生产经营全方位的，包括经营理念、工作指导思想、标准技术文件、实施程序等一整套安全管理文件、目标计划，实施、考核、持续改进的全过程控制的安全管理科学体系。

2.1.1.1　建立安全生产管理体系的原则

①贯彻“安全第一、预防为主、综合治理”的方针，建立安全生产责任制和群防群治制度。

②依据《中华人民共和国建筑法》《建设工程安全生产管理条例》及国家有关的法律法规进行编制。

③包含安全生产管理体系的基本要求和内容，结合工程项目实际情况和特点加以充实。

④具有针对性。

⑤持续改进。

2.1.1.2　安全生产管理体系的主要内容及运行机制

安全生产管理体系的主要内容包括：方针政策、目标计划；组织机构、职责和责任制的落实；各项安全生产管理制度的建立，如教育培训、风险管理、隐患排查、会议制度、现场管理、设备管理、承包商管理、变更管理、危险作业许可、劳防用品管理、职业危害因素控制、应急管理、事故管理；审核、评审和持续改进的计划与落实。

安全生产管理体系的运行机制如图2-1所示。体系中各要素围绕着建筑工程施工安全目标和持续改进安全管理活动，按照计划、建立、实施、评价、改进的PDCA动态循环、螺旋上升模式运行。

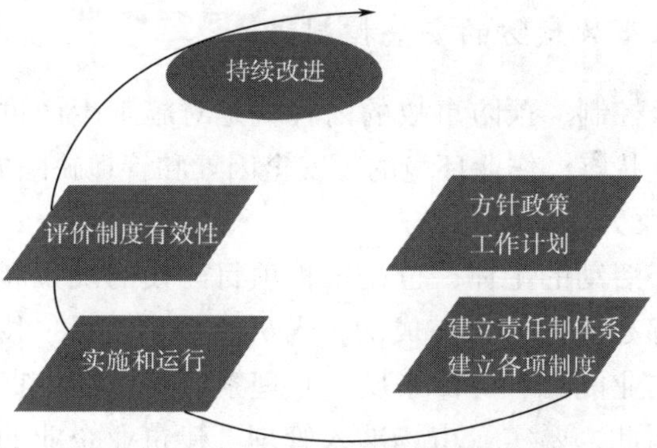

图2-1　安全生产管理体系的运行机制

2.1.1.3　安全生产管理体系的实施程序

建筑施工安全管理体系的实施程序包括施工安全策划、编制安全计划、实施安全计划、安全检查、安全计划验证与持续改进，直到工程竣工交付。

（1）施工安全策划

针对建筑工程的规模、结构、环境、技术特点、危险源、适用法律法规和其他管理要求、资源配置等因素进行工程施工安全策划。

（2）编制安全计划

根据施工安全策划的结果，编制安全计划。安全计划的内容主要包括：规划、确定安全目标；确定过程控制要求；制定安全技术措施；配备必要的资源；确保安全目标的实现。

（3）实施安全计划

安全计划应经上级企业机构审批后实施，具体包括明确安全生产管理机构和人员的职责权限、建立和执行安全生产管理制度、开展安全教育培训、执行安全技术措施与管理措施、进行安全技术交底等工作。

（4）安全检查

在建筑工程施工生产全过程中，施工单位应对施工现场进行安全检查，从而发现安全隐患等安全问题，并落实人员进行整改，消除隐患。同时，安全检查也包括对现场安全生产管理制度、安全管理资料等进行检查。

（5）安全计划验证与持续改进

项目负责人应定期组织具有资格的安全生产管理人员验证安全计划的实施效果。当出现安全问题或安全隐患时，应提出解决措施。对重复出现的安全隐患问题，不仅要分析原因、采取措施、予以纠正，而且要追究责任、给予处罚。

施工单位应持续提升工程项目安全业绩，不断提高安全管理水平。

2.1.2 采取事故预防的安全控制措施

建筑施工安全控制、预防事故的内容就是对施工生产过程中人的不安全行为、物的不安全状态、作业环境的不安全因素和管理缺陷的控制。

2.1.2.1 约束人的不安全行为

人是施工生产活动的主体，也是工程项目建设的决策者、管理者、操作者，施工全过程都是通过人来完成的。人员的文化文平、技术水平、管理能力、组织能力、作业能力、身体素质、心理素质等，都将直接和间接地影响施工安全生产。因此，要实行市场准入管理、建筑业企业的资质管理、建筑施工企业的安全生产许可证管理以及各类专业人员持证上岗制度管理，制定和落实安全生产责任制、安全教育培训制度、特种作业技术措施与管理制度等，这些是提高人员素质、约束人的不安全行为的重要措施。

2.1.2.2 消除物的不安全状态

物的管理包括安全材料、安全防护用具、施工机具和设备等安全物资的管理。安全生产设施条件的安全状况，很大程度上取决于所使用的安全物资。施工单位要建立和落实安全防护技术措施与管理制度，要对安全物资供应单位进行评价和选择，对供货合同条款和进场安全物资的验收的管理要求等做出具体规定，并组织实施。

施工机具、设备和各类操作工具、施工安全设施等，是施工生产不可缺少的设备。这些设备的安全状态、质量优劣，直接影响工程施工安全。因此，要采取各种技术措施和管理措施消除物的不安全状态，预防事故发生。

2.1.2.3 管理和控制环境条件

环境条件主要包括：施工作业环境，如作业面的大小、防护设施、通风照明和通信条件等；工程管理环境，如组织体制、安全管理制度等；工程周边环境，如工程邻近的地下管线、建筑物（构筑物）等。开展作业环境的安全性评价，改进作业条件，加强对职工的劳动保护，是保证施工安全影响的重要手段。

2.1.2.4 管理和控制管理条件

施工单位应建立健全和落实安全生产规章制度，加强对安全生产资料的管理，严格执行事故报告和统计的管理规定。例如，在安全技术管理制度中，施工方案是否合理、施工操作规定是否正确等，都将对施工安全产生重大影响。

根据建筑工程的形成过程，施工安全控制包括对施工准备阶段的安全控制和施工过程的安全控制，具体见图 2-2。

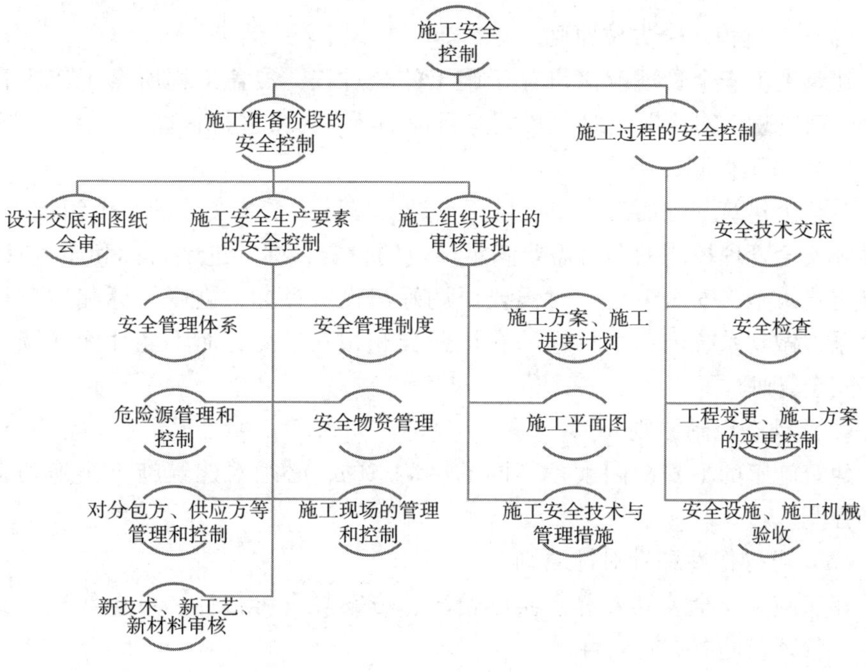

图 2-2 施工安全控制的内容

2.2 建筑施工安全策划

建筑施工安全策划是指通过识别和评价建筑工程施工生产中的危险源和环境因素，确定安全目标，规定必要的控制措施、资源和活动顺序要求，编制工程施工安全计划并组织实施，以实现安全目标的活动。

2.2.1 建筑施工安全策划概述

2.2.1.1 建筑施工安全策划应遵循的原则

（1）目标导向原则

建筑施工安全策划，首先要坚持目标导向原则，通过对施工现场危险源和环境因素的识别、评价，结合法律法规的要求和企业自身的条件等，确定安全目标，实施建筑施工安全管理和控制并努力去实现目标。

（2）预知预控原则

建筑施工安全策划要坚持预知预控原则，对施工现场生产全过程制定预控措施。

（3）全过程、全方位原则

建筑施工安全管理应该贯穿于施工的全过程，覆盖工程所有工作内容的安全生产管理，对影响建筑工程安全目标的所有因素进行管理。

（4）系统控制原则

对整个建筑工程而言，安全目标只是工程目标系统实施的一个组成部分，在实施安全管理控制的同时需要满足预定的投资目标、进度目标和质量目标。在制定建筑施工安全策划的时候要协调好与投资目标、进度目标和质量目标的关系，做到系统内各个目标的有机配合和相互平衡，而不能片面强调建筑施工安全管理。

（5）动态控制原则

建筑施工的不安全因素是不同的、动态的，必须对建筑施工实施动态管理和控制。

（6）可操作性和针对性原则

建筑施工安全策划要尊重实际情况，方案具有可行性、可操作性，安全技术与管理措施具有针对性。

（7）最优化原则

在确保安全目标的前提下，在经济投入、人力投入和物资投入上坚持最优化原则。

（8）持续改进原则

建筑施工安全策划要遵循持续改进原则，适应变化的生产活动，不断提高建筑工程施工安全管理水平。

2.2.1.2 建筑施工安全策划的依据

建筑施工安全策划应以下列文件为依据：国家和地方安全生产、劳动保护、环保、消防等法律法规和方针政策；国家和地方建设工程安全法律法规和方针政策；建设工程安全生产采用的主要技术规范、规程、标准和其他依据。

2.2.1.3 建筑施工安全策划的内容

建筑施工安全策划应包含下列内容：施工安全管理目标；建筑施工现场危险源识别、评价和控制的策划；建筑施工现场安全生产保证体系的策划；建筑施工安全计划。

2.2.2 安全目标策划

安全目标是建筑施工安全管理所要达到的各项具体指标，是安全管理和控制的努力方向。

建筑企业项目经理部制定的安全目标必须与所在建筑企业的安全方针、安全目标协调一致，包括安全指标、管理指标等要求；安全目标要明确、具体、有针对性，可对项目各层级进行分解，落实到各责任部门和责任人；安全目标的完成情况应该可测量、考核。

2.2.2.1 安全目标制定时应综合考虑的因素

安全目标制定时应综合考虑以下因素：工程项目自身的危险源识别和评价结果；适用法律法规、技术标准规范和其他要求识别的结果；可供选择的技术方案；相关方的要求和意见。

此外，项目经理部制定的安全目标应形成文件。

2.2.2.2 安全目标的内容

项目经理部制定的安全目标通常包括：杜绝重大伤亡、设备、管线、火灾和环境污染事故；一般事故频率控制目标；安全标准化工地创建目标；文明工地创建目标；遵循安全生产方面有关法律法规和技术标准规范以及对员工和社会要求的承诺；其他需满足的总体目标。

此外，针对已识别和评价出的每个重大危险源，项目经理部经过策划还应确定具体目标和指标。

2.2.3 安全保证体系策划

安全保证体系主要包括组织保证体系、制度保证体系、技术保证体系、投入保证体系和信息保证体系，如图 2-3 所示。

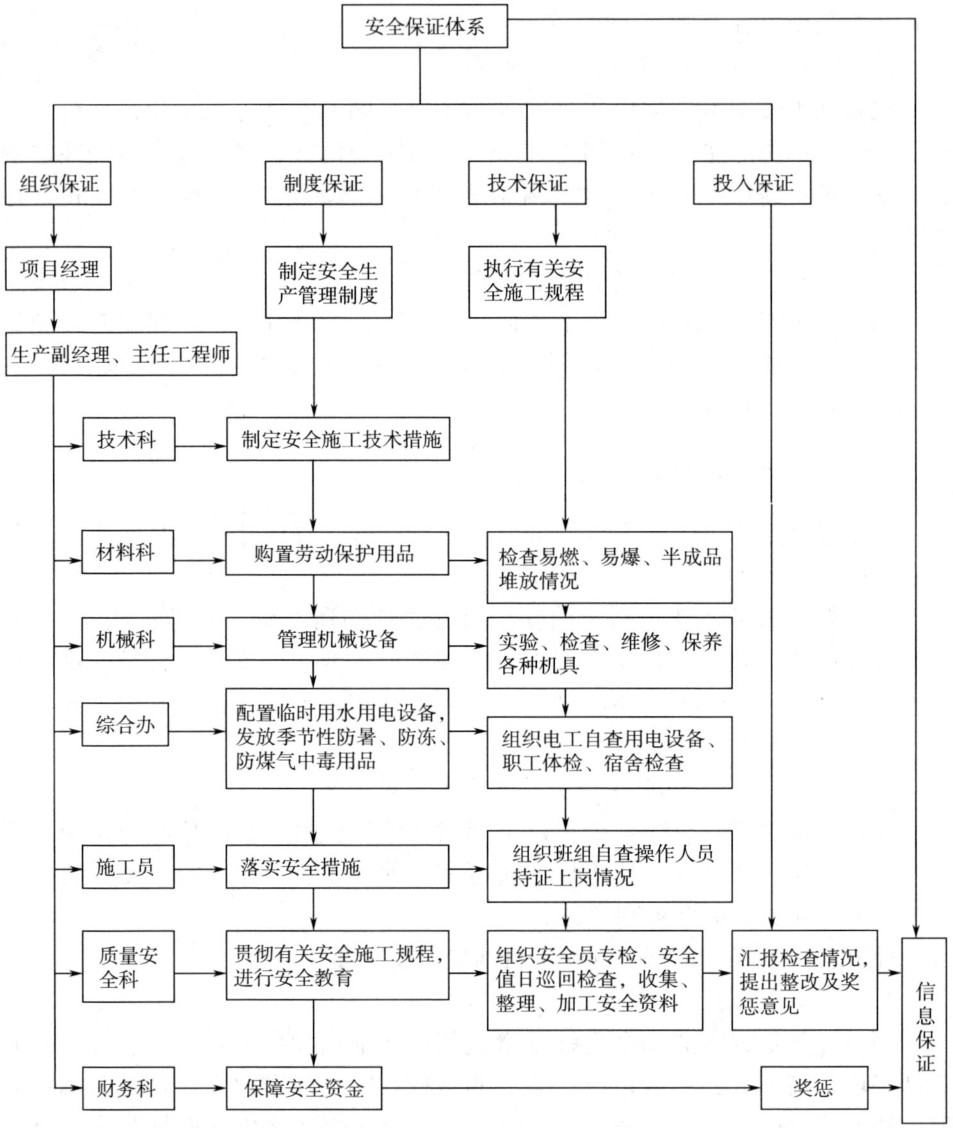

图 2-3　安全保证体系

2.2.3.1　组织保证体系

组织保证体系主要包括安全生产管理委员会（小组）、安全生产管理机构和专职安全生产管理人员。《建设工程安全生产管理条例》第二十三条规定："施工单位应当设立安全生产管理机构，配备专职安全生产管理人员。"

2.2.3.2 制度保证体系

制度保证体系是指安全生产管理制度，主要包括：安全生产许可证制度；安全生产责任制度；安全生产教育培训制度；安全生产资金保障制度；安全生产管理机构和专职人员制度；特种人员持证上岗制度；安全技术措施制度；专项施工方案专家论证审查制度；施工前详细说明制度（安全技术交底制度）；消防安全责任制度；防护用品及设备管理制度；起重机械和设备设施验收登记制度；三类人员考核任职制度；意外伤害保险制度；安全事故应急救援制度；安全事故报告制度；等等。

2.2.3.3 技术保证体系

技术保证体系由我国建设工程安全技术相关的法律法规构成，主要包括《建筑与市政施工现场安全卫生与职业健康通用规范》（GB 55034-2022）、《房屋市政工程生产安全重大事故隐患判定标准（2024 版）》、《建筑防火通用规范》（GB 55037-2022）、《建筑施工安全检查标准》（JGJ 59-2011）等。

其他相关的标准规范可参照法律法规章节。

2.2.3.4 投入保证体系

投入保证体系主要包括人力资源、安全物资和安全生产资金等投入。

（1）人力资源

人力资源包括专职安全生产管理人员、高素质技术人员、操作工人配置及安全教育培训投入等。

（2）安全物资

施工单位要对安全物资供应单位进行评价和选择，对供货合同条款约定以及进场安全物资的验收等做出具体规定，并组织实施。

（3）安全生产资金

安全生产资金主要包括：施工安全防护用具及设施的采购和更新的资金；安全施工措施的资金；改善安全生产条件的资金；安全教育培训的资金；事故应急措施的资金；等等。施工单位项目经理部应制定安全生产资金保障制度，落实和管理好安全生产资金。

2.2.3.5 信息保证体系

信息保证体系主要是通过计算机网络技术建立一种能保证及时掌握有关建筑施工安全生产管理和安全技术工作信息的管理制度、工作程序、方法，以满足工程安全事故的需要。信息保证体系主要包括：信息网络的建立；信息的收集、分析、处理和应用；安全施工状况、安全事故的报告与统计及信息档案管理；等等。

2.2.4 危险源识别、评价和控制策划

施工现场的危险源是指一个建设工程项目施工过程的整个系统中具有潜在能量和物质释放危险，在一定的触发因素作用下可转化为事故的部位、区域、场所、空间、设备及其位置。

识别施工现场危险有害因素的目的就是通过对整个工程项目施工安全进行系统的分析，界定出系统中的哪些部分、区域是危险源，危险源的危险性质、危险程度、存在状况及其转化为事故的条件、过程和规律等，以便有效地控制能量和物质的转化，使危险源不至于转化为事故。

对识别出来的各施工阶段、部位和场所所需要控制的危险源与环境因素，应列出清单，并采用适当的方法评价已识别的全部危险源与环境因素对施工现场的影响。根据评价结果，结合法律法规、标准规范要求，施工单位对危险源与环境因素的控制进行策划并形成文件，对重大危险源还应建立和制定应急救援预案。在施工过程中，当工程变更、施工方案改变、法规修订、安全事故发生等内外条件变化时，施工单位应及时更新危险源与环境因素识别、评价和控制策划的结果。

2.3 建筑施工安全管理的内容

工程按照形成过程的阶段划分为施工准备阶段和施工过程两个环节，建筑施工安全管理相对应地划分为施工准备阶段安全管理和施工过程安全管理。

2.3.1 安全计划

2.3.1.1 安全计划的内容和编制步骤

安全计划是规范施工单位安全活动的指导性文件和具体的行动计划，目的是防止和减少施工现场施工生产过程中安全事故的发生，从而防止和减少财产损失。

根据建筑施工安全管理原理，安全计划包含计划、实施、检查、处置四个环节的相关内容，即 PDCA 循环。安全计划的具体内容包括：工程概况、施工平面图、组织机构、职责权限、规章制度、控制程序、控制目标、资源配置、安全措施、检查评价、奖惩制度、关键过程和特殊过程及作业的指导书，与施工过程相适应的检验、监测、验证要求，以及更改和完善安全计划的程序等。

对一个具体的建筑工程项目，编制安全计划的步骤如下。

（1）明确工程概况

工程概况的内容主要包括：建设工程组成状况及其建设阶段划分；每个建设阶段的工程项目组成状况；每个工程项目的单项工程组成状况。

（2）明确安全控制程序

安全控制程序的内容主要包括：确定建设工程施工总安全目标；编制安全计划；实施安全计划；验证安全计划；持续改进安全计划和兑现合同承诺。

（3）确定安全控制目标

安全控制目标的内容主要包括：建设工程总安全目标；每个工程项目安全目标；每个工程项目的单项工程、单位工程和分部工程安全目标。

（4）确定安全管理组织机构和职责权限

安全管理组织机构和职责权限的内容主要包括：安全管理组织机构形式；安全组织管理层次；安全管理人员的职责和权限；安全管理的规章制度。

（5）确保安全资源配置

安全资源配置的内容主要包括安全资源名称、规格、数量和使用部位，并列入资源总需要量计划。

（6）制定安全技术措施

安全技术措施的内容主要包括：防火、防毒、防爆、防洪、防尘、防雷击、防坍塌、防物体打击、防溜车、防机械伤害、防高空坠落和防交通事故，以及防寒、防暑、防疫和防环境污染等各项措施。

（7）落实安全检查评价和奖励

安全检查评价和奖励的内容主要包括：安全检查日期；安全检查人员组成；安全检查内容；安全检查方法；安全检查记录要求；安全检查结果的评价；安全检查报告；表彰安全施工优胜者的奖励制度。

安全管理人员应按照分工实施安全计划，并应按规定保存记录；当发生安全隐患或事故时，必须分析原因、分清责任、进行整改。

2.3.1.2 安全计划、施工计划和施工组织设计的联系和区别

安全计划，是建筑工程施工安全策划结果的一项管理文件。对工程建设而言，安全计划主要是针对特定的建筑工程，为完成预定的安全目标编制的专门规定安全措施、资源和活动顺序的文件。安全计划包括安全目标、组织结构、控制程序、控制目标、安全措施、检查评价等。

施工计划是施工单位进行施工的依据，包括施工方法、工序流程、进度安排、施工管理及安全对策、环保对策等。在我国现行的施工管理中，施工单位要针对每一特定工程项目编制施工计划，作为施工全过程的指导性文件。

施工组织设计是针对施工中将要发生的各种施工组织技术问题，先进行

安排和提出解决方案的技术经济文件，一般包括工程概况、施工部署、施工方案、施工准备计划、工程总进度安排、各项需用量计划、施工平面图、技术经济指标等内容。为确保工程施工安全，施工单位在施工组织设计中加入了安全目标、安全管理及安全保证措施等安全计划的内容。

安全计划与施工组织设计都是针对某一特定工程项目而制定的文件。投标时，投标单位向建设单位提供施工组织设计和安全计划，对建设单位做出工程施工安全管理的承诺。二者的不同之处在于：施工期间，承包单位编制的详细的施工组织设计仅供内部使用，具体指导工程项目的施工；安全计划主要是向施工单位做出安全生产保证以及施工安全生产管理和控制的依据。从编制原理来说，施工组织设计主要从施工部署的角度，着重于技术安全形成规律来编制全面施工管理的计划文件；安全计划的编制是以安全管理体系为基础的，把一个建设工程作为一个独立的系统，对工程项目施工过程中与项目承包合同要求有关的、影响工程施工安全的各环节进行控制，并通过必要的手段、方法和合理的组织机构、人员予以保证。

虽然从编制原理和内容上有差别，不可互相替代，但目前我国建设工程施工组织设计也正在发生转变，施工单位应根据自身的特点、建设单位的要求、规范要求等，把安全计划和施工组织设计有机结合起来，在编制安全计划的同时，将施工组织设计有效融入。安全计划逐渐成为施工组织设计编制内容的重点之一。

2.3.2 安全生产管理机构

2.3.2.1 安全生产管理机构概述

施工现场应按照工程的规模设置安全生产管理机构或配备专职安全生产管理人员。建筑工程项目应当成立由施工总承包单位项目经理负责的安全生产管理小组，小组成员包括派驻到项目的专职安全生产管理人员，并建立由施工总承包单位项目经理部、各专业承包单位、专业公司和施工作业班组共同参与的安全生产管理组织网络。

《建设工程安全生产管理条例》规定，施工单位应设立各级安全生产管理机构，配备专职安全生产管理人员。《建筑施工企业安全生产管理机构设置及专职安全生产管理人员配备办法》规定，建筑施工总承包企业安全生产管理机构内的专职安全生产管理人员应当按企业资质类别和等级足额配备，根据企业生产能力或施工规模，专职安全生产管理人员人数要求有所不同。

（1）建筑施工企业安全生产管理机构专职安全生产管理人员

建筑施工企业安全生产管理机构专职安全生产管理人员的配备应满足下

列要求，并应根据企业经营规模、设备管理和生产需要予以增加：

①建筑施工总承包资质序列企业：特级资质企业不少于6人；一级资质企业不少于4人；二级和二级以下资质企业不少于3人。

②建筑施工专业承包资质序列企业：一级资质企业不少于3人；二级和二级以下资质企业不少于2人。

③建筑施工劳务分包资质序列企业：不少于2人。

建筑施工企业的分公司、区域公司等较大的分支机构（以下简称分支机构）应依据实际生产情况配备不少于2人的专职安全生产管理人员。

（2）总承包单位配备项目专职安全生产管理人员

总承包单位配备项目专职安全生产管理人员应当满足下列要求：

①建筑工程、装修工程按照建筑面积配备：1万平方米以下的工程不少于1人；1万~5万平方米的工程不少于2人；5万平方米及以上的工程不少于3人，且按专业配备专职安全生产管理人员。

②土木工程、线路管道、设备安装工程按照工程合同价配备：5 000万元以下的工程不少于1人；5 000万~1亿元的工程不少于2人；1亿元及以上的工程不少于3人，且按专业配备专职安全生产管理人员。

（3）分包单位配备项目专职安全生产管理人员

分包单位配备项目专职安全生产管理人员应当满足下列要求：

①专业承包单位应当配置至少1人，并根据所承担的分部分项工程的工程量和施工危险程度增加。

②劳务分包单位施工人员在50人以下的，应当配备1名专职安全生产管理人员；50~200人的，应当配备2名专职安全生产管理人员；200人及以上的，应当配备3名及以上专职安全生产管理人员，并根据所承担的分部分项工程施工危险实际情况增加，不得少于工程施工人员总人数的5‰。

采用新技术、新工艺、新材料或致害因素多、施工作业难度大的工程项目，项目专职安全生产管理人员的数量应当根据施工实际情况，在上述规定的配备标准上增加。

2.3.2.2 专职安全生产管理人员的职责

根据《建设工程项目管理规范》和《建筑施工企业安全生产管理机构设置及专职安全生产管理人员配备办法》的规定，项目经理、安全员、作业队长、班组长、操作工人、总承包人、分包人、施工单位项目经理部总工程师安全职责的内容如下。

（1）项目经理的安全职责

①认真贯彻安全生产方针、政策、法规和各项规章制度，制定和执行安

全生产管理办法。

②严格执行安全考核指标和安全生产奖惩办法，严格执行安全技术措施审批和安全技术措施交底制度。

③定期组织安全生产检查和分析，针对可能产生的安全隐患制定相应的预防措施。

④当施工过程中发生安全事故时，项目经理必须按安全事故处理的有关规定和程序及时上报和处置，并制定防止同类事故再次发生的措施。

（2）安全员的安全职责

①对施工现场安全生产进行巡视督查，并做好记录。

②落实安全设施的设置。

③对施工全过程的安全进行监督，纠正违章作业，配合有关部门排除安全隐患，组织安全教育和全员安全活动，监督劳保用品质量和正确使用。

（3）作业队长的安全职责

①向作业人员进行安全技术措施交底，组织实施安全技术措施。

②对施工现场安全防护装置和设施进行验收。

③对作业人员进行安全操作规程培训，增强作业人员的安全意识，避免产生安全隐患。

④当发生重大或恶性工伤事故时，应保护现场，立即上报并参与事故调查处理。

（4）班组长的安全职责

①安排施工生产任务时，向本工种作业人员进行安全技术措施交底。

②严格执行本工种安全技术操作规程，拒绝违章指挥。

③作业前应对本次作业所使用的机具、设备、防护用具及作业环境进行安全检查，消除安全隐患，检查安全标牌是否按规定设置、标识方法和内容是否正确完整。

④组织班组开展安全活动，召开上岗前安全生产会，每周应进行安全讲评。

（5）操作工人的安全职责

①认真学习并严格执行安全技术操作规程，不违规作业。

②自觉遵守安全生产规章制度，执行安全技术交底和有关安全生产的规定。

③服从安全监督人员的指导，积极参加安全活动，爱护安全设施，正确使用防护用具。

④对不安全作业提出意见，拒绝违章指挥。

（6）总承包人的安全职责

①审查分包人的安全生产许可证、企业资质和安全生产管理体系，不应

将工程分包给不具备安全生产许可证、企业资质的分包人。

②在分包合同中明确分包人的安全生产责任和义务。

③对分包人提出安全要求，并认真监督、检查，对违反安全规定冒险蛮干的分包人，应令其停工整改。

④统计分包人的伤亡事故，按规定上报，并按分包合同约定协助处理分包人的伤亡事故。

（7）分包人的安全职责

①对本施工现场的安全工作负责，认真履行分包合同规定的安全生产责任。

②遵守承包人的有关安全生产制度，服从承包人的安全生产管理，及时向承包人报告伤亡事故并参与调查，处理善后事宜。

（8）施工单位项目经理部总工程师的安全职责

①对工程项目安全生产负技术责任。

②贯彻执行安全生产法律法规与方针政策，严格执行施工安全技术规程、规范、标准。

③结合工程项目特点，主持工程项目施工安全策划，识别、评价施工现场危险源与环境因素，参加或组织编制施工组织设计（专项施工方案）、安全计划；审查针对性的安全技术措施，保证其可行性与针对性，并随时检查、监督、落实及主持工程项目的安全技术交底。

④主持制订技术措施计划和季节性施工方案的同时，制定相应的安全技术措施并监督执行，及时解决执行中出现的问题；工程项目应用新材料、新技术、新工艺要及时上报，经批准后方可实施；组织上岗人员的安全技术教育培训，认真执行相应的安全技术措施与安全操作工艺、要求。

⑤主持安全防护设施和设备的验收。发现安全防护设施和设备的不正常情况，应及时采取措施，严格控制不符合要求的安全防护设施、设备投入使用。

⑥参加安全检查，对施工中存在的不安全因素，从技术方面提出整改意见和办法予以消除。

⑦参加或配合工伤、严重安全隐患的调查，从技术角度分析事故原因，提出防范措施与意见。

2.3.3 安全资料管理

安全管理的资料分为基础文件和施工过程管理文件两类。

2.3.3.1 基础文件

基础文件主要指建筑施工单位的施工许可和企业资质文件、人员资质文件、

施工组织设计文件 、应急救援预案文件、安全管理制度文件、安全技术操作规程、安全技术交底文件、安全策划文件、安全生产管理机构和职责文件、目标管理文件、安全物资采购控制文件、分包方控制文件等。具体见表 2–1。

表 2–1　基础文件清单

项目	具体内容
施工许可和企业资质文件	①施工许可证 ②安全监督登记书 ③施工企业资质等级证书 ④施工企业安全生产许可证及年审记录 ⑤工程项目部安全管理组织机构框架图或一览表
人员资质文件	①项目经理执业资格证书、安全生产考核合格证书及年度继续教育记录 ②专职安全员安全生产考核合格证书及年度继续教育记录 ③为作业人员购买意外伤害保险的交费凭据
施工组织设计文件	监理单位批准的施工组织设计
应急救援预案文件	编制的各类安全事故的应急救援预案
安全管理制度文件	编制的企业和项目经理部安全管理制度
安全技术操作规程	①各工种安全操作规程 ②各种机械设备安全操作规程
安全技术交底文件	①分部分项工程安全技术交底汇总表 ②各分部分项工程安全技术交底表
安全策划文件	①危险源与重大危险源控制措施清单 ②重大危险源控制目标和管理方案 ③环境因素与重大环境因素控制措施清单 ④法规文件清单 ⑤安全记录清单
安全生产管理机构和职责文件	①工程概况 ②工程项目经济承包责任制 ③各级施工管理人员安全生产责任制 ④工程项目安全管理体系及组织机构 ⑤工程项目安全管理体系要素及职能分配表 ⑥安全管理体系文件 ⑦安全生产值班表及值班记录 ⑧安全生产奖惩记录 ⑨安全生产责任制考核表

续表

项目	具体内容
目标管理文件	①工程项目安全管理目标表 ②工程项目安全管理办法 ③企业内部、总分包方安全生产工作目标分解及分解网络图 ④工程项目安全责任目标考核标准 ⑤工程项目安全责任目标考核表
安全物资采购控制文件	①合格供应商名录 ②合格物资采购、租赁计划或协议书 ③安全物资验收记录汇总表
分包方控制文件	①工程项目分包方名录 ②对分包方编制的专项施工组织设计、施工方案、安全技术措施审批记录表 ③提供给分包方的安全物资移交验收记录表 ④对分包方的分部分项安全技术交底记录表 ⑤对分包方的安全交底记录 ⑥对分包方的安全监督、检查记录表 ⑦分包方安全业绩评定表

2.3.3.2 施工过程管理文件

施工过程管理文件主要是在各具体施工过程中的方案执行、现场记录等存档文件。具体见表 2–2。

表 2–2 施工过程管理文件清单

项目	具体内容
土方开挖与基坑支护	①专项施工方案审批书、专家审查论证书面意见 ②基坑支护变形监测记录表 ③人工挖孔桩每日开工前检测井下有毒有害气体的记录资料
模板工程	①专项施工方案，有验算结果，经施工单位技术负责人审查、项目总监理工程师批准文件。高大模板应有专家论证书面意见 ②拆模申请、拆模混凝土试块试压报告
高处作业	①预防高处坠落事故的专项施工方案，经项目技术负责人审查、项目总监理工程师批准文件 ②安全帽、安全带、安全网的产品合格证、厂家生产许可证 ③安全帽、安全带、安全网进场记录 ④安全帽、安全带、安全网发放记录

续表

项目	具体内容
脚手架	①经施工单位技术负责人审查、项目总监理工程师批准的施工方案 ②验收单 ③架子工名册 ④架子工操作证
施工临时用电	①施工现场临时用电方案，经施工单位技术负责人审查、项目总监理工程师批准文件 ②验收单 ③电工维修记录 ④接地电阻测试记录 ⑤电工操作证 ⑥电线、电缆、漏电保护器等产品合格证、厂家生产许可证
物料提升机	①物料提升机专项拆装方案，方案由安装单位编制，经安装单位技术负责人审查、项目总监理工程师批准 ②验收单 ③基础混凝土试块试压报告 ④安装单位资质证书 ⑤物料提升机产品合格证、厂家生产许可证 ⑥安装人员名册 ⑦安装人员操作证 ⑧卷扬机司机操作证
塔式起重机	①塔式起重机专项拆装方案，方案由安装单位编制，经安装单位技术负责人审查、项目总监理工程师批准 ②验收单 ③基础混凝土试块试压报告 ④安装单位资质证书 ⑤塔式起重机产品合格证、厂家生产许可证 ⑥安装人员名册 ⑦安装人员操作证 ⑧司机、司索、信号指挥人员名册 ⑨司机、司索、信号指挥人员操作证
施工机具	①施工机具明细表 ②验收单 ③施工机具及配件维修保养记录 ④产品合格证、厂家生产许可证

续表

项目	具体内容
安全教育	①职工劳动保护教育卡汇总表 ②新工人三级安全教育卡 ③各类安全教育记录表 ④变换工种安全教育登记汇总表 ⑤变换工种安全教育登记表 ⑥特种作业人员名册 ⑦中小型机械作业人员名册 ⑧班前安全活动制度及班前安全活动记录
安全检查	①安全检查制度 ②专职安全员填写的施工安全日记 ③项目安全检查资料、隐患整改通知书及复查意见 ④公司或分公司对项目安全检查的资料、隐患整改通知书及复查意见 ⑤建设行政主管部门或安全监督机构对项目发出的改进、整改或停工整改通知书，以及整改完毕后填写的复查申请批复书
特种作业人员持证上岗	①特种作业人员登记表 ②特种作业人员操作证
工伤事故档案、安全标志	①施工现场重大安全事故应急救援预案及演练记录 ②工伤事故登记汇总表 ③事故调查处理资料 ④安全标志布置总平面图
文明施工	①施工现场总平面布置图 ②经项目技术负责人审查的围挡施工方案，方案应有围挡基础做法说明，砌体围挡应有围挡剖面图、构造柱做法说明 ③门卫管理制度、门卫值班表、工地生活区管理制度 ④厨房、食堂卫生管理制度、厨房工作人员健康证、急救人员登记表 ⑤消防制度、消防设施平面布置图 ⑥消防设施定期检查记录 ⑦动火作业审批表 ⑧治安保卫制度 ⑨施工现场防尘、防噪声措施 ⑩施工不扰民措施

2.3.4 施工准备阶段的安全管理

施工准备阶段的安全管理是指在正式施工前进行的安全管理，重点是做好施工准备工作，包括：施工组织设计的审核审批；现场施工准备的安全管理；安全管理制度的建立和落实；对分包单位、大型设备装拆单位、供应单位的安全管理。

2.3.4.1 施工组织设计的审核审批

施工组织设计包含安全计划的主要内容，因此，对施工组织设计的审批也包括对安全计划的审批。

施工组织设计的审核审批程序如下。

（1）一般工程

一般工程的施工组织设计由施工单位项目经理部工程技术人员审核，由项目经理部总工程师审批，报公司项目经理部、安全管理部备案。同时，审核和审批人应有明确意见并签名，职能部门盖章。

（2）重要工程

重要工程的施工组织设计由施工单位项目经理部总工程师审核，公司项目管理部、安全管理部复核，公司技术发展部或公司总工程师委托技术人员审批并在公司项目管理部、安全管理部备案。同时，审核和审批人应有明确意见并签名，职能部门盖章。

（3）大型、特大工程

大型、特大工程的施工组织设计由施工单位项目经理部总工程师组织编制报公司技术发展部，项目管理部、安全管理部审核。同时，审核和审批人应有明确意见并签名，职能部门盖章。

（4）专业性强、危险性大的工程

《建设工程安全生产管理条例》《建筑施工安全检查标准》《危险性较大的分部分项工程安全管理规定》规定，对基坑支护与降水工程、土方开挖工程、模板工程、起重吊装工程、脚手架工程、拆除与爆破工程等危险性较大的工程，除施工组织设计外，还应单独编制安全专项施工方案。对于超过一定规模的危险性较大的工程，施工单位项目经理部还应组织专家进行论证审查。同时，审核和审批人应有明确意见并签名，职能部门盖章。

经过批准的施工组织设计，不准随意变更修改。确因客观原因需要修改时，应按原审核、审批的分工与程序办理。

在对施工组织设计进行审核审批时，需要注意以下问题：

第一，施工组织设计内容要具体、全面、细致。设计计算引用的计算方法和数据，要注明来源和依据。选用的力学模型必须与实际构造或实际情况相符。为了便于方案的实施，方案中除应有详细的文字说明外，还应有必要的构造详图。图示清晰，标准齐全。

第二，施工组织设计应与施工进度计划保持一致。施工进度计划的编制应以确定的施工组织设计为依据，正确体现施工的总体部署、流向顺序及工艺关系等。

第三，施工组织设计应与施工平面图布置协调一致。施工平面图的临时供水、供热和供气管道、施工道路、临时办公房屋、仓库等，以及施工材料模板、工具器具等应做到布置有序，有利于各阶段施工组织设计的实施。

2.3.4.2 现场施工准备的安全管理

(1) 施工现场环境的管理

项目管理人员要对施工作业需要的水、电或其他动力供应、施工照明、安全防护设备、场地平整、道路等做好安排和准备。

(2) 施工合同、设计交底和施工图纸的现场核对

项目管理人员要组织技术、安全、管理人员在工程开工前对合同文件进行全面熟悉。施工单位要认真参加由建设单位主持的设计交底工作，包括：地形、地貌、水文地质等自然条件的说明；设计单位采用的主要设计规范、设计意图，尤其是施工应注意的事项，如基础施工安全的要求、设计中采用的新结构或新工艺对施工安全提出的要求、对实现进度安排而采用的施工组织设计和安全技术保证措施等；施工图纸现场核对，核对内容包括图纸与说明是否齐全，图纸中有无遗漏、差错或相互矛盾之处，图纸的表示方法是否清楚和符合标准；等等。

(3) 进场安全物资、设备的管理

为了防止假冒、伪劣或存在质量缺陷的安全物资流入施工现场，造成安全隐患，项目部应通过供货合同约定安全物资的产品质量，要求验收并记录。未经验收或验收不合格的安全物资应做好标识并清退出场；对入场的机械、设备要审核是否与施工组织设计或安全计划中所列一致、机械设备是否都处于完好的可用状态等；对于与批准的计划中所列施工机械不一致，或机械设备的类型、规格、性能不能保证施工安全的，不准使用。

2.3.4.3 安全管理制度的建立和落实

建筑施工企业除建立安全生产责任制度外，还应建立包括安全生产许可证制度、安全生产教育培训制度、安全生产费用保障制度、安全检查制度、“三类人员”考核任职制度和特种作业人员持证上岗制度、安全技术措施制度、消防安全责任制度、防护用品及设备管理制度、特种设备管理制度、生

产安全事故报告制度等安全管理制度。

(1) 安全生产责任制度

安全生产责任制度是根据我国“安全第一、预防为主、综合治理”的安全生产方针和安全生产法规建立的各级领导、职能部门、工程技术人员、岗位操作人员在劳动生产过程中对安全生产层层负责的制度。安全生产责任制度是企业岗位责任制的一个组成部分，是企业中最基本的一项安全制度，也是企业安全生产、劳动保护管理制度的核心。

安全生产责任制度必须经施工现场项目经理批准后实施，其管理要求如下：

安全生产责任制度应覆盖生产过程中的各个部门、单位和人员，包括：项目经理与项目管理人员；作业班组长；项目经理部各层安全生产管理机构与专职安全生产管理人员；分包单位的现场负责人、管理人员和作业班组长。

安全生产责任制度中应有安全管理目标，并且目标值可测量。应层层分解和落实安全生产管理职责和目标指标。

项目经理部各级经营承包合同及工程分包合同中应充分体现安全生产管理职责和目标指标的层层分解和落实，明确相应的责任和义务，并对管理职责和目标指标落实情况进行监督检查，对考核奖惩的相关条款做出规定。对安全生产责任制度的落实及安全目标指标的实现情况组织经常性、定期和专项的监督、检查、整改活动，做好检查记录，并作为考核依据。

(2) 安全生产许可证制度

为规范建筑施工企业安全生产条件，进一步加强建筑工程安全生产监督管理，防止和减少生产安全事故，根据《安全生产许可证条例》《建筑施工企业安全生产许可证管理规定》等有关安全生产许可证管理文件要求，建筑施工企业要建立安全生产许可证制度。

(3) 安全生产教育培训制度

为加强和规范公司安全培训工作，提高员工安全素质，防范伤亡事故，减轻职业危害，使公司生产及日常生活能正常进行，建筑施工企业要制定安全生产教育培训制度。

安全生产教育培训制度应明确各层次各类从业人员教育培训的类型、对象、时间和内容，对安全生产教育培训的计划编制、实施和记录、证书的管理要求、职责权限和工作程序做出具体规定，形成文件并组织实施。

①安全生产教育培训的类型和对象。安全生产教育培训针对不同对象有不同类型，主要包括：企业各层次主要负责人的年度安全培训；项目经理和项目管理人员的年度安全培训；企业各层次管理人员和技术人员的年度安全

培训；专职安全生产管理人员岗位合格证书、复审和年度安全培训；电工、焊工、垂直运输机械作业人员、登高架设作业人员、爆破作业人员等特殊工程作业人员操作证培训、复审和年度安全培训；待岗复工、转岗、换岗从业人员上岗前培训；新工人进场三级安全培训；经常性安全教育。

②安全生产教育培训的内容和形式。公司级安全生产教育培训的主要内容包括：公司概况，安全生产特点，党和国家劳动保护政策、方针、制度和本公司安全规章制度，安全技术知识，发生事故影响及预防措施，等等。

部门级安全生产教育培训由部门主管和公司安全员负责实施。部门级安全生产教育培训的主要内容包括：部门工作特点，工作过程中存在的不安全因素，特殊设备的安全要求，危险区应注意的要点，历年事故教训和预防措施，防护用品的合理使用及管理制度等。

班组级安全生产教育培训由班组长负责实施。班组级安全生产教育培训的主要内容包括：岗位责任制，设备结构性能，安全操作规程和排除不安全因素的紧急措施，劳动保护用品的使用等。员工调换岗位必须接受新岗位安全生产教育培训，长期离岗复工，要进行复工安全生产教育培训，经考核合格方能上岗操作。

从事特种作业的员工，必须按规定接受专门的安全生产教育培训和安全技术培训，经有关部门考试合格并取得特种作业操作证，方准独立操作。取得特种作业操作证的人员，按各自工种要求进行定期复审。

变换工种的安全生产教育培训包括：新工作岗位或生产班组安全生产概况、工作性质和职责；新工作岗位必要的安全知识、各种机具设备及安全防护设施的性能和作用；新工作岗位、新工种的安全技术操作规程；新工作岗位容易发生事故及有毒有害的地方；新工作岗位个人防护用品的使用和保管。

采用新工艺、新设备，使用新材料，生产新产品时，要对操作人员进行新操作方法和安全知识教育。各部门要积极开展安全生产活动。各班组要坚持进行每次生产前的安全生产教育培训。

新转入施工现场的工人必须进行转场安全生产教育培训。转场安全生产教育培训的内容包括：本工程项目安全生产状况及施工条件；施工现场中危险部位的防护措施及典型事故案例；本工程项目的安全管理体系、规定及制度。

班前安全活动交底作为施工队伍经常性安全生产教育培训活动之一，各作业班组长于每班工作开始前必须对本班组全体人员进行不少于 15 分钟的班前安全活动交底。班组长要将安全活动交底内容记录在专用的记录本上，各成员在记录本上签名。班前活动交底的内容包括：本班组安全生产须知；本班工作中危险源（点）和应采取的对策；上一班工作中存在的安全问题和应采取的对策。

周一安全活动作为施工项目经常性的安全活动之一，每周一开始工作前应对全体在岗工人开展至少1小时的安全生产及法制教育活动。工程项目主要负责人要进行安全讲话，主要内容包括：上周安全生产形势、存在问题及对策；最新安全生产信息；本周安全生产工作的重点、难点和危险点；本周安全生产工作目标和要求。

③安全生产教育培训制度的管理要求。应建立安全生产教育培训制度，明确安全生产教育培训的类型、对象、时间和内容，编制安全生产教育培训计划。

施工企业应按计划和规定组织施工现场项目经理部开展各类安全生产教育培训活动，定期检查考核实施情况和实际效果，保存安全生产教育培训实施记录、证书、检查与考核记录。

（4）安全生产费用保障制度

为规范安全生产费用的使用和管理，保证安全生产费用专款专用，根据《中华人民共和国安全生产法》《建设工程安全生产管理条例》等文件要求，建筑施工企业要结合项目实际，制定安全生产费用保障制度。要按照“企业提取、政府监管、确保需要、规范使用”的原则对安全生产费用进行监督管理。安全生产费用实行专款专用，安全生产费用应当并只能用于施工安全防护用具及设施的采购和更新、安全施工措施的落实、安全生产条件的改善，不得挪作安全生产以外的其他用处。安全生产费用的使用范围如下：

①完善、改造和维护安全防护、检测、探测设备和设施的支出，例如：防止物体、人员坠落设置的安全网、棚等费用；安全警示、警告标志、标牌及安全宣传栏等购买、制作、安装及维护的费用；特种设备、压力容器、避雷设施、大型施工机械、支架等检测检验费用，设备维修养护费用；“四口”和“五临边”的防护费用；其他安全防护、检测设施、设备的费用。建筑施工常说的“四口”，指通风口、预留洞口、电梯井口、楼梯口；“五临边”指未安装栏杆的平台临边、无外架防护的层面临边、升降口临边、基坑临边、上下斜道临边。

②配备必要应急救援器材、设备和现场作业人员安全防护物品的支出，例如：各种消防设备及器材，救生衣、圈，急救药箱及器材费用；安全帽、保险带、手套、雨鞋、口罩等现场作业人员安全防护用品费用；其他专门为应急救援所需而准备的物质、专用设备、工具的费用。

③安全生产检查与评价的支出，具体包括：日常安全生产检查、评估费

用，聘请专家参与安全检查的评价费用。

④对重大风险源、重大事故隐患进行辨识、评估、监控、监管的支出，具体包括：爆破物、放射性物品的防护费用，对重大危险因素的分部分项工程安全专项施工方案进行论证、咨询的费用。

⑤安全技能培训及进行应急救援演练的支出，具体包括：施工单位的主要负责人、项目负责人、专职安全生产管理人员和特种作业人员的安全教育培训、复训费用，内部组织的安全技术、知识培训教育费用，组织应急预案演练费用。

⑥其他与安全生产直接相关的支出，具体包括：召开安全生产专题会议等相关的费用；举办关于安全生产的知识竞赛、技能比赛活动费用；安全生产管理经验交流、现场观摩费用；购置、编印安全书籍、刊物、影像资料费用；配备给专职安全员使用的相机、电脑等物品费用；安全生产奖励费用，发给专职安全员工资总额以外的安全目标考核奖励，安全生产工作先进个人、集体的奖励；指挥部（总监办）和驻地办共同认定的其他安全生产费用。

(5) 安全检查制度

施工单位项目经理部必须建立完善的安全检查制度。安全检查是发现并消除施工过程中存在的不安全因素，宣传落实安全法律法规与规章制度，纠正违章指挥和违章作业，提高各级负责人与从业人员安全生产自觉性与责任感，掌握安全生产状态和寻找改进需求的重要手段。

安全检查制度应对检查形式、方法、时间、内容，组织的管理要求、职责权限，检查中发现的隐患整改、处置和复查的工作程序及要求做出具体规定，形成文件并组织实施。施工单位项目经理部进行安全检查时应配备必要的设备或器具，确定检查负责人和检查人员，并确定检查内容及要求。安全检查人员应对检查结果进行分析，找出安全隐患部位，确定危险程度。

①安全检查的内容。施工单位项目经理部应根据施工过程的特点和安全目标的要求，确定安全检查的内容。其内容包括：安全生产责任制、安全生产工程保证计划、安全组织机构、安全保证措施；安全技术交底、安全教育、安全持证上岗、安全设施、安全标识、操作行为、违章管理、安全记录。

②安全检查的方法及形式。施工单位项目经理部应采取随机抽样、现场观察、实地检测相结合的方式，并记录检测结果。

施工单位按照各管理层次的自查、上级管理层对下级管理层抽查的形式进行安全检查。

③安全检查的类型。安全检查的类型有日常安全检查、定期安全检查、专业性安全检查、季节性安全检查和节假日后安全检查等。

日常安全检查包括班组的班前、班后岗位安全检查，各级安全员及安全值日人员巡回安全检查，各级管理人员检查生产的同时检查安全；定期安全检查包括企业每季组织一次以上的安全检查，企业的分支机构每月组织一次以上的安全检查，项目经理每周组织一次以上的安全检查；专业性安全检查包括施工机械、临时用电、脚手架、安全防护措施、消防等专业安全问题检查，安全教育培训、安全技术措施等施工中存在的普遍性安全问题检查；季节性安全检查包括针对冬季、高温、雨季、台风季节等气候特点的安全检查；节假日后安全检查包括元旦、春节、劳动节、国庆节等节假日前后的安全检查。

（6）“三类人员”考核任职制度和特种作业人员持证上岗制度

建筑施工企业应建立“三类人员”考核任职制度和特种作业人员持证上岗制度。

“三类人员”指施工单位的主要负责人、项目负责人和专职安全生产管理人员。“三类人员”经建设行政主管部门对其安全知识和管理能力考核合格后方可任职。

特种作业是指从事对操作者本人、他人和周围设施的安全有重大危害因素的作业。特种作业包括电工作业，金属焊接、切割作业，起重机械（含电梯）作业，企业内机动车辆驾驶，登高架设作业，锅炉作业（含水质化验），压力容器操作，制冷作业，爆破作业，矿山通风作业（含瓦斯检验）等。

依据《特种作业人员安全技术培训考核管理规定》，结合项目实际，建筑施工企业要依法制定特种人员持证上岗制度。

特种作业人员必须具备下列条件：

①年龄条件。特种作业人员必须年满18周岁以上（但从事爆破作业和瓦斯检验的人员，年龄不得低于20周岁）。

②体质条件。特种作业人员必须身体健康，没有妨碍从事本工种作业的疾病和生理缺陷。

③职业知识、能力条件。特种作业人员必须具有本工种作业所需的文化程度（初中及以上）和安全、专业技术知识及实践经验，参加国家规定的安全技术理论和实际操作考核并成绩合格。

④持证条件。特种作业人员必须取得特种作业操作证书。

特种作业人员必须接受与本工种相适应的、专门的安全技术培训，经安全技术理论考核和实际操作技能考核合格，取得特种作业操作证。未经培训或培训考核不合格者，不得上岗作业。已按国家规定的本工种安全技术培训大纲及考核标准的要求进行教学并接受过实际操作技能训练的职业高中、技工学校及中等专业学校毕业生，可不再进行培训，直接参加考核，取得特种作业操作证。严禁无证上岗。

项目经理部应根据自身特点及实际情况，对特种作业人员进行动态管理，建立、健全特种作业人员档案（包括身份证复印件、操作证书复印件等），并积极做好有关申报、培训、取证、复审的组织工作和日常检查工作，保证所有特种作业人员均持证上岗，且所有上岗证书均为有效。

(7) 安全技术措施制度

安全技术措施制度包括施工组织设计与专项安全施工方案编审制度、安全技术措施计划执行制度、安全技术交底制度。

①施工组织设计与专项安全施工方案编审制度的编制要满足下列要求：

要及时。工程施工前要编制好施工组织设计与各专项安全施工方案，遇特殊情况来不及编制完整的，必须编制单项的安全施工要求。

要有针对性。要针对不同工程的结构特点和不同的施工方法，针对施工场地及周围环境等，从防护上、技术上和管理上提出相应的安全措施。

要具体化。所有安全技术措施都必须明确、具体，能指导施工。

各级总工程师、工程师以及施工项目技术负责人对施工生产的安全负技术责任，分别按照企业关于编制施工组织设计的分工规定，分级负责编制安全技术措施。

编制的安全技术措施必须经过上一级技术负责人审查批准后方能执行。

②安全技术措施计划执行制度。安全技术措施由专业技术人员编制，经企业技术负责人审查批准方可实施。安全技术措施具有针对性，应及时补充完善。安全技术措施应落实到整个工程的全部施工工序之中，力求全面、具体、细致。经企业技术负责人审查批准的安全技术措施，必须认真贯彻执行。遇到必须变更安全技术措施内容时，应经原编制、审批人员办理变更手续，否则不能擅自变更。应认真进行安全技术措施内容的交底。安全技术措施中的各种安全设计、防护装置应列入施工日程，责任落实到班组或个人，并实行验收制度。要加强安全技术措施实施情况的检查，及时纠正违反安全技术措施的行为，监督各项安全技术措施的落实到位。对安全技术措施的执行情况，除认真监督检查外，还必须建立与经济挂钩的奖罚制度。项目经理部应确立以项目经理为总负责人，由施工员、安全员、其他管理人员分工负责的安全管理体制。

③安全技术交底制度。安全技术交底的指导思想是“安全第一、预防为主”。建立安全技术交底制度是防止事故发生的有效途径，能否正确对待是关系到企业生存的大问题。安全技术交底在开工前编制完成并经过审批后方可

使用。编制时要有针对性。编制安全技术措施的技术人员必须掌握工程概况、各工种施工方法、场地环境，并熟悉安全法规标准等，才能编写出对各工种有针对性的安全技术交底。要针对不同的工程特点、不同的施工方法、各种机械设备，施工中有毒、有害、易爆、易燃等作业，以及施工周围的不同环境，从安全技术上采取措施，消除危险，保证施工安全。安全技术交底应覆盖全部施工工序，并力求细致。项目经理部实行二级安全技术交底，即项目经理部向班组进行安全技术交底，班组向员工进行安全技术交底。安全技术交底随任务单，按工种分部分项进行，交底内容要具有针对性、可靠性及可行性，写明注意事项和安全措施。

(8) 消防安全责任制度

消防安全责任制度的管理要求如下：

落实逐级消防安全责任制度和岗位消防安全责任制度，明确各级和各岗位消防安全职责，确定各级、各岗位的消防安全责任人。施工单位各部门、各班负责人及每个岗位的人员应当对自己管辖工作范围内的消防安全负责，保证消防法律法规的贯彻执行，保证消防安全措施落到实处。

应建立各项消防安全管理制度和操作规程，如制定用火制度、易燃易爆危险物品管理制度、消防安全检查制度、消防设施维护保养制度等，并结合实际，制定预防火灾的操作规程，确保消防安全。

施工现场应设置消防通道、消防水源，配备消防设施和灭火器材，并定期组织对消防设施、器材进行检查、维修，确保其完好、有效。

施工现场入口处应设置明显的消防标志。

(9) 防护用品及设备管理制度

为加强对施工现场使用的安全防护用具及机械设备的监督管理，防止不合格产品流入施工现场而造成伤亡事故，确保施工安全，建筑施工企业应制定防护用品及设备管理制度。

凡从事危害人体健康的施工，要为现场作业人员及时提供安全防护用具。安全防护用具及机械设备，是指在施工现场上使用的安全防护用品、安全防护设施、电气产品、架设机具和施工机械设备。

安全防护用具包括：安全防护用品，包括安全帽、安全带、安全网、安全绳及其他个人防护用品等；安全防护设施，包括各种“临边、洞口”的防护用具等；电气产品，包括手持电动工具、木工机具、钢筋机械、振动机具、漏电保护器、电闸箱、电缆、电器开关、插座及电工元器件等；架设机具，包括用竹、木、钢等材料组成的各类脚手架及其零部件，登高设施，简易起重吊装机具等。

施工机械设备，包括大中型起重机械、施工电梯、挖掘机、打桩机、混凝土搅拌机等施工机械设备。

施工现场新安装或者停工6个月以上又重新使用的塔式起重机、龙门架(井字架)、整体提升脚手架等，在使用前必须组织由本企业的安全、施工等技术管理人员参加的检验，经检验合格后方可使用。不能自行检验的，可以委托当地建筑安全监督管理机构进行检验。

建筑施工企业及其项目经理部必须对施工中使用的安全防护用具及机械设备进行定期检查，发现隐患或者不符合要求的，应当立即采取措施解决。

(10) 特种设备管理制度

目前施工企业常用的特种设备主要包括压力容器、起重机械。根据《特种设备安全监察条例》的要求，施工企业应对特种设备生产和使用建立健全安全管理制度和岗位安全责任制度，落实专人对施工企业、工程项目施工现场的特种设备进行管理，明确相应管理的要求、职责和权限，确定监督检查、考核的方法，形成文件并组织实施。

施工单位项目经理部应对特种设备的使用加强管理，并按有关规定要求落实定期检测工作，确保现场使用的特种设备均通过相关法定检测机构的定期检测。

(11) 生产安全事故报告制度

生产安全事故报告制度是安全管理的一项重要内容，其目的是防止事故扩大，减少与之有关的伤害和损失，吸取教训，防止同类事故的再次发生。生产安全事故报告制度应对意外伤害保险的办理、生产安全事故的报告、应急救援和处理的管理要求、职责权限和工作程序做出具体规定，形成文件并组织实施。

施工企业和施工现场项目经理部均应编制事故应急救援预案。施工企业应根据承包工程的类型、共性特征，规定企业内部具有通用性和指导性的事故应急救援的各项基本要求；施工单位项目经理部应按企业内部事故应急救援的要求，编制符合工程项目特点的、具体的、细化的事故应急救援预案，指导施工现场的具体操作。

生产安全事故报告制度的管理要求如下：

①生产安全事故报告制度中应明确施工过程中发生的生产安全事故按伤亡人数或经济损失程度等具体的分类分级标准，各类各级生产安全事故的报告内容、部门和时间等要求，其中重大事故的等级划分和报告程序必须符合有关法律法规的规定，按《生产安全事故报告和调查处理条例》的规定进行报告。

②生产安全事故报告制度应明确遵循“四不放过”原则，即：事故原因不查清楚不放过；事故责任者和职工未受到教育不放过；事故责任者未受到处理不放过；没有采取防范措施、事故隐患不整改不放过。

③施工企业应办理意外伤害保险。意外伤害保险属于强制性保险，施工企业须依法为符合行业标准的从事危险作业的现场施工人员办理意外伤害保险，支付保险费。实行工程承包的意外伤害保险费，应由施工总承包单位支付。施工企业应根据工程承包性质，做出相应规定。

④应制定事故应急救援预案，其内容应具体、可行，同时应建立应急救援小组和确定应急救援人员，以便发生事故后能根据预案及时进行救援和处理，防止事故进一步扩大。事故应急救援预案应确定应急救援的组织和人员安排、应急救援器材与设备的配备、事故发生的现场保护和抢救及疏散方案、内外联系方式和渠道、演练及修订方法。施工单位项目经理部的事故应急救援预案应上报施工企业审批。

2.3.4.4 对分包单位、大型设备装拆单位、供应单位的安全管理

(1) 对分包单位的安全管理

为防止分包单位超越资质范围承接工程或未取得安全生产许可证，同时确保分包单位在施工过程中服从总承包单位管理，总承包单位应对分包单位的资质、安全生产许可证和人员资格进行评价，建立合格分包单位名录，明确相应的分包工程范围，择优选择合适的分包单位。对选定的分包单位，应通过分包合同或安全生产管理协议明确规定双方的安全责任、权利和管理要求，并对分包单位施工活动实施控制并形成记录；对分包单位的施工过程进行指导、督促、检查和业绩评价，处理发现的问题，并与分包单位及时沟通；检查督促分包单位落实专职和兼职安全生产管理人员的配备。

(2) 对大型设备装拆单位的安全管理

施工总承包单位应审查大型设备装拆单位的资质、人员资格，严禁由不具备相应资质的单位及相应资格的人员从事施工起重机械设备的安装、拆卸工作。不得将施工起重机械的拆装过程分解给两个或两个以上的企业进行拆装。

施工企业应依据工程特点和要求，自行编制施工起重机械设备安装、拆卸的专项施工方案及安全技术措施，经本企业技术负责人审批，再报总承包单位，依据发包企业的审批程序进行确认，由发包企业技术负责人批准，报监理工程师审查同意后方可实施。

(3) 对供应单位的安全管理

总承包单位应制定对供应单位的控制要求和规定，对供应单位进行资格评价，择优选择合适的供应单位，并通过供货合同约定安全物资的产品质量

和验收条款及要求，进场的安全物资要验收，并形成记录。未经验收或验收不合格的安全物资应做好标识并清退出场。

2.3.5 施工过程的安全管理

施工过程的安全管理是指对实际投入的生产要素及作业、管理活动的实施状态和结果所进行的管理和控制，包括：安全记录资料的管理，安全管理制度的管理，安全技术交底的管理，安全物资的管理，危险源和重点部位、过程和活动的监控及管理，施工现场的安全检查，安全技术方案、防护措施与施工机械的验收，安全计划验证与持续改进。

2.3.5.1 安全记录资料的管理

对安全技术文件等资料的审查管理是施工过程安全管理很重要的一项工作，具体内容有：专项施工方案的安全技术措施；安全物资的检验报告；设计变更、修改图纸和技术核定书；新工艺、新材料、新技术、新结构的技术鉴定书；有关工序的检查、验收资料；有关安全问题的处理报告；等等。

2.3.5.2 安全管理制度的管理

在施工过程中要落实各项安全管理制度，例如应有效落实安全生产责任制度中安全生产管理职责、目标和指标，有安全生产责任制度有效落实的记录。

在落实安全生产资金保障制度过程中，要落实对施工过程中劳保用品资金、安全生产教育培训专项资金、保障安全生产技术措施资金的支付使用、监督和验收报告的监控。

在落实安全生产教育培训制度过程中要有效落实安全生产教育培训计划并有安全生产教育培训实施记录；落实安全检查制度，包括各管理层日常、定期、专项和季节性检查的实施情况，安全检查和隐患处理、复查的实施记录等。

安全管理制度的管理重点主要是有效落实方案交底、验收和检查的相关规定。

2.3.5.3 安全技术交底的管理

安全技术交底由施工单位技术管理人员根据分部分项工程的具体要求、特点和危险因素编写，是操作者的指令性文件。安全技术交底要实行分级交底制度。

(1) 安全技术交底的实施规定

单位工程开工前，施工单位项目经理部的技术负责人必须将工程概况、施工方法、施工工艺、施工程序、安全技术措施，向承担施工的责任工长、作业队长、班组长和相关人员进行交底。

在结构复杂的分项工程施工前，施工单位项目经理部技术负责人应有针对性地进行全面、详细的安全技术交底。

施工单位项目经理部应保存双方签字确认的安全技术交底记录。

(2) 安全技术交底的基本要求

①施工单位项目经理部必须实行逐级安全技术交底制度，纵向延伸到班组全体作业人员。

②安全技术交底必须具体、明确、针对性强。

③安全技术交底的内容应针对分部分项工程施工中给作业人员带来潜在危险的因素和存在的问题。

④应优先采用新的安全技术措施。

⑤应将工程概况、施工方法、施工程序、安全技术措施等向工长、班组长、作业人员进行详细交底。

⑥定期向由两个以上的作业队伍和多工种进行交叉施工的作业队伍进行书面交底。

⑦做好书面安全技术交底等签字记录。

(3) 安全技术交底的主要内容

安全技术交底的主要内容包括：本施工项目的施工作业特点和危险点；针对危险点的具体预防措施；应注意的安全事项；相应的安全操作规程和标准；发生事故后应及时采取的避难和急救措施。

2.3.5.4 安全物资的管理

为了防止安全物资的混用、错用，能实现可追溯性，施工单位应对其品牌、规格、型号和验收状态做出识别标志、挂牌或记录。验收状态一般分为未检、已检待定、合格和不合格四种。

为防止安全物资的损坏或变质，施工单位应采取合适的方式进行贮存和防护，有的需要上架堆放，有的需要遮盖，有的还需要上油。在贮存期间对安全物资的防护和质量进行检查。

在施工过程中还会用到安全检测工具和设备，检查几何尺寸的有卷尺、经纬仪、卡尺、塞尺等；检查受力状态的有传感器、拉力器、力矩扳手等；检查电路电器的有电阻测试仪、绝缘电阻测试仪、电压电流表、漏电测试仪等；此外，还有手持风速仪、噪声扬尘监测系统等。施工单位要加强对安全检测工具的计量检定管理工作，对国家明令实施强制检定的安全检测工具，必须落实按要求进行检定。管理人员应定期检查安全检测工具的性能、精度状况，确保其处于良好状态。安全检测工具应每年检定、校正一次，并有书面记录。

2.3.5.5 危险源和重点部位、过程和活动的监控和管理

(1) 对重大危险源和重大环境因素及其相关的重点部位、过程和活动的监控

对已识别的重大危险源和重大环境因素，施工单位项目负责人应确定与之相关的需要进行重点监控的重点部位、过程和活动，如深基坑施工、高大模板施工、起重机械安装和拆除等。

对熟悉操作过程和操作规程的监控人员，明确其制止违章行为、暂停施工作业的职责权限，并就监控内容、监控方式、监控记录、监控结果反馈等要求进行上岗交底和培训。

根据规定实施重点监控，特别是对深基坑施工、高大模板工程、起重机械安装和拆除、整体或提升脚手架必须进行连续的旁站监控，并做好记录。

(2) 对安全防护设施的搭设和拆除进行监控及其使用的管理

普通脚手架按规定要求搭设，悬挑钢平台、特种脚手架按施工组织设计中专项施工方案规定的要求进行搭设；洞口、临边、高处作业所采取的安全防护设施，如通道防护棚、电梯井内隔离网、楼层周边和预留洞口防护设施、基坑临边防护设施、悬空或攀登作业防护设施，规定专人负责搭设与检查。在施工现场内应落实负责搭设、维修、保养这些防护设施的班组，搭拆都需要明确专门的部门或人员负责过程监控、检查与验收。

(3) 对施工现场危险部位安全警示标志的管理

在施工现场入口处、起重设备、临时用电设备、脚手架、出入通道口、楼梯口、电梯井口、孔洞口等危险部位应设置明显的安全警示标志。各种安全警示标志设置后，未经施工单位项目负责人批准，不得擅自移动或拆除。

2.3.5.6 施工现场的安全检查

安全检查是指施工企业安全生产管理部门、监察部门或项目经理部对企业贯彻国家安全生产法律法规的情况、安全生产情况、劳动条件、事故隐患等所进行的检查。安全检查是对建筑施工安全计划实施效果的检验。施工企业、施工现场项目经理部必须建立完善的安全检查制度。安全检查制度应对检查形式、方法、时间、内容、组织的管理要求、职责权限、隐患整改等做出具体规定，形成文件并组织实施。

(1) 安全检查的要求

要根据施工生产的特点、法律法规、标准规范、施工企业规章制度的要求以及安全检查的目的确定安全检查的要求。

安全检查的内容包括安全意识、安全制度、机械设备、安全设施、安全

教育培训、操作行为、劳保用品的使用、安全隐患的查处和整改、安全事故处理等项目。

应根据安全检查的形式和内容，明确检查的牵头和参与部门及专业人员，并进行分工，按照安全检查的内容，确定具体的检查项目及标准和检查评分方法，编制相应的安全检查评分表。

（2）逐级安全检查制

①施工企业对工程项目实施定期检查和重点作业部位巡检制度。

②每月由项目经理组织、专职安全生产管理人员配合，对施工现场进行一次安全大检查。

③区域责任工程师每半个月组织专业责任工程师、分包单位、技术负责人、工长对所管辖的区域进行安全大检查。

④专业责任工程师进行日巡检制度。

⑤专职安全生产管理人员对所有的检查活动情况实施监督与检查。

⑥分包单位必须建立各自的安全检查制度，坚持自检，及时发现、纠正、整改本责任区的违章、隐患。

⑦作业班组要做好班前、班中、班后和节假日前后的安全自检工作，尤其作业前必须对作业环境进行认真检查，做到身边无隐患、班组无违章。

⑧各级检查都要有明确的目的，做到“五定”，即定整改责任人、定整改措施、定整改完成时间、定整改完成人、定整改验收人，并做好检查记录。

（3）《建筑施工安全检查标准》

为科学评价建筑施工现场的安全生产，预防生产安全事故的发生，保障施工人员的安全和健康，提高施工管理水平，住房和城乡建设部发布了《建筑施工安全检查标准》。该标准将建筑施工现场安全检查由传统的定性评价上升到定量评价，实现了安全检查的规范化、标准化。

①《建筑施工安全检查标准》中各检查表的构成。《建筑施工安全检查标准》的检查内容包括安全管理、文明施工、脚手架、基坑工程、模板支架、高处作业、施工用电、物料提升机与施工升降机、塔式起重机与起重吊装、施工机具 10 项，得分作为施工现场情况的综合评价依据。

检查评定项目共 19 张检查表，分别是《安全管理检查评分表》《文明施工检查评分表》《扣件式钢管脚手架检查评分表》《门式钢管脚手架检查评分表》《碗扣式钢管脚手架检查评分表》《承插型盘扣式钢管脚手架检查评分表》《满堂脚手架检查评分表》《悬挑式脚手架检查评分表》《附着式升降脚手架检查评分表》《高处作业吊篮检查评分表》《基坑工程检查评分表》《模板支架检查评分表》《高处作业检查评分表》《施工用电检查评分表》《物料提升机检查评分表》《施工升降机检查评分表》《塔式起重机检查评分表》《起重吊装检查评分表》《施工机具检查评分表》，每个表分保证项目和一般项目。保证项目为一票否决项目，在实施安全检查评分时，当一张检查表的保证项目中有一项未得分或保证项目小计得分不足 40 分时，此分项检查表不得分。具体项目见《建筑施工安全检查标准》。

②检查评分方法。在建筑施工安全检查评定中，保证项目应全数检查。建筑施工安全检查评定按《建筑施工安全检查标准》中的评分表进行评分。

分项检查评分表和检查评分汇总表的满分分值都是 100 分，评分表的实得分数应为各检查项目所得分值之和。

评分采用扣减分的方法，扣减分总和不得超过该检查项目的应得分值。

当按分项检查评分表评分时，保证项目中有一项未得分或保证项目小计得分不足 40 分，此分项检查评分表不得分。

检查评分汇总表中各分项实得分值为该项在总表的权重乘以该项检查表实得分值。

$$A_1 = \frac{B \times C}{100} \tag{2-1}$$

式中：A_1——检查评分汇总表各分项项目实得分值；

B——检查评分汇总表中该项应得满分值；

C——该项检查评分汇总表实得分值。

当评分遇有缺项时，分项检查评分表或检查评分汇总表的总得分为实查项目在该表的实得分值除以实查项目在该表的应得满分值之和。

$$A_2 = \frac{D}{E} \times 100 \tag{2-2}$$

式中：A_2——遇有缺项时总得分值；

D——实查项目在该表的实得分值之和；

E——实查项目在该表的应得满分值之和。

脚手架、物料提升机与施工升降机、塔式起重机与起重吊装的实得分值，应为所对应的分项检查评分表实得分值的算术平均值。

③检查评定等级。按检查评分汇总表的总得分和分项检查评分表的得分，将建筑施工安全检查划分为优良、合格、不合格三个等级。当建筑施工安全检查评定的等级为不合格时，必须限期整改达到合格。

优良：分项检查评分表无零分，检查评分汇总表在 80 分及以上。

合格：分项检查评分表无零分，检查评分汇总表得分值在 80 分以下，70 分及以上。

不合格：检查评分汇总表得分值不足 70 分，或有一分项检查评分表得零分。

2.3.5.7　安全技术方案、防护设施与施工机械的验收

为保证安全技术方案和安全技术措施的实施和落实，工程项目应建立安全验收制度。施工现场的各项安全技术措施和新搭设的脚手架、模板、临时用电、起重机械、施工电梯、井字架、龙门架、施工机具与设备等，使用前必须经过安全检查，确认合格后进行签字验收，并进行使用安全交底，方可使用。

（1）安全技术方案的验收

工程项目的安全技术方案由项目经理部总工程师牵头组织验收。

交叉作业施工的安全技术方案由区域责任工程师组织验收。

分部分项工程的安全技术方案由专业责任工程师组织验收。

一次验收严重不合格的安全技术方案应重新组织验收。

工程项目专职安全生产管理人员要参与以上验收活动，并提出具体意见或见解，对需重新组织验收的项目要督促有关人员尽快整改。

（2）防护设施与施工机械的验收

一般防护设施和中小型施工机械及设备由施工单位项目经理部专业责任工程师会同分包单位有关责任人共同进行验收；整体防护设施以及重点防护设施由施工单位项目经理部总工程师组织区域责任工程师、专业责任工程师及有关人员进行验收；区域内的单位工程防护设施及重点防护设施由区域工程师组织专业责任工程师、分包单位技术负责人、工长进行验收；项目经理部安全生产管理人员及相关分包安全生产管理人员参加验收，验收资料分专业归档；高大模板等防护设施、临时设施、大型设备在施工单位项目经理部自检自验的基础上报请公司安全管理部门进行验收。

施工起重机械和整体提升脚手架、模板等自升式架设设施安装完成后，施工单位应当组织有关单位进行验收，也可以委托具有相应资质的检验检测机构进行验收。

因设计方案变更，重新安装或架设的高大、重要的防护设施及大型设备需重新进行验收。

安全验收必须严格遵照标准、规定，按照施工方案和安全技术措施的设计要求严格把关，并办理书面签字手续，验收人员对方案、设备、设施的安全保证性能负责。

2.3.5.8　安全计划验证与持续改进

（1）安全计划验证

施工单位项目负责人应定期组织具有资格的安全生产管理人员验证工程项目施工安全计划的实施效果。当工程项目施工安全管理和控制中存在问题或隐患时，应提出解决措施。

将实施结果与安全要求和控制标准进行对照，发现安全隐患等安全问题时，采取工程项目安全纠偏措施，使工程项目施工安全保持在受控状态。每次验证都必须有书面记录，并存档。

对重复出现的安全问题，不仅要分析原因、采取措施、予以纠正，而且要追究责任，给予处罚。

(2) 持续改进

持续改进的主要对象是工程项目的实施过程和管理过程。对工程项目实施过程的改进，主要是对工程实施方案、实施环节及实施过程中各种生产要素等方面的改进；施工管理过程的改进是工程项目施工安全持续改进的最主要方面，它包括对安全生产方针、安全目标、组织机构、管理制度、管理方法等各方面的改进。

具体说来，就是遵循安全管理体系的PDCA循环原理，坚持全员、全过程、全方位、全天候的动态管理，将安全管理活动推向一个新的高度。

2.4 建筑施工现场的安全管理

2.4.1 施工现场危险源辨识与评价

《中华人民共和国安全生产法》第三十七条规定：生产经营单位对重大危险源应当登记建档，进行定期检测、评估、监控，并制定应急预案，告知从业人员和相关人员在紧急情况下应当采取的应急措施。生产经营单位应当按照国家有关规定将本单位重大危险源及有关安全措施、应急措施报有关部门备案。

建筑施工企业在其经营生产活动中对本企业的安全生产负全面责任，这就要求每个建筑施工企业必须建立起完善的安全生产管理体系。安全生产管理体系建立中非常重要的一项，就是对危险源的识别并对其进行有效的防控。施工现场通过危险源辨识、风险评估和风险控制措施的确定和实施，实现安全管理工作的预防性、系统性和针对性，将安全风险控制在组织可接受的程度。建筑施工现场危险源辨识是预防事故、监督管理重大风险、建立应急救援体系和职业健康安全管理体系的基础。

2.4.1.1 建筑施工危险源

(1) 建筑施工危险源的概念

危险源一般来讲就是指能够引发危险状况的根源，是安全事故发生的重要原因，从本质上讲是指那些能够引起人财损失、工作状态破坏以及给其他相关方面带来不必要的损失或损害的有害因素。

施工过程中的不安定因素称为建筑施工危险源，包括致使人员伤亡、财产损失、物质损坏以及环境损害的因素。这些因素通常包括人、机具、环境三个方面。其中，人的因素包括管理者和作业人员的危险意识和危险行为；机具的因素包括机器、材料、施工设施等的危险状态；环境的因素包括气候、季节及地质条件等外在条件的不安全情形。建筑施工危险源既可能由某个因素单独作用产生，也可能由管理者、机具、环境等各个因素间的相互影响产生。

（2）建筑施工危险源的辨识方法

风险管理的三个环节分别是识别、评价、控制。建筑施工危险源辨识是评价和控制的前提，是建筑施工安全管理的必要内容之一。

建筑施工危险源的辨识工作主要是识别出危险源，并采用科学的方法尽可能多地排查出生产过程中的潜在危险，以及探讨导致后果的轻重程度，以便对可能造成的危害、影响提前进行预控，达到生产安全、稳定的目的。

人员、材料、设施、环境等参与生产活动的因素都有可能成为识别的对象。识别的方向可从两个方面入手，一方面可根据相关的国家标准、行业规定、操作规范、产品使用说明的方法要求，辨析潜在危险物是否会超过安全允许的范围；另一方面可根据一些事故案例，联系作业现场的分部分项工程的施工工艺、方式，进行辨认。

总之，建筑施工危险源识别的全面程度与风险控制的可靠程度密不可分。因此，建筑施工危险源的识别需要结合工程情况，针对各个工程的共性、特性，全面地深入、细化。

建筑施工危险源的辨识可以从定性和定量两个角度着手。目前，国内外已经开发出几十种辨识方法，常用的有经验分析法、专家调查法、安全检查表法、事故树分析法、作业条件危险性评价法等，这些方法可对引发各种重大伤亡事故的根源进行研究，进而剖析出存在的危险源，有利于进一步的安全控制。

①经验分析法。经验分析法属于一种定性分析方法，具体又可分为对照分析法和类比分析法两种类型：对照分析法是参照相关法律规范或根据分析人员的丰富经验，直接对评价对象的危险要素展开分析的方法；类比分析法是运用同样或相似工程和施工条件的统计数据来类推、分析评判对象的危险要素。在施工现场，建筑施工危险源识别主要使用经验分析法。通过对照有关法规、标准、检查表，询问、了解、查阅相关事故案例，对施工现场进行分析，进行建筑施工危险源的辨识。

②专家调查法。专家调查法又可称为专家评估法，有德尔菲法和头脑风暴法两种方法，通过征询相关专家意见、搜集资料等手段，凭借专家的知识和经验，采用调查研究的方式，对建筑施工危险源进行判断、剖析和预测。

③安全检查表法。从本质上来说，安全检查表法是对施工现场状况进行安全检查和诊断，检查的明细最终以清单的形式来反映。实施人员由具备丰富经验的、熟知机械设备与作业情况的人员组成，他们根据现场的实际情况，事先对需要检查的对象进行分析讨论，确定需要检查的项目，编制成表。根据表上内容进行检查、识别有害因素，能使日常安全管理做到程序化、规范化。

④事故树分析法。在安全系统工程中，事故树分析法是一种演绎分析方法，其演绎方法就是由结果倒推出原因。确切地说，就是从一个可能事故开始逐层分析发生原因，找出触发事件的基本原因，同时对各个基本原因间的逻辑关系进行分析。通过已知的数据或统计实验资料，进行数理分析，达到对系统中的危险性进行识别评价的目的。因此，事故树分析法是定性定量相结合的一种分析方法。

⑤作业条件危险性评价法。作业条件危险性评价法又称 LEC 法，是一种在潜在危险性情况中评价操作人员作业时的危险性和危害性的方法，能够对建筑施工危险源展开半定量的评判。LEC 法表示危险性的影响程度是以三个因素指标来呈现的，其中 L 代表事件危害产生的可能性大小，E 代表人员暴露于危险情况中的频繁水平，C 代表一旦发生事故造成危害的概率。D 值代表作业条件危险性的高低，它的数值大小等于以上三个指标值的乘积。

以上几种建筑施工危险源的辨识方法，有单一的定性分析，如经验分析法，容易实施，但同时主观性影响较大，局限于专家经验知识及所占资源多少。安全检查表法能够结合现场实际情况来确定检查项目，经常与经验分析法一起使用。事故树分析法不仅能做到定性评价，还能够实现定量评价。建筑施工危险源数量众多，潜在危险随时存在，辨识过程中必要时几种方法可以结合运用，使辨识结果更全面、更高效。

（3）建筑施工危险源风险评估

建筑施工危险源风险评估是指在对建筑施工危险源识别的基础上，评估建筑施工危险源造成风险的可能性和大小，对风险进行分级，对不同等级的风险采用相应的风险控制措施。风险等级评估分为 5 个等级：Ⅰ级为可忽略风险；Ⅱ级为可接受风险；Ⅲ级为中度风险；Ⅳ级为重大风险；Ⅴ级为不容许风险。具体情况如表 2-3 所示。

表 2-3 风险等级

可能性	风险等级造成的后果		
	轻度损失	中度损失	重大损失
很大	Ⅲ	Ⅳ	Ⅴ
中等	Ⅱ	Ⅲ	Ⅳ
极小	Ⅰ	Ⅱ	Ⅲ

风险评估的主要目的是在系统分析的基础上，从建筑施工危险源中找出重大危险有害因素，以便于确定解决职业健康安全风险的优先顺序，确定将风险降低到可容许程度的措施和方案，并在建立职业健康安全目标和管理体系时考虑这些风险评估的结果和控制效果，进行有效策划和安排。

风险等级评估通常采用“作业条件危险性评价法”，根据事故发生的可能性、暴露于危险环境的频繁程度和事故发生后的后果严重程度进行综合评分，来确定风险等级，如表 2-4 所示。

评分计算方法为 $D=L\times E\times C$，三种因素的不同等级分别确定不同的分值，再以其乘积来评价危险性的大小。风险值>320 为Ⅴ级风险等级，风险值为 160~320 时为Ⅳ级风险等级，风险值为 70~159 时为Ⅲ级风险等级，风险值为 20~69 时为Ⅱ级风险等级，风险值<20 时为Ⅰ级风险等级。

表 2-4 作业条件危险性评价

发生事故的可能性（L）		暴露于危险环境中的频度程度（E）		发生事故产生的后果（C）	
分数值	事故发生的可能性	分数值	频繁程度	分数值	后果
10	完全可能预料	10	连续暴露	100	大灾难，许多人死亡
6	相当可能	6	每天工作时间内暴露	40	灾难，数人死亡
3	可能，但不经常	3	每周一次，或偶然暴露	15	非常严重，一人死亡
1	可能性小，完全意外	2	每月一次暴露	7	严重，重伤
0.5	很不可能，可以设想	1	每年几次暴露	3	伤残
0.2	极不可能	0.5	非常罕见地暴露	1	引人注目，不利于基本的安全卫生要求

一般情况下，$D\geq160$ 可以判定为建筑施工重大危险源。有些事故或危险情况发生的可能性很低，事故或危险情况发生频率也不高，但一旦发生就会造成灾难性后果的，尽管评分低于 160，也可以直接确定为建筑施工重大危险

源。对于有以下情况的也可以直接确定为建筑施工重大危险源：违反相关法律、法规和其他要求的；曾经发生过事故、事件，且未采取有效防范措施的；相关方合理的抱怨、投诉或要求；职业健康安全检查时，直接观察到的危险因素；长期或临时生产、加工、搬运、使用或贮存危险物质，且危险物质的数量等于或超过临界量。

2.4.1.2 建筑施工重大危险源

（1）建筑施工重大危险源的概念

危险源划分为重大危险源和一般危险源。重大危险源是指符合以下两种特点的生产设备、装置或场地：装置、设备或场地中存在生产、搬运、使用或贮存危险物品的行为，同时危险物品增量接近临界值；装置、设备或场地中危险能量大于等于临界值。

建筑施工重大危险源是指在施工过程存在的、可能造成人员大面积死伤或者重大社会危害的破坏性较大的各部各项工程或者其他施工活动。

施工现场有下列情形之一的，可确认为建筑施工重大危险源：违背国家行业技术标准和强制性条文规定的；依据《建筑施工安全检查标准》的标准审查，各分项审查中保证项目分数低于40分或保证项目中有一项得分为0分的；《住房城乡建设部办公厅关于实施〈危险性较大的分部分项工程安全管理规定〉有关问题的通知》中提及的危险性较大的分部分项工程和超过一定规模的危险性较大的分部分项工程（具体见附录1和附录2）。

（2）建筑施工重大危险源管理与控制

①建筑施工重大危险源的管理程序。建筑施工企业对本单位建筑施工重大危险源的监控程序如下：

第一，列出清单。施工企业应根据经营业务的类型编制施工作业流程，逐层分解作业活动情况，并分析辨识出可能存在的建筑施工重大危险源，列出危险清单。

第二，登记建档。建筑施工企业进行建筑施工重大危险源辨识后，要及时登记建档。建筑施工重大危险源档案包括识别评价记录、建筑施工重大危险源清单、分布区域与警示布置、监控记录、应急预案等。

第三，编制方案。项目经理部对存在建筑施工重大危险源的分部分项工程应编制管理方案或专项施工方案，并且需履行审批、论证、检验检测等相关手续。

第四，监督实施。项目经理部对存在建筑施工重大危险源的分部分项工程组织施工时，应按照经审批、批准的管理方案或专项施工方案组织实施。项目经理部应对建筑施工重大危险源作业过程进行旁站监督，对旁站式监督工程中发现的事故隐患及时进行纠正，发现重大问题时应停止施工。

第五，公示告知。建筑施工企业应建立建筑施工重大危险源公示制度，告知现场作业人员及相关方。公示牌应设置于醒目位置，内容包括：建筑施工重大危险源的名称、部位，防护措施、施工期限、安全监控责任人和举报电话等。

第六，跟踪监控。建筑施工企业对登记建档的建筑施工重大危险源要跟踪管理，定期进行检测、评估、监控。

第七，制定应急预案。建筑施工企业应根据本单位建筑施工重大危险源的实际情况，在企业生产安全事故应急预案体系下制定并落实建筑施工重大危险源事故应急预案。

第八，告知应急措施。建筑施工企业应当告知从业人员及相关方在紧急情况下应当采取的应急措施，并报有关部门备案。

②建筑施工重大危险源的控制方法。在施工过程中，对建筑施工重大危险源进行消除或控制的手段可以从技术控制、管理控制、人的行为控制三个方面出发，从而达到减少事故发生次数的目的。

首先，可以通过技术控制对建筑施工重大危险源进行消除或控制。加强技术控制可以减少建筑施工重大危险源的发生率。总体而言，消除、隔离、防护、保留、转移等手段都属于对建筑施工重大危险源进行控制的技术方法。

其次，可以通过管理控制对建筑施工重大危险源进行消除或控制。完善管理方式能够实现建筑施工重大危险源控制目标。管理控制的前提是建筑施工重大危险源管理体系的建立，从而有计划性地对建筑施工重大危险源进行管理，有针对性地对人、材、机实行系统化管理。管理控制包含以下七个方面：

第一，落实《中华人民共和国安全生产法》和《建设工程安全生产管理条例》的要求，落实安全生产责任制，有效开展项目施工安全管理。建立和完善施工项目安全管理规章、制度，制定项目安全施工方案并严格执行，从制度上使每个员工自觉规避风险。施工总承包单位应制定建筑施工重大危险源的管理制度，建立安全管理体系，明确具体责任，认真组织安全方案、措施的实施，并对其进行严格的监控、检查和验收。

第二，存在建筑施工重大危险源的分部分项工程施工前，必须编制专项施工方案。专项施工方案除应包括相应的安全技术措施外，还应当包括监控措施、应急方案以及紧急救护措施等内容。专项施工方案应由施工企业技术部门的专业技术人员及监理单位专业监理工程师进行审核，审核合格后，由施工企业技术负责人、监理单位总监理工程师签字。对《危险性较大的分部分项工程安全管理规定》中规定的深基坑等超过一定规模的危险性较大的工程，建筑施工企业应当组织专家组进行论证审查。经审批的专项施工方案确需修改时，应按原审批程序重新审批。

第三，做好进场人员的安全教育工作，进行安全生产技术交底，进一步提高员工的安全意识和安全素质。存在建筑施工重大危险源的分部分项工程施工前，施工单位应按专项施工方案严格进行技术交底，并有书面记录和签字，确保作业人员清楚掌握施工方案的技术要领。完善公司、项目部和班组三级教育制度，在教育中让员工了解安全法规、掌握安全知识、熟悉安全技能。做好员工的定期培训工作。

第四，保证项目经理部安全技术措施所需经费足额投入。

第五，制定现场机械设备设施的安装、运行和维修的各类方案。

第六，在项目实施的全过程中，要在全体员工中开展建筑施工重大危险源的辨识和项目施工安全风险评价，根据建筑施工重大危险源可能造成的危害，制定施工安全技术措施及应急救援预案，并确保其有效运行。

第七，接受业主、监理和政府有关监管部门的检查、指导和监督。

最后，可以通过人的行为控制对建筑施工重大危险源进行消除或控制。人的行为是建筑施工重大危险源事故的关键诱因，人的行为存在很多不确定因素。因此，在风险控制时，要把人为因素作为重点控制对象。人的行为控制即控制人为失误，减少人的不正确行为对建筑施工重大危险源的触发。人为失误的主要表现形式有：操作失误，指挥错误，不正确的判断或缺乏判断，粗心大意，厌烦，懒散，疲劳，紧张，错误使用防护用品和防护装置等。对人的行为控制，首先应加强教育培训，做到人的安全化；其次应做到操作安全化。

2.4.2 施工现场文明施工管理

对施工企业而言，着重推行施工现场文明施工，不仅能增强企业在建筑行业内的竞争力，而且有利于企业内部的文化建设。从施工现场工作环境来看，文明施工提高了工地人员的生活质量，在一定程度上减少了施工安全隐患，保障了施工人员人身安全；同时，文明施工、绿色施工能合理分配资源，减少施工现场建筑垃圾的产生量，能有效治理施工扬尘现象和施工噪声污染，减少对施工地周围生态环境和居民日常生活的影响。文明施工是项目施工过程规范化、标准化的前提，对建筑施工安全和施工质量具有重要意义；文明施工是施工企业理念、制度、生产效率等企业文化的有形载体；文明施工可以增加企业品牌效益和企业活力，同时可以创造良好的工作氛围；文明施工可以提升项目班子的团队凝聚力和责任感。

2.4.2.1 建立施工现场文明施工管理体系

（1）制定文明施工措施

①施工材料文明运输及保存。事前确定施工地点和建筑材料发货点、了解运输路线交通流量、合理规划材料运输时间和路线，有助于减轻城市交通运输压力，减少灰尘和尾气污染。对水泥、沙土等容易产生扬尘的建筑材料做好遮盖防尘处理，材料统一管理，按类堆放，危险物品单独存放。

②建筑垃圾文明处理。建筑施工现场垃圾主要有建筑扬尘、建筑垃圾、生活垃圾。应做好防尘处理，确认垃圾类别，按市政规定运输到指定垃圾处理场所，生活垃圾不随意丢弃，保持建筑现场干净整洁。

③施工过程文明生产。施工现场边缘应建立隔挡墙。禁止疲劳施工，严格把控施工质量，施工器材安全检查后才可投入施工，尽可能保障施工安全。有巨大噪声的施工过程应与周围居民休息时间错开。

④施工人员食宿文明管理。施工人员是工程建设中最重要的部分，食宿安全保障至关重要。应安排小组单独管理餐食和卫生清洁工作，定期进行卫生检查；施工人员宿舍和食堂要配备灭火设备和消毒灭菌设备。

（2）落实文明施工措施

①宣传文明施工措施。文明施工措施的宣传包括设立文明施工宣传栏，分发文明施工宣传手册，进行网络宣传，制作并张贴文明宣传标语，时刻提醒工程人员文明施工。

②进行文明施工培训。要培养文明施工意识，使施工人员从根本上了解文明施工的重要性。文明施工不仅能提高建筑施工质量，还能最大限度地保障施工人员人身安全，营造绿色施工环境。此外，要对工程施工人员进行专业的技术培训和突发事件应急处理指导，在安全施工的前提下，保障施工进程和施工质量；培训之后组织考核，检验培训成果。

③建立文明施工奖惩制度。合理的奖惩制度可以有效提高施工人员的文明施工积极性。建立完善的文明施工评价指标，奖励考核优秀的部门、工程队及个人；对考核不合格的做出相应的惩罚，并督促其整改。

（3）对文明施工措施的落实进行监督

①成立专业监督小组。建筑施工现场文明施工水平体现了整个施工队的专业水平，反映了建筑施工管理层的能力，同时也展现了建筑企业的企业文化和企业精神。因此，需要成立专业的监督小组，小组成员需由熟知各项文明施工条例、工程建设项目经历丰富的专业人员领导，建筑施工管理领导参与，文明施工培训考核优秀的施工人员加入。

②科学管理。在施工前通过目标管理法确定施工计划，通常情况下分为

前期施工计划、中期实施过程以及后期完善过程三大部分。在制定文明施工管理方案时，针对施工场地、施工地周围环境、施工期限、工期计划等综合考虑，全面系统分析，保障施工现场文明、绿色、安全。研究建筑企业、建设施工地、施工人员的关系，建立科学有效的执行程序，从而提高工作效率。前期施工计划中，建立施工建筑的三维模型，预估建筑材料数量，多路径配送分析完成材料运输路径规划，分析定位建筑材料仓库点，以达到减少运输成本、优化资源分配的目的。中期实施过程中，建立数据库，每日总结建筑材料的入库和损耗量、施工扬尘量、不同施工时段噪声量、每天在岗人员数量，对施工现场卫生进行检查评分，然后根据建筑规模选择周统计评价模式或月统计评价模式，通过统计评价结果可以看出文明施工执行度和工程建设进度，发现缺点，及时做出调整。后期完善过程包括工程质量检查、剩余建筑材料处理、建筑垃圾处理、建筑施工现场卫生整理。

③定时定点检查。建筑施工各部门定期汇报文明施工执行情况，文明施工管理小组对施工现场不定期抽查，记录检查结果。对于检查未通过的部分应督促整改，并在下次检查时作为重点检查对象；对检查结果优秀的个人、部门应予以奖励。

施工现场文明施工管理体系如图 2-4 所示。

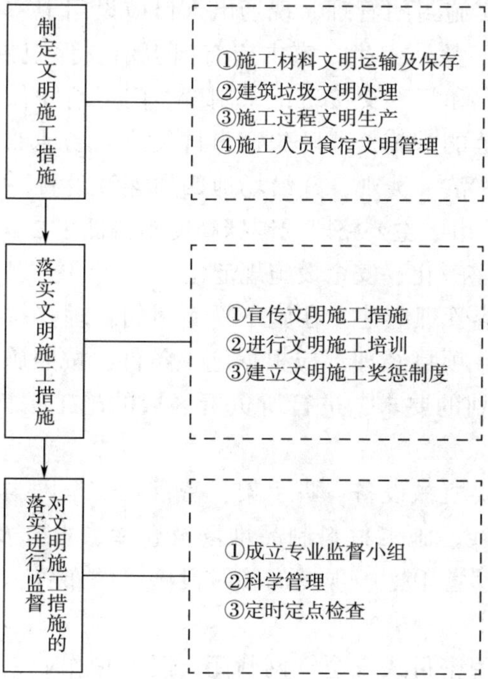

图 2-4　施工现场文明施工管理体系

2.4.2.2 文明施工管理的控制要点

文明施工管理的主要内容包括：抓好项目文化建设；规范厂容，保持作业环境整洁卫生；创造文明有序安全生产的条件；减少对居民和环境的不利影响。文明施工管理的基本要求是：施工现场应当做到围挡、大门、标牌标准化，材料码放整齐化，安全设施规范化，生活设施整洁化，职工行为文明化，工作生活秩序化。文明施工管理的控制要点如下。

(1) 围挡、大门、标牌标准化

施工现场出入口应标有企业名称或企业标识，主要出入口明显处应设置“五牌一图”，公示下列内容：工程概况、安全纪律、防火须知、安全生产与文明施工规定、施工总平面图、项目经理部组织机构图及主要管理人员名单。施工总平面图包括：方位指示、在建工程位置、各种机械设备位置、库房及材料堆放位置、各种临建位置、绿化位置、安全标志牌悬挂位置、消防器材放置位置、吸烟休息处、水炉水桶位置、水（排水）及电走向等。建设单位还应设置项目规划和工程环保节能公示牌。所有内容应与工程概况相对应，要按顺序固定牢固，做到整齐、美观、大方。

施工现场的孔、洞、口、沟、坎、井以及建筑物临边，应当设置围挡、盖板和警示标志，夜间应当设置警示灯。

施工现场必须实施封闭管理。现场出入口应设门卫室，门卫室内床铺被褥等物品摆放整齐、整洁卫生，室内应有门卫治安保卫制度、门卫值班表，并实行外来人员登记和门卫交接班记录制度。门卫治安保卫制度要分解到个人，并制定治安防范的措施，严防失窃事件发生。场地四周必须采用封闭围挡，围挡要坚固、整洁、美观，并沿场地四周连续设置。一般路段的围挡高度不得低于1.8 m，市区主要路段的围挡高度不得低于2.5 m。

(2) 材料码放整齐化、安全设施规范化

施工现场的厂容管理应建立在施工平面图的合理安排和物料器具定位管理标准化的基础上。项目经理部应根据施工条件，按照施工总平面图、施工方案和施工进度计划的要求，进行所负责区域的施工平面图的规划、设计、布置、使用和管理。

施工现场的主要机械设备、脚手架、密目式安全网与围挡、模具、施工临时道路、各种管线、施工材料制品堆场及仓库、土方及建筑垃圾堆放区、变配电间、消火栓、警卫室、现场的临时设施等的布置，均应符合施工总平面图的要求。

在建工程应使用密目式安全立网封闭，既保护作业人员的安全，又能减少扬尘外泄。施工现场内多个工程之间可以用软质材料围挡，但在施工现场最外围，应当设置硬质围挡。严禁将围挡作挡土墙使用或在其一侧堆放杂物。

进入施工现场的所有人员都必须正确佩戴安全帽。安全帽存放处至少备足十个以上合格的安全帽，备用安全帽由门卫人员统一登记管理。施工现场所有人员必须佩戴工作卡。工作卡应整齐统一，注明姓名、职务、工作岗位并贴照片，管理人员的工作卡宜采用红底黑字，其他人员为白底黑字。

施工现场应进行施工道路统一规划，道路要平整、坚实，并进行硬化，达到“黄土不露天”的效果。工地大门至市区主要路段必须用混凝土硬化，工地大门以内的主干道路（大门至料场）也必须用混凝土硬化。各施工现场在基坑开挖前，必须设置便于车辆出入的冲洗泵和地漏。设备放置点、料场、办公室与宿舍门前必须硬化。建筑物四周尽可能设置循环干道，以满足运输、消防的要求。其他路段或场地宜采用预制块或用石屑、焦渣、砖头等压实平整，所有道路必须保持畅通，应做到坚实、平坦、整洁，保证雨天不积水、晴天无扬尘，车辆出入大门不带泥、不撒漏。

施工设备的创新和改进也是文明施工的一大难点。这不仅仅是指在施工中投入新设备，还需要根据施工场地和建筑类型不断采用新方法完善文明施工管理。例如，在城区施工时要着重于灰尘和噪声污染的处理，控制施工过程中的灰尘产生量并及时清理建筑扬尘，避免灰尘飘出建筑工地；善于使用封闭设备和消音设备，禁止鸣笛，不在夜晚施工时使用噪声大的设备等。机械设备必须由专业人员操作，严格把控施工设备质量检查，记录设备的使用、维修等情况。

施工现场的建筑垃圾应按品种、名称等集中分类存放，集中清运。易燃易爆物品要分类堆放，并在标示牌上注明品种、规格、性质。各种材料、垃圾、物品堆放要整齐有序，标牌上要注明责任人姓名，做到“工完料净场地清”，保持场容场貌整洁。此外，还要建立日清责任制，责任到人。

施工现场的机械设备（混凝土泵、搅拌机、轮子锯、卷扬机、切断机、弯曲机、箍筋机、无齿锯等）必须定性化、工具化，使用装拆方便的防尘防护棚进行保护。棚顶应满足承重、防雨的要求，在高层建筑施工或施工坠落半径范围内的防护棚，棚顶应具备防砸功能。

（3）生活设施整洁化、职工行为文明化、工作生活秩序化

施工现场应设置办公室、会议室、资料室、门卫值班室等办公设施，宿舍、食堂、厕所、淋浴间、开水房、阅览室、文体活动室、卫生保健室等生活设施，仓库、防护棚、加工棚、操作棚等生产设施，道路、现场排水设施、围墙、大门、供水处、吸烟室、密闭式垃圾站及漱洗设施等辅助设施。所有临时设施使用的建筑材料应符合环保、消防的要求。

工人在施工区作业时必须穿工作服、戴安全帽，高空操作还需要系安全绳，接触会产生灰尘和噪声的工作时还需要佩戴防尘口罩和防噪耳塞，施工人员在施工前必须进行建筑施工安全知识教育和培训，全面落实安全施工。生活区应提供相对完善的生活设施，保障食堂的膳食卫生健康，注意宿舍周围环境卫生，定期消毒，避免疾病的产生。医务室应配备常用应急药物，为员工提供身体医疗检查。要进行电路电器检查，避免火灾的发生，对可能产生火灾的地方，要针对起火源类别配备不同的灭火器材。施工现场要建立健全职工管理制度，来访人员要登记，杜绝盗窃、打斗等违法犯罪行为。

2.4.3 施工现场季节性施工安全管理

一般来讲，季节性施工主要指雨期施工和冬期施工。雨期施工，应当采取措施防雨、防雷击，组织好排水。同时，注意防止坑槽坍塌，沿河流域的工地做好防洪准备，傍山的施工现场做好防滑坡塌方措施，脚手架、塔机等应做好防强风措施。冬期施工，气温低，天气干燥，作业人员操作不灵活。因此，作业场所应采取措施防滑、防冻，生活办公场所应当采取措施防火和防煤气中毒。另外，春秋季天气干燥，风大，应注意做好防火、防风措施。还应注意季节性饮食卫生，如夏秋季节防止腹泻等流行疾病。任何季节遇六级以上（含六级）强风、大雪、浓雾等恶劣气候，严禁露天起重吊装和高处作业。

2.4.3.1 雨期施工

大雨、大风等恶劣天气具有突然性，因此应认真编制好雨期施工的安全技术措施，做好雨期施工的各项准备工作。

（1）施工安排

根据雨期施工的特点，将不宜在雨期施工的工程提早或延后安排，对必须在雨期施工的工程制定有效的措施。晴天抓紧室外作业，雨天安排室内工作。注意天气预报，做好防汛准备。

（2）现场排水

施工现场应按标准实现现场硬化处理；根据施工总平面图、排水总平面图，利用自然地形确定排水方向，按规定坡度挖好排水沟，确保施工工地排水畅通；应严格按防汛要求，设置连续、通畅的排水设施和其他应急设施，防止泥浆、污水、废水外流或堵塞下水道和排水河沟；若施工现场临近高地，应在高地的边缘（现场的下侧）挖好截水沟，防止洪水冲入现场；雨期前应做好傍山的施工现场边缘的危石处理，防止滑坡、塌方威胁工地；雨期应设专人负责，及时疏浚排水系统，确保施工现场排水畅通。

（3）运输道路

场区内主要道路应当硬化；对路基易受冲刷部分，应铺石块、焦渣、砾石等渗水防滑材料，或者设涵管排泄，保证路基的稳固；临时道路应起拱5‰，两侧做排水沟；在雨期应指定专人负责维修路面，对路面不平或积水处应及时修好。

（4）临时设施

施工现场的大型临时设施，在雨期前应整修加固完毕，保证不漏、不塌、不倒，周围不积水，严防水冲入设施内。选址要合理，避开滑坡、泥石流、山洪、坍塌等灾害地段。

（5）施工用电

严格按照《建筑与市政工程施工现场临时用电安全技术标准》落实临时用电的各项安全措施。各种露天使用的电气设备应选择较高的干燥处放置；机电设备（配电盘、闸箱、电焊机、水泵等）应有可靠的防雨措施，电焊机应加防护雨罩；雨期前应检查照明和动力线有无混线、漏电，电杆有无腐蚀，埋设是否牢靠等，防止触电事故发生；雨期要检查现场电气设备的接零、接地保护措施是否牢靠，漏电保护装置是否灵敏，电线绝缘接头是否良好；暴雨等险情来临之前，施工现场临时用电除照明、排水和抢险用电外，其他电源应全部切断。

（6）施工防雷

施工现场高处建筑物的塔吊、外用电梯、井字架、龙门架以及较高金属脚手架等高架设施，如果在相邻建筑物、构筑物的防雷装置保护范围以外，应当按照规定设防雷装置，并经常进行检查。闪电打雷的时候，禁止连接导线，停止露天焊接作业。

（7）宿舍、办公室等临时设施

工地宿舍设专人负责，进行昼夜值班，每个宿舍配备不少于2个手电筒；加强安全教育，发现险情时，要清楚记得避险路线、避险地点和避险方法；采用彩钢板房应有产品合格证，用作宿舍和办公室的，必须根据设置的地址及当地常年风压值等，对彩钢板房的地基进行加固，并使彩钢板房与地基牢固连接，确保房屋稳固；当地气象部门发布强对流（台风）天气预报后，所有在砖砌临建宿舍住宿的人员必须全部撤出到达安全地点；临近海边、基坑、砖砌围挡墙及广告牌的临建住宿人员必须全部撤出；在以塔机高度为半径的地面范围内的临建设施内的人员也必须全部撤出；大风和大雨后，应当检查临时设施地基和主体结构情况，发现问题及时处理。

2.4.3.2　夏季施工

夏季施工要注意防暑降温，做好卫生保健工作。宿舍应保持通风、干燥，有防蚊蝇措施，统一使用安全电压。生活办公设施要有专人管理，定期清扫、消毒，保持室内整齐清洁卫生。炎热地区夏季施工应有防暑降温措施，防止中暑。

（1）中暑的类型

中暑可分为热射病、热痉挛和日射病，在临床上往往难以严格区别，而且常以混合式出现，统称为中暑。

①先兆中暑。在高温作业一定时间后，如出现大量出汗、口渴、头昏、耳鸣、胸闷、心悸、恶心、软弱无力等症状，体温正常或略有升高（不超过37.5℃），就有发生中暑的可能性。此时如能及时离开高温环境，经短时间的休息后，症状可以消失。

②轻度中暑。除先兆中暑症状外，如有下列症状之一，称为轻度中暑：人的体温在38℃以上，有面色潮红、皮肤灼热等现象；有呼吸、循环衰竭的症状，如面色苍白、恶心、呕吐、大量出汗、皮肤湿冷、血压下降、脉搏快而微弱等。轻度中暑经治疗，4~5小时内可恢复。

③重度中暑。除有轻度中暑症状外，还出现昏倒或痉挛、皮肤干燥无汗，体温在40℃以上。

（2）防暑降温应采取的综合性措施

①组织措施。组织措施包括合理安排作息时间，实行工间休息制度，早晚干活，中午延长休息时间等。

②技术措施。技术措施包括改革工艺，减少与热源接触的机会，疏散、隔离热源。

③通风降温。可采用自然通风、机械通风和挡阳措施等进行降温，缓解中暑。

④卫生保健措施。施工现场应供给含盐饮料，补充高温作业工人因大量出汗而损失的水分和盐分。

此外，施工现场应提供符合卫生标准的饮用水，不得多人共用一个饮水器皿。

2.4.3.3　冬期施工

在我国北方及寒冷地区的冬期施工中，由于长时间的持续低温、温差大、强风、降雪和冰冻，施工条件较其他季节艰难得多，加之在严寒环境中作业人员穿戴较多，手脚不灵活，对工程进度、工程质量和施工安全产生严重的不良影响，必须采取附加或特殊的措施组织施工，才能保证工程建设顺利进行。

当室外日平均气温连续5天稳定低于5℃即进入冬期施工；当室外日平均气温连续5天高于5℃时解除冬期施工。冬季是各种安全事故多发季节，施工条件恶劣，所以，冬期施工前一个月即应编制好冬期施工技术措施，做好冬期施工材料、专用设备、能源、暂设工种等施工准备工作，搞好相关人员技术培训和技术交底工作。冬期施工的准备工作如下。

（1）编制冬期施工组织设计

冬期施工组织设计，一般应在入冬前编审完毕。冬期施工组织设计应包括下列内容：确定冬期施工的方法、工程进度计划、技术供应计划、施工劳动力供应计划、能源供应计划；冬期施工的总平面布置图（包括临建、交通、管线布置等）、防火安全措施、劳动用品；冬期施工安全措施；冬期施工各项安全技术经济指标和节能措施。

（2）组织冬期施工安全教育培训

应根据冬期施工的特点，重新调整机构和人员，并制定岗位责任制，加强安全生产管理。主要应当加强保温、测温、冬期施工技术检验、热源管理等机构的建设，并充实相应的人员。安排气象预报人员，了解近期、中长期天气，防止寒流突袭。对测温人员、保温人员、能源工（锅炉和电热运行人员）、管理人员进行专门的技术业务培训，学习相关知识，明确岗位责任，经考核合格方可上岗。

（3）准备物资

应准备的物资包括：外加剂、保温材料；测温表计及工器具、劳保用品；现场管理和技术管理的表格、记录本；燃料及防冻油料；电热物资；等等。

（4）确保施工现场防护措施到位

场地要在土方冻结前平整完工，道路应畅通，并有防止路面结冰的具体措施；提前组织有关机具、外加剂、保温材料等实物进场；生产上水系统应采取防冻措施，并设专人管理，生产排水系统应畅通；搭设加热用的锅炉房、搅拌站，敷设管道，对锅炉房进行试压，对各种加热材料、设备进行检查，确保安全可靠；蒸汽管道应保温良好，保证管路系统不被冻坏；按照规划落实职工宿舍、办公室等临时设施的取暖措施。

2.4.4 施工现场安全色及安全标志管理

2.4.4.1 安全色及安全标志的含义

（1）安全色

安全色是表达信息含义的颜色，用来表示禁止、警告、指令、指示等，其作用在于使人们迅速发现或分辨安全标志，提醒人们注意，预防事故发生。

红色：表示禁止、停止、消防和危险的意思。

蓝色：表示指令，必须遵守的规定。

黄色：表示通行、安全和提供信息的意思。

（2）安全标志

安全标志是指在操作人员容易产生错误、有可能造成事故危险的场所，为了确保安全所采取的一种标志。此标志由安全色、几何图形复合构成，是用以表达特定安全信息的特殊标志。设置安全标志的目的是引起人们对不安全因素的注意，预防事故发生。

禁止标志：不准或制止人们的某种行为，图形颜色为黑色，禁止符号与文字底色为红色。

警告标志：使人们注意可能发生的危险，图形警告符号及字体颜色为黑色，图形底色为黄色。

指令标志：告诉人们必须遵守的意思，图形颜色为白色，指令标志底色均为蓝色。

提示标志：向人们提示目标的方向，用于消防提示，底色为绿色，文字、图形颜色为白色。

2.4.4.2　安全标志的设置要求

安全标志必须根据工程特点及施工不同阶段有针对性地设置；必须使用国家或者地方统一规定的安全标志，具体见《安全标志及其使用导则》（GB 2894-2008）。

施工现场安全标志登记表如表 2-5 所示。

表 2-5　施工现场安全标志登记表

工程名称：　　　　　　　　　　　　　　　　　　年　月　日

<table>
<tr><th colspan="2">类别</th><th>数量</th><th>位置</th><th>起止时间</th><th>备注</th></tr>
<tr><td rowspan="4">禁止类（红色）</td><td>禁止吸烟</td><td></td><td>材料库房、油料堆放处、成品库、易燃易爆场所、材料场地、木工棚、施工场所</td><td></td><td></td></tr>
<tr><td>禁止通行</td><td></td><td>外架拆除、坑、沟、洞、槽、吊钩下方、危险部位</td><td></td><td></td></tr>
<tr><td>禁止攀登</td><td></td><td>外用电梯出口、通道口、马道出入口</td><td></td><td></td></tr>
<tr><td>禁止跨越</td><td></td><td>首层外架四面、栏杆、未验收的外架</td><td></td><td></td></tr>
<tr><td rowspan="2">指令类（蓝色）</td><td>必须戴安全帽</td><td></td><td>施工场所、现场大门口、马道出入口、外用电梯出入口</td><td></td><td></td></tr>
<tr><td>必须系安全带</td><td></td><td>高处作业场所等</td><td></td><td></td></tr>
</table>

续表

<table>
<tr><th colspan="2">类别</th><th>数量</th><th>位置</th><th>起止时间</th><th>备注</th></tr>
<tr><td rowspan="2">指令类
（蓝色）</td><td>必须穿
防护服</td><td></td><td>电焊作业场所、油漆作业场所等</td><td></td><td></td></tr>
<tr><td>必须戴
防护眼镜</td><td></td><td>车工操作间、焊工操作场所、抹灰操作场所、机械喷漆作业场所、电镀车间、钢筋加工场所等</td><td></td><td></td></tr>
<tr><td rowspan="3">警告类
（黄色）</td><td>当心弧光</td><td></td><td>焊工作业场所</td><td></td><td></td></tr>
<tr><td>当心塌方</td><td></td><td>坑下作业、土方开挖等</td><td></td><td></td></tr>
<tr><td>机械伤人</td><td></td><td>机械操作场所，电锯、电钻、电刨、钢筋加工场所等</td><td></td><td></td></tr>
<tr><td>提示类
（绿色）</td><td>安全状态
通行</td><td></td><td>安全通道、行人车辆通道、人行通道、防护棚等</td><td></td><td></td></tr>
</table>

各施工阶段的安全保证应根据工程施工的具体情况进行增补或删减，其变动情况可在施工现场安全标志登记表中注明。

2.4.5 施工现场消防管理

2.4.5.1 消防安全管理责任划分

施工现场的消防安全工作应遵循“预防为主、防消结合”的方针，明确各方责任，建立健全消防安全管理制度。立足自防自救，采取可靠防火措施。从思想上、组织上、装备上做好火灾的预防工作；建立防火责任制，将防火安全的责任落实到每个建筑施工现场、每个施工人员，明确分工，划分区域，不留防火死角，真正落实防火责任。

（1）施工单位

施工单位对施工现场的消防安全负总责，应设立专门的消防安全管理部门，负责施工现场的消防安全管理工作，设置专职消防安全管理人员，负责协调、组织、指导施工现场的消防安全工作。

施工单位需制定用火、用电、使用易燃易爆材料等消防安全管理制度和操作规程，设置消防通道、消防水源，配备消防设施和灭火器材，确保消防设施的设置和施工符合国家和地方消防技术标准；定期检查消防设施设备，及时维修和更新损坏设备。

施工单位应组织施工人员参与消防安全培训和演练，提升消防安全意识和应急处理能力。

（2）监理单位

监理单位负责对施工现场消防安全工作的监督检查，确保施工单位的消防措施有效落实。

监理单位需定期检查施工现场的消防安全情况，及时发现并纠正问题；定期对施工现场的消防安全工作进行检查和评估，提出改进建议；协助解决施工现场的消防安全问题，监督施工单位落实整改措施。

（3）建设单位

建设单位应委托具备资质的施工单位，并监督其按照规定进行消防设施的设置和施工。

建设单位需加强对施工现场的消防安全监督，指定专人负责与施工单位协商；定期检查施工现场的消防安全情况，及时解决存在的问题。

（4）项目经理

项目经理全面负责施工现场的消防安全管理工作，组织施工人员参与消防安全培训和演练。

项目经理需定期检查并整改施工现场的消防安全问题，做好相关记录。

（5）施工人员

施工人员严格遵守消防安全操作规程，禁止在禁烟区域吸烟；参加消防安全培训和演练，掌握必要的应急处置知识和技能。

2.4.5.2　施工现场消防安全管理的内容

（1）总平面布置

施工现场应明确划分施工区和非施工区，施工区不得营业、使用和居住；进一步地，对用火作业区、易燃可燃材料堆场、仓库、易燃废品集中站和生活区等区域都要明确划分。

施工现场应保持消防通道畅通，设置明显的消防标志和照明设施，并配备明显的疏散指示标识。临时用房和临时设施的布置应满足现场防火、灭火及人员疏散的要求；高层建筑和既有建筑改造工程的外脚手架、支模架应采用不燃材料搭设。既有建筑进行扩建、改建施工时，施工区和非施工区之间应采用耐火极限不低于3小时的不燃烧体隔墙进行防火分隔。

（2）动火作业管理

施工现场应实行动火许可制度，明确动火作业区，动火区与易燃易爆物品库房应保持安全距离。

(3) 消防设施管理

施工现场应配备足够的消防器材，并定期检查和维护，确保其完好有效。施工现场应设置灭火器、临时消防给水系统和临时消防应急照明等设施；临时消防设施的设置应与在建工程的施工进度保持同步，与主体结构施工进度的差距不应超过3层；施工现场的消火栓泵应采用专用消防配电线路，确保连续不间断供电。

(4) 电气安全管理

施工现场用电应符合相关安全技术规范，严禁私拉乱接电线。电气设备应配备漏电保护装置，危险潮湿场所的照明应采用安全电压。

(5) 重点区域管理

对于易燃易爆物品仓库、木工间、油漆间等重点区域，应配备足够的灭火器材，并严格控制火源。

2.4.5.3 火灾险情的处置

在正常生活和生产中，因意外情况发生火灾事故，千万不要惊慌，应一方面迅速打电话报警，另一方面组织人力积极扑救。

现在我国基本建立了火警电话号码为“119”的救援信息系统。火警电话拨通后，要讲清起火的单位和详细地址，也要讲清起火的部位、燃烧的物质、火灾的程度、着火的周边环境等情况，以便消防部门根据情况派出相应的灭火力量。

报警后，起火单位要尽量迅速地清理通往火场的道路，以便消防车顺利迅速地进入现场。同时，应派人在起火地点的附近路口或单位门口迎候消防车辆，使之迅速准确地到达火场，投入灭火战斗。

对于火势蔓延较大、燃烧严重的建筑物，施工单位熟悉或者了解建筑物的技术人员应当及时将受损建筑物的构造、结构情况向消防人员通报，并提出有关扑救工作的建议，防止火灾事故造成的损失进一步扩大。

2.4.5.4 消防教育和培训

施工单位和总承包单位要定期开展多样的消防安全教育和培训工作。

施工单位应定期开展形式多样的消防安全宣传教育。施工前应对施工人员进行消防安全教育；在施工工地醒目位置、施工人员集中住宿场所设置消防安全宣传栏，悬挂消防安全挂图和消防安全警示标识；对新上岗和进入新岗位的施工人员进行上岗前消防安全培训；对在岗的职工至少每年进行一次消防安全培训；施工单位至少每半年组织一次灭火和应急疏散演练；对明火作业人员进行经常性的消防安全教育。

总承包单位要组织分包单位管理人员、安保人员、材料保管人员以及施工人员等进行全员消防安全教育培训。具体内容有：有关消防法规、消防安全制度和保障消防安全的操作规程；本岗位的防火措施；有关消防设施的性能、灭火器材的使用方法；报火警、扑救初起火灾以及自救逃生的知识和技能。

施工单位应落实电焊、气焊、电工等特殊工种作业人员持证上岗制度。电焊、气焊等危险作业前，应对作业人员进行消防安全教育，强化消防安全意识，落实危险作业施工安全措施。

通过消防宣传，职工要做到“三知三会”，即：知道本岗位的火灾危险性、知道消防安全措施、知道灭火方法；会正确报火警、会扑救初期火灾、会组织疏散人员。

2.5 全员参与的建筑施工安全管理

建筑施工安全管理需要各参与方共同对建筑施工进行全员安全管理。在施工阶段，建筑施工参与方包括建设单位，勘察、设计单位，工程监理单位，分包单位，供应单位等。

2.5.1 建设单位参与的建筑施工安全管理

为了保证建筑施工安全生产，《中华人民共和国建筑法》《中华人民共和国安全生产法》《建设工程安全生产管理条例》《安全生产许可证条例》等法律法规规定了建筑市场主体的安全责任和义务，包括建设单位的安全责任和义务。

2.5.1.1 建设单位的安全责任

建设单位应当向施工单位提供施工现场及毗邻区域内供水、排水、供电、供气、供热、通信、广播电视等地下管线资料，气象和水文观测资料，相邻建筑物和构筑物、地下工程的有关资料，并保证资料的真实、准确、完整。

建设单位不得对勘察、设计、施工、工程监理等单位提出不符合建设工程安全生产法律、法规和强制性标准规定的要求，不得压缩合同约定的工期。

建设单位不得明示或者暗示施工单位购买、租赁、使用不符合安全施工要求的安全防护用具、机械设备、施工机具及配件、消防设施和器材。

建设单位在编制工程概算时，应当确定建设工程安全作业环境及安全施工措施所需费用。

建设单位在申请领取施工许可证时，应当提供建设工程有关安全施工措施的资料。依法批准开工报告的建设工程，建设单位应当自开工报告批准之日起15日内，将保证安全施工的措施报送建设工程所在地的县级以上地方人民政府建设行政主管部门或者其他有关部门备案。

建设单位应当将拆除工程发包给具有相应资质等级的施工单位。建设单位应当在拆除工程施工15日前，将下列资料报送建设工程所在地的县级以上地方人民政府建设行政主管部门或者其他有关部门备案：施工单位资质等级证明；拟拆除建筑物、构筑物及可能危及毗邻建筑的说明；拆除施工组织方案；堆放、清除废弃物的措施。实施爆破作业的，应当遵守国家有关民用爆炸物品管理的规定。

2.5.1.2 建设单位的建筑施工安全管理

为了保证建筑施工安全生产的顺利进行，避免安全事故的发生，建设单位应积极参与建筑施工安全管理。

在每个建筑施工项目中委派建设单位安全代表，委托工程监理单位实行建筑工程安全监理；要求施工单位提交的施工安全计划或施工组织设计中应有安全技术措施（安全专项施工方案）；与施工单位共同成立现场安全生产委员会，定期召开安全会议等；为施工单位现场安全培训提供便利条件，对施工现场的安全状况进行定期或不定期的安全视察、安全检查。

建设单位在选择勘察、设计单位时，不仅要考虑勘察、设计单位的资质，还要考虑它们在勘察、设计过程中是否关注施工安全因素，在以往的勘察、设计工程中是否存在未考虑施工安全因素而导致安全事故等。

建设单位所选择的施工单位必须具备建筑业企业资质和建筑施工企业安全生产许可证。同时，还应考虑施工单位的企业业绩，以往施工生产的安全记录，以及施工单位的安全管理制度、安全生产管理机构、人员和技术力量等。

建设单位在签订施工合同时要强调安全问题，制定施工安全的条款。

在施工现场安全管理阶段，建设单位参与施工现场安全管理的方式包括：施工现场安全视察；参与现场安全生产委员会，参加安全会议等；制定安全规定；制订安全激励计划，对施工现场安全生产状况进行经济奖惩等。建设单位还可要求监理工程师提供有关施工安全的定期报告等。

2.5.1.3 建设单位的安全管理模式

建设单位的安全管理模式主要有两种：一是建设单位可将建筑施工安全管理委托给工程监理单位，由工程监理单位进行监督管理，提供社会化、专门化的安全监理服务。二是建设单位可聘请安全中介机构对建设工程施工提供安全管理和安全技术咨询服务。

2.5.2 勘察、设计单位参与的建筑施工安全管理

工程勘察是工程施工建设的第一步，是保证建筑施工安全的重要因素和前提条件。勘察文件是项目选址、规划和设计的重要依据。勘察文件的准确性、科学性决定了建筑工程项目的选址、规划和设计的正确性。

工程设计对建筑工程施工安全起着重要作用。设计单位在设计过程中必须考虑施工生产安全。工程建设强制性标准是设计工作的技术依据，应严格执行。

2.5.2.1 勘察、设计单位的安全责任

《建设工程安全生产管理条例》明确规定：勘察单位应当按照法律、法规和工程建设强制性标准进行勘察，提供的勘察文件应当真实、准确，满足建设工程安全生产的需要。设计单位应当按照法律、法规和工程建设强制性标准进行设计，应当考虑施工安全操作和防护的需要，对涉及施工安全的重点部位和环节在设计文件中注明，并对防范生产安全事故提出指导意见。

2.5.2.2 勘察、设计单位的建筑施工安全管理

勘察、设计单位应建立健全本单位安全生产的各项规章制度和技术标准，特别是建立健全危险性较大的施工工艺、工序的安全生产规章制度。各单位要建立安全生产管理机构，配备专职安全生产管理人员，对重点或关键岗位要落实安全责任负责人，对安全生产规章制度和技术标准执行情况要进行定期检查，发现问题及时纠正，把安全责任制落到实处。

勘察、设计单位应树立施工安全设计观念。勘察、设计人员在进行设计方案等设计决策时，应考虑建筑工人的施工安全；在设计过程中，设计人员应考虑建筑工人施工安全操作和安全防护等；在设计文件中，设计人员应对涉及施工安全的重点部位、环节进行注明，并对防范生产安全事故提出指导意见。

在建筑工程施工阶段，勘察、设计单位也应参与建筑施工安全管理，如对特殊结构、新结构、新材料、新工艺等，应向施工单位进行安全技术交底，提出保障作业人员安全的建议；对施工现场发生的重大安全隐患、安全事故等，也应积极参与技术方案的处理，减少或避免安全事故的发生或扩大等。

2.5.3 工程监理单位参与的建筑施工安全管理

安全监理是社会化、专业化的工程监理单位受建设单位的委托和授权，依据法律、法规、已批准的工程项目建设文件、监理合同及其他建设工程合同对工程建设实施阶段安全生产的监督管理。安全监理是工程建设监理的重

要组成部分，也是建设工程安全生产管理的重要保障。安全监理的实施是提高施工现场安全管理水平的有效方法，也是建设工程项目管理体制改革中加强安全管理、控制重大伤亡事故的一种新模式。

工程监理单位受建设单位的委托，对施工现场安全生产进行监督和管理，这有利于对施工单位安全生产进行外部监督管理，对施工现场安全生产起到重要的保障作用。

2.5.3.1 工程监理单位的安全责任

《建设工程安全生产管理条例》规定，工程监理单位应建立五项安全管理制度：安全技术措施审查制度、专项施工方案审查制度、安全隐患处理制度、严重安全隐患报告制度、法律法规与强制性标准实施监理制度。

工程监理单位的任务是：贯彻执行“安全第一、预防为主、综合治理”的方针，以及国家和地方的安全生产劳动保护、消防等法律法规，建设行政主管部门安全生产的规章和标准；督促施工单位落实安全生产组织保证体系，建立健全安全生产管理体系和安全生产责任制；督促施工单位对工人进行安全生产教育及分部分项工程的安全技术交底；审查施工组织设计的安全技术措施、专项施工方案；检查并督促施工单位落实分部分项工程或各工序、关键部位的安全防护措施；监督检查施工现场的消防安全工作；监督检查施工现场文明施工；组织安全综合检查、评价，提出处理意见并限期整改；发现违章冒险作业的，责令其停止作业；发现严重安全事故隐患的，责令其停工整改；施工单位拒不整改或不停止施工，应及时报有关管理部门。

2.5.3.2 安全监理的主要内容

安全监理的工作贯穿于建筑工程从招标、施工准备到施工的全过程，每个阶段都有具体的监理内容。

(1) 招标阶段安全监理的主要内容

①审查施工单位的资质和安全生产许可证。在招标阶段，工程监理单位应注意审查施工单位的资质和安全生产许可证，具体包括：建筑业企业资质证书；建设管理部门对建筑业企业的安全业绩考评情况；安全生产管理机构的设置及专职安全生产管理人员的配备等；安全生产责任制及管理体系；安全生产规章制度及各工种的安全生产操作规程；特种作业人员的上岗证；主要的施工机械、设备等的技术性能及安全条件。

②协助拟定安全生产协议书。工程监理单位要协助拟定安全生产协议书，主要分为两类：一是建设单位和施工单位的安全生产协议，在招标阶段就要明确双方在施工过程中各自的安全生产责任；二是总、分包单位的安全生产协议。

（2）施工准备阶段安全监理的主要内容

①进行安全监理的准备工作。安全监理的准备工作具体包括：熟悉安全监理合同文件与施工合同；设计图纸的检查、复核、补充；调查现场用地环境；制定安全监理工作程序；调查可能导致意外伤害事故的其他原因；掌握新技术、新材料的工艺和标准。

②审查承包单位自检系统。安全监理是对施工的全过程进行安全监督和管理，但作为安全监理人员，不可能对每一工程或分项工程的每一部分进行全面的监控，只在有怀疑和认为需要时才进行部分抽检。因此，工程开工前应尽早督促承包单位进行安全教育，成立承包单位的安全自检系统，要求施工的每一道工序必须由承包单位按安全监理工程师规定的程序提供自检报告和报表。

③对施工单位的安全设施和设备进行进入现场前的检验。安全监理工程师及其助手在安全设施未到前，应详细了解承包单位的安全设施供应情况，避免不符合要求的安全设施进入施工现场，造成工伤事故。在安全设施进入工地前可按下列步骤进行监督：第一，承包单位应提供当地或外购安全设施的产地和厂家以及出厂合格证书，供安全监理工程师审查；第二，安全监理人员可在施工初期根据需要对这些厂家的生产工艺设备等进行调查了解；第三，必要时可要求承包单位对安全设施取样试验，提供安全设施的有关图纸与设计计算书等资料，提供成品的技术性能等技术参数，以便安全监理工程师审查后确定该安全设施采用与否。

④审查安全技术措施，审批施工单位的工程进度计划。工程合同签订后，承包单位应根据安全技术规程、规范编制施工组织设计或施工大纲中的安全技术措施，连同施工组织设计或大纲一并提供给安全监理工程师审查。

⑤签发开工通知书。当现场开工所需的用地及各方面的准备工作已完成、符合开工条件、安全措施到位、现场“三通一平”（水通、路通、道路通、场地平整）及临时设施等已能满足施工需要、承包单位已接受并已履行了现场接管手续时，由工程监理单位签发开工通知书。

（3）施工阶段安全监理的主要内容

施工阶段的安全监理主要有四个方面：安全设施监理，对安全用品、设备、设施进行抽检；安全技术监理，对施工中采用的安全技术进行监控；安全验收，对分项分部工程的安全计划与安全措施进行严格的检查验收；安全咨询，对典型的安全问题进行必要的技术咨询与培训。

根据国家标准和行业规范，施工阶段的安全监理主要采用抽检、巡视、旁站和全面检查等形式，对工程实施全面的、动态的监控，并以监理月报、安全监理指令、工程事故报告等方式及时报告建设单位。在各分部分项工程施工中，施工现场的安全检查依据《建筑施工安全检查标准》等国家和行业规范进行监督检查。现场监理每天巡视或旁站监理时，都要先检查安全，发现问题及时指令纠正；驻段监理每周全面检查一次；监理部每月组织一次全面检查，并在监理月报中报告检查结果。

安全监理应检查的安全内容如下：

第一，检查现场总平面图上各种安全标志是否如实设置。住地及工地应有安全警示标语，项目部应贴有安全规章制度、安全生产责任制等。

第二，检查生产、生活房屋及发电机房、临时油库等是否符合防火、防盗、防洪、防风、防爆的要求。

第三，检查是否有专用开关，移动式电气机具设备是否用橡胶电缆供电，跨越道路时是否进入地下或穿管保护。电气设备维修时，一般应停电作业，否则应有可靠安全措施并派专人监护。各种施工机械应实施工前检查、工作中观察及工后保养制度。

第四，对具体的施工阶段进行监督检查，例如：土方开挖时，必须按自上而下的顺序放坡进行，严禁用挖空底脚的操作方法；对搭设的脚手架及作业平台应检查其强度和稳定性，立柱要直，要设置合理的横撑，各种螺栓必须拧紧，地基承载力符合设计要求；高空作业必须设置安全防护设施，防止掉物，走道板端头不得悬空，以防踏空，脚手架、平台要设栏杆，墩高在 10 m 以上应加设安全网。

第五，对夜间施工进行监督检查。夜间施工应有足够的照明，在人员上下及运输过道处均应设置固定的照明设施。

2.5.4 分包单位、供应单位参与的建筑施工安全管理

在建筑工程施工过程中，会有大量的分包单位、供应单位的参与。分包单位、供应单位包括提供机械和配件的单位，出租机械设备和施工机具及配件的单位，大型施工起重机械的拆装单位以及其他材料供应单位等。《建设工程安全生产管理条例》规定了分包单位、供应单位及其他单位的安全责任，具体如下：

为建设工程提供机械设备和配件的单位，应当按照安全施工的要求配备齐全有效的保险、限位等安全设施和装置。

出租机械设备和施工机具及配件的单位，应当具有生产（制造）许可证、产品合格证。出租单位应当对出租的机械设备和施工机具及配件的安全性能进行检测，在签订租赁协议时，应当出具检测合格证明。

在施工现场安装、拆卸施工起重机械和整体提升脚手架、模板等自升式架设设施，必须由具有相应资质等级的单位承担；安装、拆卸前，拆装单位应当编制拆装方案、制定安全施工措施，并由专业技术人员现场监督；安装完毕后，安装单位应当自检，出具自检合格证明，并向施工单位进行安全使用说明，办理验收手续并签字。

检验检测机构对检测合格的施工起重机械和整体提升脚手架、模板等自升式架设设施，应当出具安全合格证明文件，并对检测结果负责。

思考题

1. 项目经理的安全职责主要有哪些内容？
2. 安全员的安全职责主要有哪些内容？
3. 作业队长的安全职责主要有哪些内容？
4. 班组长的安全职责主要有哪些内容？
5. 新工人上岗前必须做什么工作？
6. 简述我国安全生产的管理体制。
7. 安全生产教育培训主要包括哪些内容？
8. 对施工组织设计或施工方案有何要求？
9. 对安全交底有何要求？
10. 建筑行业有哪几大伤害发生率较高？安全施工要杜绝哪“三违”？

3 建设工程安全生产法律法规

内容提要：本章介绍了法律法规的基本概念；介绍了我国常用的建设工程安全法律法规和建筑安全标准规范，以及与环境保护相关的建设工程法律法规与标准规范；并对一些重要的法规、标准进行了详细解读。

我国建设工程安全法律体系以《中华人民共和国宪法》为根本，由其他相关法律、行政法规、地方法规、部门和地方规章、相关规范性文件和工程建设标准、国际条约等构成。

3.1 法律法规的基本概念

3.1.1 法

法是体现统治阶级意志和根本利益，由国家认定或认可的，受国家强制力保证执行的行为规则规范的总和。它建立在一定的经济基础之上，并为一定的经济基础服务，是促进社会生产力发展、维护社会秩序和社会关系的行为准则。法律、法规、条例、规章、规程及标准等都属于法律的范畴。

3.1.2 安全生产法规

安全生产法规是指调整在生产过程中产生的同劳动者或生产人员的安全和健康相关、与生产资料和社会财富安全保障有关的各种社会关系的法律法规的总称，是国家法律体系的重要组成部分。

3.1.3 法规的表现形式

法规的表现形式被称为法规的渊源。法规的渊源一般表现为两种，即法典式和分散式。法典式是以法典的形式表现的法律规范，即以一部完整的、全面的法律，系统地表现各种法律规范。分散式是以分散的法律、法规来表现法律法规的形式。目前，包括我国在内的大多数国家采用后一种形式。

根据所处地位的不同，我国的法规一般分为宪法、法律、行政法规、地方性法规、行政规章等几个层次。

宪法是我国的根本大法，是我国一切其他法律法规的基本依据。宪法具有最高的法律效力，其他任何法律法规都不能与宪法相抵触。

法律是由国家最高权力机关制定和颁布的规范性文件，分为基本法律和一般法律两种。基本法律是指由全国人民代表大会制定和颁布的法律，如《中华人民共和国劳动法》《中华人民共和国工会法》《中华人民共和国刑法》等；一般法律大多数是由全国人民代表大会常务委员会制定和颁布的法律，如《中华人民共和国建筑法》《中华人民共和国安全生产法》等。

行政法规由国务院总理签署国务院令予以公布，并及时在国务院公报和在全国公开发行的报刊上公布。行政法规的效力仅次于法律，如《建设工程安全生产管理条例》(国务院令第393号)、《安全生产许可证条例》(国务院令第397号)、《国务院关于特大安全事故行政责任追究的规定》(国务院令第302号)等都属于行政法规。

地方性法规是由省、自治区、直辖市以及省、自治区人民政府所在地的市，或经国务院批准的较大的市的人民代表大会及其常务委员会根据本行政区域内的具体情况和实际需要，在不与宪法、法律、行政法规相抵触的前提下，按照法定程序制定和颁布的规范性文件。

行政规章是国务院各部委以及各省、自治区、直辖市的人民政府和省、自治区的人民政府所在地的市以及设区市的人民政府根据宪法、法律和行政法规等制定和发布的规范性文件。行政规章包括部门行政规章和地方行政规章。国务院各部委制定的称为部门行政规章，其余的称为地方行政规章。如《建筑工程施工许可管理办法》(住房和城乡建设部令第18号)、《建筑起重机械安全监督管理规定》(建设部令第166号)等，都是部门规章。

3.1.4 标准

标准是由一个公认的机构制定和批准的文件，它对活动或活动的结果规定了规则、导则或特殊值，供共同和反复使用，以实现在预定领域内最佳秩序的效果。标准包括国家标准、行业标准、地方标准、企业标准。

国家标准分为强制性标准、推荐性标准。行业标准、地方标准都属于推荐性标准。

对保障人身健康和生命财产安全、国家安全、生态环境安全以及满足经济社会管理基本需要的技术要求，应当制定强制性标准。强制性标准由国务院批准发布或者授权批准发布。强制性标准必须执行。

对满足基础通用的需要、与强制性标准配套、对各有关行业起引领作用的技术要求，可以制定推荐性标准。推荐性标准由国务院标准化行政主管部门制定。国家鼓励采用推荐性标准。

对没有推荐性标准、需要在全国某个行业范围内统一的技术要求，可以制定行业标准。行业标准由国务院有关行政主管部门制定，报国务院标准化行政主管部门备案。

地方标准是由省、自治区、直辖市人民政府标准化行政主管部门制定的标准。设区的市级人民政府标准化行政主管部门根据本行政区域的特殊需要，经所在地省、自治区、直辖市人民政府标准化行政主管部门批准，可以制定本行政区域的地方标准。地方标准由省、自治区、直辖市人民政府标准化行政主管部门报国务院标准化行政主管部门备案，由国务院标准化行政主管部门通报国务院有关行政主管部门。

企业标准是由企业根据需要自行制定的或者与其他企业联合制定的各项标准。国家支持在重要行业、战略性新兴产业、关键共性技术等领域利用自主创新技术制定团体标准、企业标准。推荐性标准、行业标准、地方标准、企业标准的技术要求不得低于强制性标准的相关技术要求。

3.2 建设工程安全法律法规

常用的建设工程安全法律法规见表 3-1。

表 3-1 常用的建设工程安全法律法规

序号	名 称	施行及修正时间
1	中华人民共和国建筑法（主席令第 91 号）	1998 年 3 月施行 2011 年、2019 年两次修正
2	中华人民共和国安全生产法（主席令第 70 号）	2002 年 11 月施行 2014 年、2019 年、 2021 年三次修正
3	安全生产许可证条例（国务院令第 397 号）	2004 年 1 月施行 2014 年修正
4	建设工程安全生产管理条例（国务院令第 393 号）	2004 年 2 月施行
5	生产安全事故报告和调查处理条例（国务院令第 493 号）	2007 年 6 月施行
6	工伤保险条例（国务院令第 375 号）	2004 年 1 月施行 2010 年修正

续表

序号	名　称	施行及修正时间
7	特种作业人员安全技术培训考核管理规定（国家安全生产监督管理总局令第30号）	2010年7月施行 2013年、2015年两次修正
8	建筑工程施工许可管理办法（住房和城乡建设部令第18号）	2014年10月施行 2018年、2021年两次修正
9	建筑起重机械安全监督管理规定（建设部令第166号）	2008年6月1日施行
10	危险性较大的分部分项工程安全管理规定（住房和城乡建设部令第37号）	2018年6月施行

常用的建筑安全标准规范见表3-2。

表3-2　常用的建筑安全标准规范

序号	名　称	编号
1	建筑施工安全检查标准	JGJ 59-2011
2	施工企业安全生产评价标准	JGJ/T 77-2010
3	施工企业安全生产管理规范	GB 50656-2011
4	建设工程施工现场安全资料管理规程	CECS 266-2009
5	建设工程施工现场消防安全技术规范	GB 50720-2011
6	建筑施工土石方工程安全技术规范	JGJ 180-2009
7	建筑桩基技术规范	JGJ 94-2008
8	建筑基坑支护技术规程	JGJ 120-2012
9	建筑施工扣件式钢管脚手架安全技术规范	JGJ 130-2011
10	建筑施工承插型盘扣式钢管脚手架安全技术标准	JGJ/T 231-2021
11	建筑施工工具式脚手架安全技术规范	JGJ 202-2010
12	建筑施工木脚手架安全技术规范	JGJ 164-2008
13	钢管满堂支架预压技术规程	JGJ/T 194-2009
14	建筑施工模板安全技术规范	JGJ 162-2008
15	建筑施工临时支撑结构技术规范	JGJ 300-2013
16	高处作业吊篮	GB/T 19155-2017

续表

序号	名　　称	编号
17	高处作业分级	GB/T 3608-2008
18	建筑施工高处作业安全技术规范	JGJ 80-2016
19	建筑工程冬期施工规程	JGJ/T 104-2011
20	建筑机械使用安全技术规程	JGJ 33-2012
21	建筑起重机械安全评估技术规程	JGJ/T 189-2009
22	建筑施工起重吊装工程安全技术规范	JGJ 276-2012
23	建筑施工升降机安装、使用、拆卸安全技术规程	JGJ 215-2010
24	建筑施工塔式起重机安装、使用、拆卸安全技术规程	JGJ 196-2010
25	龙门架及井架物料提升机安全技术规范	JGJ 88-2010
26	施工升降机安全规程	GB 10055-2007
27	塔式起重机安全规程	GB 5144-2006
28	移动式道路施工机械通用安全要求	GB 26504-2011
29	建设工程施工现场供用电安全规范	GB 50194-2014
30	建筑与市政工程施工现场临时用电安全技术标准	JGJ/T 46-2024
31	建设工程施工现场环境与卫生标准	JGJ 146-2013
32	建筑施工作业劳动防护用品配备及使用标准	JGJ 184-2009
33	建筑施工场界环境噪声排放标准	GB 12523-2011
34	工作场所职业病危害作业分级　第 1 部分：生产性粉尘	GBZ/T 229. 1-2010
35	工作场所职业病危害作业分级　第 2 部分：化学物	GBZ/T 229. 2-2010
36	工作场所职业病危害作业分级　第 3 部分：高温	GBZ/T 229. 3-2010
37	工作场所职业病危害作业分级　第 4 部分：噪声	GBZ/T 229. 4-2012
38	工作场所有害因素职业接触限值　第 2 部分：物理因素	GBZ 2. 2-2007
39	房屋市政工程生产安全重大事故隐患判定标准（2024 版）	建质规〔2024〕5 号
40	《起重机械安全技术规程》行业标准第 1 号修改单	TSG 51-2023/XG 1-2024

3.2.1 《中华人民共和国建筑法》

《中华人民共和国建筑法》于1997年11月1日由第八届全国人民代表大会常务委员会第二十八次会议通过，2011年4月22日第一次修正，2019年4月23日第二次修正。《中华人民共和国建筑法》具体涉及建筑许可、从业资格、建设工程发包与承包、建设工程监理、建设工程安全生产管理、法律责任等几个方面。

3.2.1.1 建筑许可

《中华人民共和国建筑法》对建筑许可做出了具体规定：

建设工程开工前，建设单位应当按照国家有关规定向工程所在地县级以上人民政府建设行政主管部门申请领取施工许可证（国务院建设行政主管部门确定的限额以下的小型工程除外）。按照国务院规定的权限和程序批准开工报告的建设工程，不再领取施工许可证。

建设单位申请领取施工许可证，应当具备下列条件：已经办理该建设工程用地批准手续；依法应当办理建设工程规划许可证的，已经取得建设工程规划许可证；需要拆迁的，其拆迁进度符合施工要求；已经确定建筑施工企业；有满足施工需要的资金安排、施工图纸及技术资料；有保证工程质量和安全的具体措施。

建设行政主管部门应当自收到申请之日起7日内，对符合条件的申请颁发施工许可证。建设单位应当自领取施工许可证之日起3个月内开工。因故不能按期开工的，应当向发证机关申请延期；延期以两次为限，每次不超过3个月。既不开工又不申请延期或者超过延期时限的，施工许可证自行废止。在建的建设工程因故中止施工的，建设单位应当自中止施工之日起一个月内向发证机关报告，并按照规定做好建设工程的维护管理工作。建设工程恢复施工时，应当向发证机关报告；中止施工满一年的工程恢复施工前，建设单位应当报发证机关核验施工许可证。已批准开工报告的建设工程，因故不能按期开工或者中止施工的，应当及时向批准机关报告情况。因故不能按期开工超过6个月的，应当重新办理开工报告的批准手续。

3.2.1.2 从业资格

《中华人民共和国建筑法》对从事建筑活动的建筑施工企业、勘察单位、设计单位和工程监理单位的从业资格做出了规定：有符合国家规定的注册资本；有与其从事的建筑活动相适应的具有法定执业资格的专业技术人员；有从事相关建筑活动所应有的技术装备；法律、行政法规规定的其他条件。

从事建筑活动的建筑施工企业、勘察单位、设计单位和工程监理单位，按照其拥有的注册资本、专业技术人员、技术装备和已完成的建设工程业绩等资质条件划分为不同的资质等级，经资质审查合格，取得相应等级的资质证书后，方可在其资质等级许可的范围内从事建筑活动。从事建筑活动的专业技术人员应当依法取得相应的执业资格证书，并在执业资格证书许可的范围内从事建筑活动。

3.2.1.3 建设工程发包与承包

（1）发包

《中华人民共和国建筑法》对建设工程发包做出了规定：

建设工程依法实行招标发包，对不适于招标发包的可以直接发包。建设工程实行公开招标的，发包单位应当依照法定程序和方式发布招标公告，提供载有招标工程的主要技术要求、主要的合同条款、评标的标准和方法以及开标、评标、定标的程序等内容的招标文件并择优选定中标者。建设工程实行招标发包的，发包单位应当将建设工程发包给依法中标的承包单位。建设工程实行直接发包的，发包单位应当将建设工程发包给具有相应资质条件的承包单位。提倡对建设工程实行总承包，禁止将建设工程肢解发包。

建设工程的发包单位可以将建设工程的勘察、设计、施工、设备采购一并发包给一个工程总承包单位，也可以将建设工程勘察、设计、施工、设备采购的一项或者多项发包给一个工程总承包单位，但是，不得将应当由一个承包单位完成的建设工程肢解成若干部分发包给几个承包单位。按照合同约定，建筑材料、建筑构配件和设备由工程承包单位采购的，发包单位不得指定承包单位购入用于工程的建筑材料、建筑构配件和设备或者指定生产厂、供应商。

（2）承包

《中华人民共和国建筑法》对建设工程的承包做出了规定：

承包建设工程的单位应当持有依法取得的资质证书，并在其资质等级许可的业务范围内承揽工程。禁止建筑施工企业承揽超越本企业资质等级许可范围的工程或者以任何形式用其他建筑施工企业的名义承揽工程。禁止建筑施工企业以任何形式允许其他单位或者个人使用本企业的资质证书、营业执照，以本企业的名义承揽工程。大型建设工程或者结构复杂的建设工程，可以由两个以上的承包单位联合共同承包。共同承包的各方对承包合同的履行承担连带责任。两个以上不同资质等级的单位实行联合共同承包的，应当按照资质等级低的单位的业务许可范围承揽工程。禁止承包单位将其承包的全部建设工程转包给他人，禁止承包单位将其承包的全部建设工程肢解以后以分包的名义分别转包给他人。

建设工程总承包单位可以将承包工程中的部分工程发包给具有相应资质条件的分包单位，但是，除总承包合同中约定的分包外，必须经建设单位认可。施工总承包的，建设工程主体结构的施工必须由总承包单位自行完成。建设工程总承包单位按照总承包合同的约定对建设单位负责；分包单位按照分包合同的约定对总承包单位负责。总承包单位和分包单位就分包工程对建设单位承担连带责任。禁止总承包单位将工程分包给不具备相应资质条件的单位。禁止分包单位将其承包的工程再分包。

3.2.1.4 建设工程监理

《中华人民共和国建筑法》对建设工程监理做出了规定：

国家推行建设工程监理制度。国务院可以规定实行强制监理的建设工程的范围。实行监理的建设工程，由建设单位委托具有相应资质条件的工程监理单位监理。建设单位与其委托的工程监理单位应当订立书面委托监理合同。

建设工程监理应当依照法律、行政法规及有关的技术标准、设计文件和建设工程承包合同，对承包单位在施工质量、建设工期和建设资金使用等方面，代表建设单位实施监督。工程监理人员认为工程施工不符合工程设计要求、施工技术标准和合同约定的，有权要求建设施工企业改正。工程监理人员发现工程设计不符合建设工程质量标准或者合同约定的质量要求的，应当报告建设单位要求设计单位改正。

工程监理单位应当在其资质等级许可的监理范围内承担工程监理业务，并根据建设单位的委托，客观、公正地执行监理任务；不得转让工程监理业务。工程监理单位与被监理工程的承包单位以及建筑材料、建筑构配件和设备供应单位不得有隶属关系或者其他利害关系。

工程监理单位不按照委托监理合同的约定履行监理义务，对应当监督检查的项目不检查或者不按照规定检查，给建设单位造成损失的，应当承担相应的赔偿责任。工程监理单位与承包单位串通，为承包单位谋取非法利益，给建设单位造成损失的，应当与承包单位承担连带赔偿责任。

3.2.1.5 建设工程安全生产管理

《中华人民共和国建筑法》对建设工程安全生产管理做出了规定：

建设工程安全生产管理必须坚持安全第一、预防为主的方针，建立健全安全生产的责任制度和群防群治制度。建设工程设计应当符合按照国家规定制定的建筑安全规程和技术规范，保证工程的安全性能。建筑施工企业在编制施工组织设计时，应当根据建设工程的特点制定相应的安全技术措施；对专业性较强的工程项目，应当编制专项安全施工组织设计，并采取安全技术措施。

建筑施工企业应当在施工现场采取维护安全、防范危险、预防火灾等措施；有条件的应当对施工现场实行封闭管理。施工现场对毗邻的建筑物、构筑物和特殊作业环境可能造成损害的，建筑施工企业应当采取安全防护措施。建设单位应当向建筑施工企业提供与施工现场相关的地下管线资料，建筑施工企业应当采取措施加以保护。

建筑施工企业应当遵守有关环境保护和安全生产的法律、法规的规定，采取措施控制和处理施工现场的各种粉尘、废气、废水、固体废物以及噪声、振动对环境的污染和危害。

有下列情形之一的，建设单位应当按照国家有关规定办理申请批准手续：需要临时占用规划批准范围以外场地的；可能损坏道路、管线、电力、邮电通信等公共设施的；需要临时停水、停电、中断道路交通的；需要进行爆破作业的；法律、法规规定需要办理报批手续的其他情形。

建设行政主管部门负责建筑安全生产的管理，并依法接受劳动行政主管部门对建筑安全生产的指导和监督。建筑施工企业必须依法加强对建筑安全生产的管理，执行安全生产责任制度，采取有效措施，防止伤亡和其他安全生产事故的发生。

建筑施工企业的法定代表人对本企业的安全生产负责。施工现场安全由建筑施工企业负责。实行施工总承包的，由总承包单位负责。分包单位向总承包单位负责，服从总承包单位对施工现场的安全生产管理。

建筑施工企业应当建立健全安全生产教育培训制度，加强对职工安全生产的教育培训；未经安全生产教育培训的人员，不得上岗作业。建筑施工企业和作业人员在施工过程中，应当遵守有关安全生产的法律、法规和建筑行业安全规章、规程，不得违章指挥或者违章作业。作业人员有权对影响人身健康的作业程序和作业条件提出改进意见，有权获得安全生产所需的防护用品。作业人员对危及生命安全和人身健康的行为有权提出批评、检举和控告。

建筑施工企业应当依法为职工缴纳工伤保险费。鼓励企业为从事危险作业的职工办理意外伤害保险，支付保险费。

涉及建筑主体和承重结构变动的装修工程，建设单位应当在施工前委托原设计单位或者具有相应资质条件的设计单位提出设计方案；没有设计方案的，不得施工。

房屋拆除应当由具备保证安全条件的建筑施工单位承担，由建筑施工单位负责人对安全负责。施工中发生事故时，建筑施工企业应当采取紧急措施减少人员伤亡和事故损失，并按照国家有关规定及时向有关部门报告。

3.2.1.6 法律责任

《中华人民共和国建筑法》对建设单位、施工单位、工程监理单位以及行政主管部门违反法律法规的法律责任做出了规定：

未取得施工许可证或者开工报告未经批准擅自施工的，责令改正，对不符合开工条件的责令停止施工，可以处以罚款。发包单位将工程发包给不具有相应资质条件的承包单位的，或者违反本法规定将建设工程肢解发包的，责令改正，处以罚款。超越本单位资质等级承揽工程的，责令停止违法行为，处以罚款，可以责令停业整顿，降低资质等级；情节严重的，吊销资质证书；有违法所得的，予以没收。

未取得资质证书承揽工程的，予以取缔，并处罚款；有违法所得的，予以没收。以欺骗手段取得资质证书的，吊销资质证书，处以罚款；构成犯罪的，依法追究刑事责任。建筑施工企业转让、出借资质证书或者以其他方式允许他人以本企业的名义承揽工程的，责令改正，没收违法所得，并处罚款，可以责令停业整顿，降低资质等级；情节严重的，吊销资质证书。对因该项承揽工程不符合规定的质量标准造成的损失，建筑施工企业与使用本企业名义的单位或者个人承担连带赔偿责任。

承包单位将承包的工程转包的，或者违反本法规定进行分包的，责令改正，没收违法所得，并处罚款，可以责令停业整顿，降低资质等级；情节严重的，吊销资质证书。承包单位有前款规定的违法行为的，对因转包工程或者违法分包的工程不符合规定的质量标准造成的损失，与接受转包或者分包的单位承担连带赔偿责任。

在工程发包与承包中索贿、受贿、行贿，构成犯罪的，依法追究刑事责任；不构成犯罪的，分别处以罚款，没收贿赂的财物，对直接负责的主管人员和其他直接责任人员给予处分。对在工程承包中行贿的承包单位，除依照前款规定处罚外，可以责令停业整顿，降低资质等级或者吊销资质证书。

工程监理单位与建设单位或者建筑施工企业串通，弄虚作假、降低工程质量的，责令改正，处以罚款，降低资质等级或者吊销资质证书；有违法所得的，予以没收；造成损失的，承担连带赔偿责任；构成犯罪的，依法追究刑事责任。工程监理单位转让监理业务的，责令改正，没收违法所得，可以责令停业整顿，降低资质等级；情节严重的，吊销资质证书。

涉及建筑主体或者承重结构变动的装修工程擅自施工的，责令改正，处以罚款；造成损失的，承担赔偿责任；构成犯罪的，依法追究刑事责任。对建筑安全事故隐患不采取措施予以消除的，责令改正，可以处以罚款；情节严重的，责令停业整顿，降低资质等级或者吊销资质证书；构成犯罪的，依法追究刑事责任。建筑施工企业的管理人员违章指挥、强令职工冒险作业，因而发生重大伤亡事故或者造成其他严重后果的，依法追究刑事责任。

建设单位违反本法规定，要求建筑设计单位或者建筑施工企业违反建筑工程质量、安全标准，降低工程质量的，责令改正，可以处以罚款；构成犯罪的，依法追究刑事责任。建筑设计单位不按照建设工程质量、安全标准进行设计的，责令改正，处以罚款；造成工程质量事故的，责令停业整顿，降低资质等级或者吊销资质证书，没收违法所得，并处罚款；造成损失的，承担赔偿责任；构成犯罪的，依法追究刑事责任。

建筑施工企业在施工中偷工减料的，使用不合格的建筑材料、建筑构配件和设备的，或者有其他不按照工程设计图纸或者施工技术标准施工的行为的，责令改正，处以罚款；情节严重的，责令停业整顿，降低资质等级或者吊销资质证书；造成建设工程质量不符合规定的质量标准的，负责返工、修理，并赔偿因此造成的损失；构成犯罪的，依法追究刑事责任。

违反本法规定，对不具备相应资质等级条件的单位颁发该等级资质证书的，由其上级机关责令收回所发的资质证书，对直接负责的主管人员和其他直接责任人员给予行政处分；构成犯罪的，依法追究刑事责任。

政府及其所属部门的工作人员违反本法规定，限定发包单位将招标发包的工程发包给指定的承包单位的，由上级机关责令改正；构成犯罪的，依法追究刑事责任。负责颁发建设工程施工许可证的部门及其工作人员对不符合施工条件的建设工程颁发施工许可证的，负责工程质量监督检查或者竣工验收的部门及其工作人员对不合格的建设工程出具质量合格文件或者按合格工程验收的，由上级机关责令改正，对责任人员给予行政处分；构成犯罪的，依法追究刑事责任；造成损失的，由该部门承担相应的赔偿责任。

3.2.2 《建设工程安全生产管理条例》

《建设工程安全生产管理条例》于 2003 年 11 月 24 日由国务院颁布，自 2004 年 2 月 1 日起施行。《建设工程安全生产管理条例》的颁布，是我国工程建设领域安全生产工作发展历史上具有里程碑意义的一件大事，也是工程领域贯彻落实《中华人民共和国建筑法》和《中华人民共和国安全生产法》的具体表现，标志着我国建设工程安全生产管理进入法治化、规范化发展的新时期。

《建设工程安全生产管理条例》较为详细地规定了建设单位、勘察单位、设计单位、工程监理单位、施工设备供应单位、施工设备安装单位、施工单位的安全责任和检验检测机构的安全责任，以及政府部门对建设工程安全生产实施监督管理的责任等。

3.2.2.1 建设单位的安全责任

建设单位在工程建设中处于主导地位，用法律手段规范建设单位的行为对加强工程建设的安全生产管理十分重要。《建设工程安全生产管理条例》明确规定了建设单位在工程建设中应承担的安全责任与应履行的义务。

建设单位应当向施工单位提供施工现场及毗邻区域内供水、排水、供电、供气、供热、通信、广播电视等地下管线资料，气象和水文观测资料，相邻建筑物和构筑物、地下工程的有关资料，并保证资料的真实、准确、完整。建设单位因建设工程需要，向有关部门或者单位查询前款规定的资料时，有关部门或者单位应当及时提供。

建设单位不得对勘察、设计、施工、工程监理等单位提出不符合建设工程安全生产法律、法规和强制性标准规定的要求，不得压缩合同约定的工期。

建设单位在编制工程概算时，应当确定建设工程安全作业环境及安全施工措施所需费用。措施费是指为完成工程项目施工，发生于该工程施工前和施工过程中非工程实体项目的费用，具体包括：

①环境保护费：施工现场为达到环保部门要求所需要的各项费用。

②文明施工费：施工现场文明施工所需要的各项费用。

③安全施工费：施工现场安全施工所需要的各项费用。

④临时设施费：施工企业为进行建设工程施工所必须搭设的生活和生产用的临时建筑物、构筑物和其他临时设施的费用等。临时设施费用包括临时设施的搭设费、维修费、拆除费和摊销费。

⑤夜间施工费：因夜间施工所发生的夜班补助费，夜间施工降效、夜间施工照明设备摊销及照明用电等费用。

⑥二次搬运费：因施工场地狭小等特殊情况而发生的二次搬运费用。

⑦大型机械设备进出场及安拆费：机械整体或分体自停放场地至施工现场或由一个施工地点运至另一个施工地点，所发生的运输费用以及机械在施工现场进行安装、拆卸所需的人工费、材料费等。

⑧脚手架费、模板及支架费：施工需要的各种脚手架搭、拆、运输及脚手架的摊销或租赁费用；混凝土施工过程中需要的各种模板、支架等的支、拆、运输费用及模板、支架的摊销或租赁费用。

⑨已完工程及设备保护费：竣工验收前，对已完工程及设备进行保护所需的费用。

⑩施工排水、降水费：为确保工程在正常条件下施工而采取的各种排水、降水措施所发生的各种费用。

建设单位不得明示或者暗示施工单位购买、租赁、使用不符合安全施工要求的安全防护用具、机械设备、施工机具及配件、消防设施和器材。

建设单位在申请领取施工许可证时，应当提供建设工程有关安全施工措施的资料。依法批准开工报告的建设工程，建设单位应当自开工报告批准之日起 15 日内，将保证安全施工的措施报送建设工程所在地的县级以上地方人民政府建设行政主管部门或者其他有关部门备案。建设单位申请领取施工许可证，应当具备下列条件，并提交相应的证明文件：

①已经办理该建设工程用地批准手续；在城市规划区的建设工程已经取得建设工程规划许可证。

②建设资金已经落实，并按照规定进行公开招标确定了具有相应资质条件的施工企业。

③有满足施工需要的施工图纸及技术资料，施工图设计文件已按规定进行了审查。

④有保证工程质量和安全的具体措施，包括根据建设工程特点制定的安全技术措施、安全施工组织设计，并按照规定办理了工程质量、安全监督手续。

⑤按照规定委托了监理。

⑥法律、行政法规规定的其他条件。

建设单位应当将拆除工程发包给具有相应资质等级的施工单位。建设单位应当在拆除工程施工 15 日前，将下列资料报送建设工程所在地的县级以上地方人民政府建设行政主管部门或者其他有关部门备案：施工单位资质等级证明；拟拆除建筑物、构筑物及可能危及毗邻建筑的说明；拆除施工组织方案；堆放、清除废弃物的措施。实施爆破作业的，应当遵守国家有关民用爆炸物品管理的规定。

3.2.2.2 勘察、设计单位的安全责任

勘察单位应当按照法律、法规和工程建设强制性标准进行勘察，提供的勘察文件应当真实、准确，满足建设工程安全生产的需要。勘察单位在勘察作业时，应当严格执行操作规程，采取措施保证各类管线、设施和周边建筑物、构筑物的安全。

设计单位应当按照法律、法规和工程建设强制性标准进行设计，防止因设计不合理导致生产安全事故的发生。设计单位应当考虑施工安全操作和防护的需要，对涉及施工安全的重点部位和环节在设计文件中注明，并对防范生产安全事故提出指导意见。采用新结构、新材料、新工艺的建设工程和特殊结构的建设工程，设计单位应当在设计中提出保障施工作业人员安全和预防生产安全事故的措施建议。设计单位和注册建筑师等注册执业人员应当对其设计负责。同时，设计单位在编制设计文件时，应当结合建设工程的具体特点和实际情况，考虑施工安全操作和防护的需要，为施工单位制定安全防

护措施提供技术指导。施工单位在施工过程中，发现设计文件无法满足安全防护和施工安全的问题时，应及时提出，设计单位有责任和义务无偿地修改设计文件。

3.2.2.3 工程监理单位的安全责任

工程监理是工程建设安全生产的责任主体之一，要对施工过程的每一个环节起到监督管理的作用。工程监理单位应当审查施工组织设计中的安全技术措施或者专项施工方案是否符合工程建设强制性标准。

工程监理单位在实施监理过程中发现存在安全事故隐患的，应当要求施工单位整改；情况严重的，应当要求施工单位暂时停止施工，并及时报告建设单位。施工单位拒不整改或者不停止施工的，工程监理单位应当及时向有关主管部门报告。工程监理单位和监理工程师应当按照法律、法规和工程建设强制性标准实施监理，并对建设工程安全生产承担监理责任。

3.2.2.4 施工设备供应和安装单位的安全责任

（1）施工设备供应单位的安全责任

《建设工程安全生产管理条例》规定了施工设备供应单位的安全责任：为建设工程提供机械设备和配件的单位，应当按照安全施工的要求配备齐全有效的保险、限位等安全设施和装置。出租的机械设备和施工机具及配件，应当具有生产（制造）许可证、产品合格证。出租单位应当对出租的机械设备和施工机具及配件的安全性能进行检测，在签订租赁协议时，应当出具检测合格证明。禁止出租检测不合格的机械设备和施工机具及配件。

（2）施工设备安装单位的安全责任

《建设工程安全生产管理条例》规定了施工设备安装单位的安全责任：出租的机械设备和施工机具及配件，应当具有生产（制造）许可证、产品合格证。出租单位应当对出租的机械设备和施工机具及配件的安全性能进行检测，在签订租赁协议时，应当出具检测合格证明。禁止出租检测不合格的机械设备和施工机具及配件。在施工现场安装、拆卸施工起重机械和整体提升脚手架、模板等自升式架设设施，必须由具有相应资质的单位承担。安装、拆卸施工起重机械和整体提升脚手架、模板等自升式架设设施，应当编制拆装方案、制定安全施工措施，并由专业技术人员现场监督。施工起重机械和整体提升脚手架、模板等自升式架设设施安装完毕后，安装单位应当自检，出具自检合格证明，并向施工单位进行安全使用说明，办理验收手续并签字。

3.2.2.5 施工单位的安全责任

《建设工程安全生产管理条例》对施工单位的质资做了要求：施工单位从事建设工程的新建、扩建、改建和拆除等活动，应当具备国家规定的注册资本、专业技术人员、技术装备和安全生产等条件，依法取得相应等级的资质证书，并在其资质等级许可的范围内承揽工程。

《建设工程安全生产管理条例》对施工单位负责人的安全责任做了规定：施工单位主要负责人依法对本单位的安全生产工作全面负责。施工单位应当建立健全安全生产责任制度和安全生产教育培训制度，制定安全生产规章制度和操作规程，保证本单位安全生产条件所需资金的投入，对所承担的建设工程进行定期和专项安全检查，并做好安全检查记录。施工单位的项目负责人应当由取得相应执业资格的人员担任，对建设工程项目的安全施工负责，落实安全生产责任制度、安全生产规章制度和操作规程，确保安全生产费用的有效使用，并根据工程的特点组织制定安全施工措施，消除安全事故隐患，及时、如实报告生产安全事故。

除此之外，《建设工程安全生产管理条例》还对安全管理机构和安全管理人员的配置、总承包单位与分包单位的安全管理、特种作业人员的资格管理、安全警示标志和危险部位的安全防护措施、施工现场的安全管理、人身意外伤害保险、建设工程安全生产违法行为应负的法律责任等都做了具体规定。

3.2.2.6 检验检测机构的安全责任

《建设工程安全生产管理条例》对检验检测机构的安全责任做出了规定：施工起重机械和整体提升脚手架、模板等自升式架设设施的使用达到国家规定的检验检测期限的，必须经具有专业资质的检验检测机构检测。经检测不合格的，不得继续使用。检验检测机构对检测合格的施工起重机械和整体提升脚手架、模板等自升式架设设施，应当出具安全合格证明文件，并对检测结果负责。

3.2.3 《房屋市政工程生产安全重大事故隐患判定标准（2024版）》

近年来，房屋市政工程发生较大以上安全事故数及死亡人数居高不下，80%以上的事故发生的原因为重大事故隐患。《中华人民共和国刑法修正案（十一）》将刑法第一百三十四条修改为："强令他人违章冒险作业，或者明知存在重大事故隐患而不排除，仍冒险组织作业，因而发生重大伤亡事故或者造成其他严重后果的，处五年以下有期徒刑或者拘役；情节特别恶劣的，处五年以上有期徒刑。"并在第一百三十四条后增加："在生产、作业中违反有关安全管理的规定，有下列情形具有发生重大伤亡事故或者其他严重后果的现实危险的，处一年以下有期徒刑、拘役或者管制：……因存在重大事故隐患被依法责令停产停业、停止施工、停止使用有关设备、设施、场所或者立即采取排除危险的整改措施，而拒不执行的。"由此可见，项目存在重大事故隐患的，引发事故会导致判刑重罚，未引发事故的也可能判刑。那么，哪些是重大事故隐患呢？

针对当前房屋市政工程领域安全生产工作的新情况、新问题，住建部对相关法律法规已有规定和近年来发生的重特大生产安全事故进行了全面梳理，深刻剖析了群死群伤事故原因，系统归纳了工地现场高度危险施工环节，聚焦项目的安全管理缺失、人的不安全行为和物的不安全状态，明确了重大事故隐患判定情形。2024 年 12 月，住建部印发了《房屋市政工程生产安全重大事故隐患判定标准（2024 版）》（建质规〔2024〕5 号），同时废止了《房屋市政工程生产安全重大事故隐患判定标准（2022 版）》（建质规〔2022〕2 号）。

3.2.3.1 内容概况

该标准对施工现场中的施工管理、基坑边坡工程、模板工程、脚手架工程、起重机械及吊装、高处作业、临时用电、有限空间作业、拆除工程、隧道工程、临时堆载、冒险作业等现场实体类的重大事故隐患做了明确规定。

3.2.3.2 重大事故隐患定义

该标准所称重大事故隐患，是指在房屋市政工程施工过程中，存在的危害程度较大、可能导致群死群伤或造成重大经济损失的生产安全事故隐患。

3.2.3.3 适应范围及监督检查

该标准适用于判定新建、扩建、改建、拆除房屋市政工程的生产安全重大事故隐患。

县级及以上人民政府住房和城乡建设主管部门和施工安全监督机构在监督检查过程中可依照该标准判定房屋市政工程生产安全重大事故隐患。

3.2.3.4 部分标准解读

（1）施工安全管理重大事故隐患

关于施工安全管理，该标准强调了“三证一案”：①未取得生产许可证擅自从事建筑施工活动或超（无）资质承揽工程；②未按规定足额配备安全生产管理人员，或相关人员未取得有效安全生产考核合格证书；③建筑施工特种作业人员未取得有效特种作业人员操作资格证书即上岗作业；④危险性较大的分部分项工程未编制、未审核专项施工方案，或未按规定组织专家论证；⑤需验收的危险性较大的分部分项工程未经验收合格即进入下一道工序。

（2）基坑边坡工程重大隐患

基坑、边坡工程有下列情形之一的，应判定为重大事故隐患：①未对因基坑、边坡工程施工可能造成损害的毗邻建筑物、构筑物和地下管线等，采取专项防护措施；②基坑、边坡土方超挖且未采取有效措施；③深基坑、高边坡（一级、二级）施工未进行第三方监测；④有下列基坑、边坡坍塌风险预兆之一，且未及时处理：支护结构或周边建筑物变形值超过设计变形控制值；基坑侧壁出现大量漏水、流土；基坑底部出现管涌或突涌；桩间土流失孔洞深度超过桩径。

（3）模板工程重大隐患

模板工程及支撑体系有下列情形之一的，应判定为重大事故隐患：①模板支架的基础承载力和变形不满足设计要求；②模板支架承受的施工荷载超过设计值；③模板支架拆除及滑模、爬模爬升时，混凝土强度未达到设计或规范要求；④危险性较大的混凝土模板支撑工程未按专项施工方案要求的顺序或分层厚度浇筑混凝土。

（4）脚手架工程重大隐患

脚手架工程有下列情形之一的，应判定为重大事故隐患：①脚手架工程的基础承载力和变形不满足设计要求；②未设置连墙件或连墙件整层缺失；③附着式升降脚手架的防倾覆、防坠落或同步升降控制装置不符合设计要求、失效或缺失。

（5）起重机械及吊装工程重大隐患

建筑起重机械及吊装工程有下列情形之一的，应判定为重大事故隐患：①塔式起重机、施工升降机、物料提升机等起重机械设备未经验收合格即投入使用，或未按规定办理使用登记；②建筑起重机械的基础承载力和变形不满足设计要求；③建筑起重机械安装、拆卸、爬升（降）以及附着前未对结构件、爬升装置和附着装置以及高强度螺栓、销轴、定位板等连接件及安全装置进行检查；④建筑起重机械的安全装置不齐全、失效或者被违规拆除、破坏；⑤建筑起重机械主要受力构件有可见裂纹、严重锈蚀、塑性变形、开焊，或其连接螺栓、销轴缺失或失效；⑥施工升降机附着间距和最高附着以上的最大悬高及垂直度不符合规范要求；⑦塔式起重机独立起升高度、附着间距和最高附着以上的最大悬高及垂直度不符合规范要求；⑧塔式起重机与周边建（构）筑物或群塔作业未保持安全距离；⑨使用达到报废标准的建筑起重机械，或使用达到报废标准的吊索具进行起重吊装作业。

（6）高处作业重大事故隐患

高处作业有下列情形之一的，应判定为重大事故隐患：①钢结构、网架安装用支撑结构基础承载力和变形不满足设计要求，钢结构、网架安装用支撑结构超过设计承载力或未按设计要求设置防倾覆装置；②单榀钢桁架（屋架）等预制构件安装时未采取防失稳措施；③悬挑式卸料平台的搁置点、拉结点、支撑点未设置在稳定的主体结构上，且未做可靠连接；④脚手架与结构外表面之间贯通未采取水平防护措施，或电梯井道内贯通未采取水平防护措施且电梯井口未设置防护门；⑤高处作业吊篮超载使用，或安全锁失效、安全绳（用于挂设安全带）未独立悬挂。

（7）施工临时用电作业重大事故隐患

施工临时用电作业有下列情形之一的，应判定为重大事故隐患：①环境照明未按规定使用安全电压（通风不畅、高温、有导电灰尘、相对湿度长期超过75%、泥泞、存在积水或其他导电液体等不利作业环境）；②在建工程及脚手架、机械设备、场内机动车道与外电架空线路之间的安全距离不符合规范要求且未采取防护措施。

（8）有限空间作业重大事故隐患

有限空间作业有下列情形之一的，应判定为重大事故隐患：①未辨识施工现场有限空间，且未在显著位置设置警示标志；②有限空间作业未履行“作业审批制度”，未对施工人员进行专项安全教育培训，未执行“先通风、再检测、后作业”原则；③有限空间作业时现场无专人负责监护工作，或无专职安全生产管理人员现场监督；④有限空间作业现场未配备必要的气体检测、机械通风、呼吸防护及应急救援设施设备。

（9）施工临时堆载重大事故隐患

施工临时堆载有下列情形之一的，应判定为重大事故隐患：①基坑周边堆载超过设计允许值；②无支护基坑（槽）周边，在坑底边线周边与开挖深度相等范围内堆载；③楼板、屋面和地下室顶板等结构构件或脚手架上堆载超过设计允许值。

（10）冒险作业重大事故隐患

冒险作业有情形之一的，应判定为重大事故隐患：①使用混凝土泵车、打桩设备、汽车起重机、履带起重机等大型机械设备，未校核其运行路线及作业位置承载能力；②在雷雨、大雪、浓雾或大风等恶劣天气条件下违规进行吊装作业、设备安装、拆卸和高处作业；③施工现场使用塔式起重机、汽车起重机、履带起重机或轮胎起重机等非载人设备吊运人员。

其他，如使用国家明令禁止和限制使用的危害程度较大、可能导致群死群伤或造成重大经济损失的施工工艺、设备和材料；严重违反房屋市政工程安全生产法律法规、部门规章及强制性标准，且存在危害程度较大、可能导致群死群伤或造成重大经济损失的现实危险，应判定为重大事故隐患。具体见附录4。

3.3 有关环境保护的建设工程法律法规与标准规范

有关环境保护的建设工程法律法规与标准规范见表3-3。

表 3-3 有关环境保护的建设工程法律法规与标准规范

类别	名称	通过/施行时间
法律法规	中华人民共和国环境保护法	1989 年通过
	中华人民共和国大气污染防治法	1987 年通过
	中华人民共和国环境噪声污染防治法	1996 年通过
	中华人民共和国固体废物污染环境防治法	1995 年通过
	中华人民共和国水污染防治法	1984 年通过
标准规范	污水综合排放标准（GB 8978-1996）	1998 年施行
	《环境空气质量标准》第 1 号修改单（GB 3095-2012/XG 1-2018）	2018 年施行
	大气污染物综合排放标准（GB 16297-1996）	1997 年施行
	声环境质量标准（GB 3096-2008）	2008 年施行
	工业企业厂界环境噪声排放标准（GB 12348-2008）	2008 年施行
	建筑施工场界环境噪声排放标准（GB 12523-2011）	2012 年施行
	建筑与市政施工现场安全卫生与职业健康通用规范（GB 55034-2022）	2023 年施行

3.3.1 《中华人民共和国环境保护法》

《中华人民共和国环境保护法》是我国环境保护的基本法，由中华人民共和国第十二届全国人民代表大会常务委员会第八次会议于 2014 年 4 月 24 日修订通过，自 2015 年 1 月 1 日起施行。

3.3.1.1 总则

为保护和改善生活环境与生态环境，防治污染和其他公害，保障公众健康，推进生态文明建设，促进经济社会可持续发展，制定本法。本法适用于中华人民共和国领域和中华人民共和国管辖的其他海域。

保护环境是国家的基本国策。一切单位和个人都有保护环境的义务。企事业单位和其他生产经营者应当防止、减少环境污染和生态破坏，对所造成的损害依法承担责任。公民应当增强环境保护意识，采取低碳、节俭的生活方式，自觉履行环境保护义务。

3.3.1.2 监督、保护和改善环境

国务院环境保护主管部门制定监测规范，会同有关部门组织监测网络，统一规划国家环境质量监测站（点）的设置，建立监测数据共享机制，加强对环境监测的管理。未依法进行环境影响评价的开发利用规划，不得组织实

施；未依法进行环境影响评价的建设项目，不得开工建设。企业事业单位和其他生产经营者，在污染物排放符合法定要求的基础上，进一步减少污染物排放的，人民政府应当依法采取财政、税收、价格、政府采购等方面的政策和措施予以鼓励和支持。

3.3.1.3　防治环境污染和其他公害

企业应当优先使用清洁能源，采用资源利用率高、污染物排放量少的工艺、设备以及废弃物综合利用技术和污染物无害化处理技术，减少污染物的产生。建设项目中防治污染的设施，应当与主体工程同时设计、同时施工、同时投产使用。防治污染的设施应当符合经批准的环境影响评价文件的要求，不得擅自拆除或者闲置。排放污染物的企业事业单位和其他生产经营者，应当采取措施，防治在生产建设或者其他活动中产生的废气、废水、废渣、医疗废物、粉尘、恶臭气体、放射性物质以及噪声、振动、光辐射、电磁辐射等对环境的污染和危害。

3.3.2　《中华人民共和国环境噪声污染防治法》

《中华人民共和国环境噪声污染防治法》于 1996 年 10 月 29 日由全国人民代表大会常务委员会第二十二次会议通过。2018 年 12 月 29 日，第十三届全国人民代表大会常务委员会第七次会议对《中华人民共和国环境噪声污染防治法》做出修正。其主要内容如下：

在城市市区范围内向周围生活环境排放建筑施工噪声的，应当符合国家规定的建筑施工场界环境噪声排放标准。

在城市市区范围内，建筑施工过程中使用机械设备，可能产生环境噪声污染的，施工单位必须在工程开工 15 日以前向工程所在地县级以上地方人民政府生态环境主管部门申报该工程的项目名称、施工场所和期限、可能产生的环境噪声值以及所采取的环境噪声污染防治措施的情况。

在城市市区建筑物集中的区域内，禁止夜间进行产生环境噪声污染的建筑施工作业，但抢修、抢险作业和因生产工艺上要求或者特殊需要必须连续作业的除外。

因特殊需要必须连续作业的，必须有县级以上人民政府或者其有关主管部门的证明。夜间作业，必须公告附近居民。

3.3.3　《建筑施工场界环境噪声排放标准》（GB 12523-2011）

《建筑施工场界环境噪声排放标准》规定了建筑施工场界环境噪声排放限值及测量方法，适用于周围有噪声敏感建筑物的建筑施工噪声排放的管理、评价及控制。

该标准对建筑施工过程中场界环境噪声排放限值做了规定（见表3-4）。夜间噪声最大声级超过限值的幅度不得高于15dB（A）；当场界距离噪声敏感建筑物较近，其室外不满足测量条件时，可在噪声敏感建筑物室内测量，并将表3-4中相应的限值减10dB（A）作为评价依据。

表3-4 建筑施工场界环境噪声排放限值 单位：dB（A）

昼间	夜间
70	55

3.3.4 《建筑与市政施工现场安全卫生与职业健康通用规范》

《建筑与市政施工现场安全卫生与职业健康通用规范》（GB 55034-2022）是由住房和城乡建设部发布的强制性工程建设规范，自2023年6月1日起正式实施。该规范的实施旨在进一步加强建筑与市政工程施工现场的安全管理，提升施工现场的卫生和职业健康水平，保障施工人员的生命安全和身体健康。

该规范强化了安全管理，通过明确施工现场的安全管理要求，规范施工行为，减少安全事故的发生；提升了职业健康水平，加强对施工现场职业健康的管理，保障施工人员的身体健康；废止了部分旧标准，统一了施工现场安全卫生与职业健康的标准，便于执行和监管。

思考题

1. 我国建设工程安全法律体系是如何构成的？
2. 我国实行强制工程监理的建设工程范围是什么？
3. 施工单位的安全责任有哪些？
4. 简述申请领取施工许可证的条件。

4　土方工程安全

内容提要：本章进行了土方工程概述；介绍了土方工程的安全技术与管理；介绍了基坑支护及降水工程的安全技术与管理，包括一般基（沟）槽的支护、一般基坑的支护、深基坑的支护、基坑支护工程的现场监测、地面及基坑（槽）排水、基坑工程安全管理与技术措施。

4.1　土方工程概述

土方工程是建筑施工一开始就遇到的工程，工程量大、面积广、劳动繁重、施工条件复杂，受地质构成和气候变化的影响较大。在目前发生的工程事故中，土方工程塌方占了不小的比重，因此这个问题应引起足够的重视。只有了解基坑开挖的施工工艺、土的性质，做好施工组织设计，掌握正确的施工安全技术和进行严格的管理，才能保证安全。

土方施工的风险主要是坍塌，还有触电、物体打击、高处坠落、车辆伤害等。当外界因素发生变化，使土体的抗剪强度降低或土体所受剪应力增加时，土体的自然平衡状态遭到破坏，边坡就失去稳定而塌方。

《建设工程安全生产管理条例》规定：对达到一定规模的危险性较大的分部分项工程应当编制安全专项施工方案，并附具安全验算结果，经施工单位技术负责人、总监理工程师签字后实施，由专职安全生产管理人员进行现场监督。其中超过一定规模的危险性较大的分部分项工程专项方案还必须组织专家进行论证、审查。《危险性较大的分部分项工程安全管理规定》规定的危险性较大的分部分项工程范围如下：开挖深度超过 3 m（含 3 m）或虽未超过 3 m 但地质条件和周边环境复杂的基坑（槽）的支护、降水工程；开挖深度超过 3 m（含 3 m）的基坑（槽）的土方开挖工程。属危险性较大的分部分项工程的，项目技术人员编制施工专项方案，报施工单位技术负责人与总监理工程师批准后实施。

《危险性较大的分部分项工程安全管理规定》规定的超过一定规模的危险性较大的分部分项工程范围如下：开挖深度超过 5 m（含 5 m）的基坑（槽）

的土方开挖、支护、降水工程；开挖深度虽未超过 5 m，但地质条件、周围环境和地下管线复杂，或影响毗邻建筑（构筑）物安全的基坑（槽）的土方开挖、支护、降水工程。属超过一定规模的危险性较大的分部分项工程的，由施工单位技术部编制施工专项方案后，组织专家论证，根据专家的书面审核意见修改完成后，施工单位技术负责人与总监理工程师批准后实施。

4.1.1 基坑开挖土方工程的施工工艺

基坑开挖土方工程的施工工艺一般分为：放坡开挖（无支护开挖）和有支护开挖（在支护体系保护下开挖）。放坡开挖简单、经济，一般在空旷地区或周围环境能保证边坡稳定的条件下应优先采用，但很多工程没有足够的条件放坡。

有支护的开挖，一方面是创造条件便于基坑的开挖，另一方面是保证周围建筑物以及管道和道路设施的安全，使周围环境不受破坏。因此，对支护结构的合理设计与施工是基坑顺利、安全开挖的先决条件。

在地下水位较高的基坑开挖中，为了保证开挖过程中以及开挖完毕后基础施工过程中坑壁的稳定，降低地下水位是一个很重要的环节。同时，还要监测周围建筑物、构筑物、管道工程等，保证其不受影响。

4.1.2 基坑开挖土方工程的施工组织设计

施工组织设计是用以指导施工组织与管理、施工准备与实施、施工控制与协调、资源的配置与使用等全面性的技术经济文件，是对施工活动的全过程进行科学管理的重要手段。基坑开挖土方工程，必须有一个完整的、科学的施工组织设计来保证施工安全和监管。其主要内容应包括：勘察测量、场地平整；降水设计；支护结构体系的选择和设计；开挖方案设计；基坑及周围建筑物、构筑物、道路、管道的安全监测和保护措施；环保要求和措施；现场施工平面布置、机械设备选择及临时水电的说明。

基坑开挖土方工程施工组织设计应收集下列资料：岩土工程的勘察报告；附近建筑物、构筑物和地下设施分布情况（位置、标高类型）；建筑总平面图、地下结构施工图、红线范围。

进行基坑开挖土方工程的施工组织设计时，应考虑的问题有：

①土压力，指土体作用在建筑物或构筑物上的力。促使建筑物或构筑物移动的土体推力称为主动土压力；阻止建筑物或构筑物移动的土体对抗力称为被动土压力。土压力的计算是个比较复杂的问题，需要考虑土压力的性质、大小、方向和作用点。

②水压力。除了基础施工期间的降水，还要考虑由于大量开挖，水压向上顶起的作用，有时应在上部结构施工到规定程度，才能停止降水。

③坑边地面荷载，包括施工荷载、汽车运输、吊车、堆放材料等。

④影响范围内的建筑物、构筑物产生的荷载。

⑤大量排水对临近建筑的沉降的影响。

4.1.3 土的分类及工程性质

4.1.3.1 土的分类

土的种类繁多，其性质会直接影响土方工程的施工方法、劳动力消耗、工程费用和保证安全的措施，应予以重视。《建筑地基基础设计规范》（GB 50007-2011）将地基土分为岩石、碎石土、砂土、粉土、黏性土和人工填土。按照坚硬程度和开挖方法及使用工具，土分为松软土、普通土、坚土、砂砾坚土、软石、次坚石、坚石、特坚石等八类，前四类属一般土，后四类属岩石。

4.1.3.2 土的工程性质

土一般由土颗粒、水和空气三部分组成，这三部分之间的比例关系随着周围条件的变化而变化。土的工程性质包括土的休止角、土的含水率、土的可松性、土的渗透性。

(1) 土的休止角

土的休止角是指天然状态下的土体可以稳定的坡度，如表 4-1 所示。

表 4-1 土的休止角

土的名称	干土		湿润土		潮湿土	
	角度（°）	高度和底宽比	角度（°）	高度和底宽比	角度（°）	高度和底宽比
砾石	40	1∶1.25	40	1∶1.25	35	1∶1.50
卵石	35	1∶1.50	45	1∶1.00	25	1∶2.75
粗砂	30	1∶1.75	35	1∶1.50	27	1∶2.00
中砂	28	1∶2.00	35	1∶1.50	25	1∶2.25
细砂	25	1∶2.25	30	1∶1.75	20	1∶2.75
粉土	40	1∶1.25	30	1∶1.75	20	1∶2.75
填方土	35	1∶1.50	45	1∶1.00	27	1∶2.00

在基坑开挖的土方工程中，应该考虑土体的稳定坡度，根据现场施工情

况制定合理的开挖方案，在满足施工安全及其他技术经济要求的前提下，减少不必要的支撑，节约资金。

（2）土的含水率

土的含水率（w）是指土中所含水的质量与固体颗粒质量之比，以百分率表示。土的含水率受气候条件和地下水的影响而变化，它对土方边坡的稳定性有重要的影响。

$$w = \frac{m_w}{m_s} \times 100\% \qquad (4-1)$$

式中：w——土的含水率；

m_s——土中固体颗粒的质量（kg）；

m_w——土中水的质量（kg）。

（3）土的可松性

土的可松性指自然状态下的土经过开挖以后结构联结遭受破坏，其体积因松散而增大，以后虽经回填压实，仍不能恢复到原来的体积的性质。土的可松性系数计算公式为：

$$K_s = \frac{V_{松}}{V_{原}} \qquad (4-2)$$

$$K_s' = \frac{V_{压}}{V_{原}} \qquad (4-3)$$

式中：K_s——土的最初可松性系数；

K_s'——土的最终可松性系数；

$V_{松}$——土挖出后在松散状态下的体积（m^3）；

$V_{原}$——土在天然状态下的体积（m^3）；

$V_{压}$——土经压（夯）实后的体积（m^3）。

（4）土的渗透性

土的渗透性是指土被水透过的性质，用渗透系数（K）表示。根据渗透系数不同，土可分为透水性土（如砂土）和不透水性土（如黏土）。不同土的渗透系数如表 4-2 所示。土的渗透系数是选择人工降水方法的依据，也是分层填土时确定相邻两层结合面形式的依据。

表 4-2 土的渗透系数

土的名称	渗透系数（K）	土的名称	渗透系数（K）
黏土	<0.005	含黏土的中砂	3~15
粉质黏土	0.005~0.1	粗砂	20~50

续表

土的名称	渗透系数（K）	土的名称	渗透系数（K）
粉土	0.1～0.5	均质粗砂	60～75
黄土	0.25～0.5	圆砾石	50～100
粉砂	0.5～1	卵石	100～500
细砂	1～5	漂石	500～1 000
中砂	5～20	稍有裂缝的岩石	20～60
均质中砂	35～50	裂缝多的岩石	>60

4.2 土方工程的安全技术与管理

4.2.1 施工准备工作

施工的准备工作主要有技术准备、编制施工方案、设置排水设施、排除地面积水、修筑临时设施等。

4.2.1.1 技术准备

①检查图纸和资料是否齐全。

②了解工程规模、结构形式、特点、工程量和质量要求。

③熟悉土层地质、水文勘察资料。

④向参加施工人员层层进行技术交底。

4.2.1.2 编制施工方案

①研究制定现场场地平整、基坑开挖施工方案。

②绘制施工总平面图和基坑土方开挖图，确定开挖路线、顺序、范围、底板标高、边坡坡度和排水沟、集水井位置，以及挖出土方的堆放地点。

③提出需要使用的施工机具、劳力和推广新技术计划。

4.2.1.3 设置排水设施，排除地面积水

场地内低洼地区的积水必须排除，同时应注意雨水的排除，始终保持场地干燥，以利土方施工。地面水的排除一般采用排水沟、截水沟、挡水土坝等措施，并尽量利用自然地形来设置排水沟，使水直接排到场外，或流向低洼处再用水泵抽走。山区的场地平整，需在较高一面的山坡上开挖截水沟，如在低洼地区施工，必要时修筑挡水坝，以阻挡雨水的流入。

4.2.1.4 修筑临时设施

开挖前需搭设临时设施、修筑施工道路；还应做好现场供水、供电以及施工机具和材料进场工作，搭设临时工棚（工具材料库、休息棚、茶炉棚等）。

4.2.2 土方开挖的规定

4.2.2.1 挖土的一般规定

①人工开挖时，两个人的操作间距应为2~3 m，并应自上而下逐层挖掘，严禁采用掏洞的挖掘操作方法。

②挖土时要随时注意土壁变动的情况，如发现有裂纹或部分塌落现象，要及时进行支撑或改缓放坡，并注意支撑的稳固和边坡的变化。

③上下坑沟应先挖好阶梯或设木梯，不应踩踏土壁及其支撑上下。

④用挖土机施工时，挖土机的工作范围内不进行其他工作；且应至少留0.3m深，最后由工人修挖至设计标高。

⑤在坑边堆放弃土、材料和移动施工机械，应与坑边保持一定距离。

4.2.2.2 边坡开挖的规定

边坡开挖应沿等高线自上而下、分层、分段依次进行。在边坡上多台阶同时进行开挖时，上台阶应比下台阶开挖进深不少于30 m，以防塌方。边坡台阶开挖，应做成一定坡势以利泄水。边坡下部设有护脚矮墙及排水沟时，在边坡修完后，应立即进行护脚矮墙和排水沟的砌筑和疏通，以保证坡面不被冲刷和坡脚范围内不积水。

4.2.2.3 斜坡土开挖的规定

土坡坡度要根据工程地质和土坡高度，结合当地同类土体的稳定坡度值确定。土方开挖宜从上到下、分层、分段依次进行，并随时做成一定的坡势以利泄水，且不应在影响边坡稳定的范围内积水。

在斜坡上方弃土时，应保证边坡的稳定。弃土堆应连续设置，其顶面应向外倾斜，以防山坡水流入挖方场地。但坡度陡于1/5或在软土地区时，禁止在挖方上侧弃土。在挖方下侧弃土时，要将弃土堆表面整平并使其向外倾斜，弃土堆表面要低于挖方场地的设计标高，或在弃土堆与挖方场地间设置排水沟，防止地面水流入挖方场地。

4.2.2.4 滑坡地段开挖的规定

①施工前先了解工程地质勘察资料、地形、地貌及滑坡迹象等情况。

②不宜在雨期施工，同时不应破坏边坡的自然植被。要事先做好地面和地下排水工作。

③遵循先整治后开挖的施工顺序。在开挖时，须遵循由上到下的开挖顺序，严禁先切除坡脚。

④爆破施工时，严防因爆破震动产生滑坡。

⑤抗滑挡土墙要尽量在旱季施工，基槽开挖应分段进行，并加设支撑。开挖一段就要做好这段的挡土墙。

⑥开挖过程中如发现滑坡迹象（如裂缝、滑动等），应暂停施工，必要时，所有人员和机械要撤至安全地点。

4.2.2.5 基坑（槽）和管沟开挖的规定

①基坑开挖，上部应有排水措施，防止地表水流入坑内冲刷边坡，造成塌方和破坏基土。

②基坑开挖前应进行测量定位、抄平放线，定出开挖宽度，根据土质和水文情况确定在四侧或两侧、直立或放坡开挖，坑底宽度应注意预留施工操作面。

③应根据开挖深度、土体类别及工程性质等综合因素确定保持土壁稳定的方法和措施。

④基坑开挖的一般程序为：测量放线→切线分层开挖→排降水→修坡→整平→留足预留土层。相邻基坑开挖时应遵循先深后浅或同时进行的施工程序，挖土应自上而下水平分段分层进行，边挖边检查坑底宽度及坡度，每3 m左右修一次坡，至设计标高再统一进行一次修坡清底。

⑤基坑开挖应防止对基础持力层的扰动。基坑挖好后不能立即进入下道工序时，应预留一层土不挖（人工开挖则预留 15 cm，机械开挖则预留 30 cm）。待下道工序开始前再挖至设计标高，以防止持力层土壤被阳光曝晒或雨水浸泡。

⑥在地下水位以下挖土，应在基坑内设置排水沟、集水井或其他施工降水措施，降水工作应持续到基础施工完成。

⑦雨季施工时基坑槽应分段开挖，挖好一段浇筑一段垫层。

⑧弃土应及时运出，在基坑槽边缘上侧临时堆土、材料或移动施工机械时，应与基坑上边缘保持1 m以上的距离，以保证坑壁或边坡的稳定。

⑨基坑挖完后，应组织基坑验槽，做好记录，发现地基土质与勘察、设计不符，应与有关人员研究并及时处理，符合要求后方可进入下一道工序。

4.2.2.6 湿土地区开挖的规定

土的含水率在5%以内为干土，5%～30%为潮湿土，大于30%为湿土。湿土地区开挖时要符合下列规定：

①施工前需要做好地面排水和降低地下水位的工作，若为人工降水，要

降至坑底 0.5~1.0 m 方可开挖，采用明排水时可不受此限。

②相邻基坑和管沟开挖时，要先深后浅，并要及时做好基础。

③挖出的土不要堆放在坡顶上，要立即转运至规定的距离以外。

4.2.2.7 膨胀土地区开挖的规定

膨胀土是一类遇水膨胀变形、失水收缩开裂的黏性土，它在环境干湿交替的作用下，体积会明显胀缩，强度会急剧衰减，性质极不稳定。在我国膨胀土分布较为广泛，总分布面积超过 10 万平方千米，几乎涵盖了除海南以外的所有陆地，以广西、云南、湖北、河南等地区分布最为广泛。膨胀土地区开挖时，要符合下列规定：

①开挖前要做好排水工作，防止地表水、施工用水和生活废水浸入施工现场或冲刷边坡。

②开挖后的基土不许受烈日曝晒或水浸泡。

③开挖、作垫层、基础施工和回填土等要连续进行。

④采用回填砂地基时，要先将砂浇水至饱和后再铺填夯实，不能使用在基坑（槽）或管沟内浇水使砂沉落的方法施工。

⑤钢（木）支撑的拆除，要按回填顺序依次进行。多层支撑应自下而上逐层拆除，随拆随填。

4.2.3 边坡

在编制土方工程的施工组织设计时，应确定出基坑（槽）及管沟的边坡形式及开挖方法，确保开挖过程中和基础施工阶段土体的稳定。永久性挖方或填方边坡，均应按设计要求施工。

4.2.3.1 边坡的表示方法

边坡的表示方法如图 4-1 所示，为 $1:m$ ，即：土方边坡坡度 $=\frac{h}{b}=\frac{1}{b/h}=1:m$ ，式中 $m=b/h$，称为坡度系数。其意义是当边坡高度已知为 h 时，

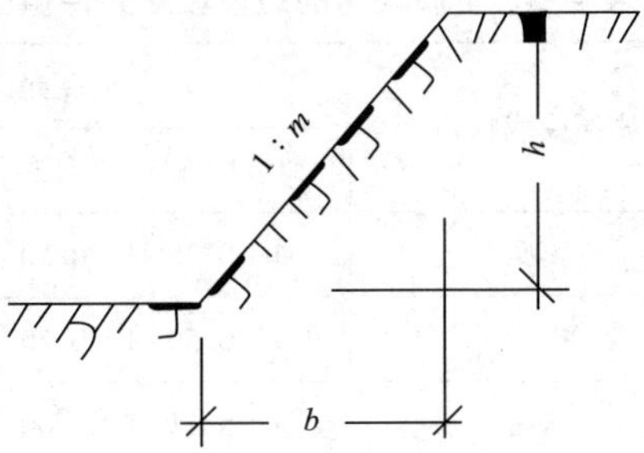

图 4-1 边坡的表示方法

其边坡宽度 $b=mh$。边坡坡度应根据不同的挖填高度、土的性质及工程的特点而定，首先要保证土体稳定和施工安全，其次要节省土方。

4.2.3.2　放坡的形式

放坡的形式由场地土、开挖深度、周围环境、技术经济的合理性等因素决定，常用的放坡形式有直线形、折线形、阶梯形和分级形，分别如图 4-2 中（a）、（b）、（c）、（d）所示。

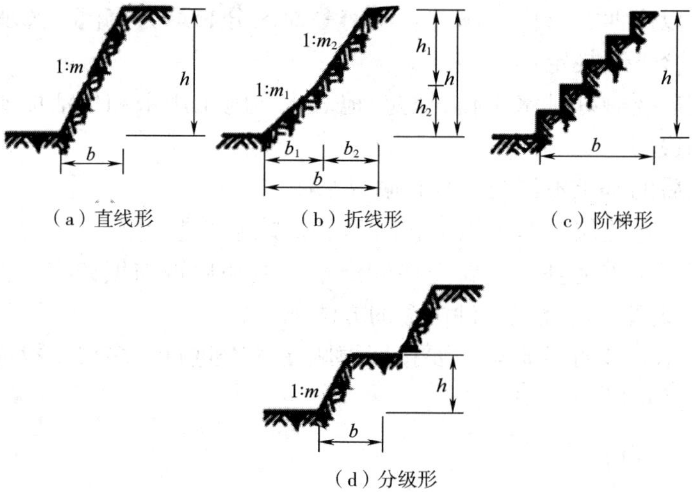

图 4-2　放坡的形式

4.2.3.3　边坡的坡度

（1）永久性场地边坡坡度

地质条件良好、土质均匀、高度在 10 m 内的边坡，坡度允许值按表 4-3 选取。坡度没有设计规定时，按表 4-4 选取。岩石边坡，根据其岩石类别，按表 4-5 选取坡度。

表 4-3　土质均匀的边坡坡度允许值

土的类别	密实度或状态	坡度允许值（高宽比）	
		坡度在 5 m 以内	坡高为 5~10 m
碎石土	密实	1∶0.35~1∶0.50	1∶0.50~1∶0.75
	中密	1∶0.50~1∶0.75	1∶0.75~1∶1.00
	稍密	1∶0.75~1∶1.00	1∶1.00~1∶1.25

续表

土的类别	密实度或状态	坡度允许值（高宽比）	
		坡度在 5 m 以内	坡高为 5~10 m
黏性土	坚硬	1∶0.75~1∶1.00	1∶1.00~1∶1.25
	硬塑	1∶1.00~1∶1.25	1∶1.25~1∶1.50

表 4-4 坡度没有设计规定时的边坡坡度

土质	边坡坡度
天然湿度、层理均匀、不易膨胀的黏土、粉质土和砂土，深度不超过 3m	1∶1~1∶1.25
土质同上，深度为 3~12 m	1∶1.25~1∶1.50
干燥地区内结构未经破坏的干燥黄土及类黄土，深度不超过 12 m	1∶0.10~1∶1.25
碎石土和泥灰岩土，深度≤12m，根据土的性质、层理特性确定	1∶0.50~1∶1.50
在风化岩内的挖方，根据岩石性质、风化程度、层理特性确定	1∶1.20~1∶1.50
在微风化岩石内的挖土，岩石无裂缝且无倾向挖方坡脚的岩层	1∶0.10
在未风化的完整岩石的挖方	直立的

表 4-5 岩石边坡坡度允许值

岩石类土	风化程度	坡度允许值		
		坡高在 8 m 以内	坡高 8~15 m	坡高 15~30 m
硬质岩石	微风化	1∶10~1∶0.20	1∶0.20~1∶0.35	1∶0.30~1∶0.50
	中等风化	1∶0.20~1∶0.35	1∶0.35~1∶0.50	1∶0.50~1∶0.75
	强风化	1∶0.35~1∶0.50	1∶0.50~1∶0.75	1∶0.75~1∶1.00
软质岩石	微风化	1∶0.35~1∶0.50	1∶0.50~1∶0.75	1∶0.75~1∶1.00
	中等风化	1∶0.50~1∶0.75	1∶0.75~1∶1.00	1∶1.00~1∶1.50
	强风化	1∶0.75~1∶1.00	1∶1.00~1∶1.25	

（2）临时性场地边坡坡度

临时性场地边坡没有具体要求时，应符合表 4-6 的规定。坡顶有荷载时，宽度取大值；坡顶有动荷载时，应采取支护的形式。

表 4-6 临时性场地边坡坡度

土的类别		边坡坡度
砂土（不包括细砂、粉砂）	—	1∶1.25～1∶1.5
一般黏性土	硬	1∶0.75～1∶1.00
	硬塑	1∶1.00～1∶1.25
	软	1∶1.50 或更缓
碎石类土	充填坚硬、硬塑黏性土	1∶0.50～1∶1.00
	充填砂土	1∶1.00～1∶1.50

（3）浅基坑（槽）和管沟不加支撑的允许深度

浅基坑（槽）开挖，应先进行测量定位，抄平放线，定出开挖长度，根据土质和水文情况，在四侧或两侧直立开挖或放坡，以保证施工操作安全；当土质湿度适宜、构造均匀、水文地质条件良好且无地下水时，根据开挖深度，参照表 4-7 进行施工。

表 4-7 浅基坑（槽）和管沟不加支撑的允许深度

土的种类	允许深度（m）
密实、中密的砂子和碎石类土（填充物为砂土）	1.00
硬塑、可塑的粉质黏土及粉土	1.25
硬塑、可塑的黏土和碎石类土（填充物为黏性土）	1.50
坚硬的黏土	2.00

4.2.4 土方工程安全管理

土方工程应严格执行《建筑施工土石方工程安全技术规范》（JGJ 180-2009）的相关规定。

4.2.4.1 安全管理方面

土方工程施工应由具有相应资质及安全生产许可证的企业承担。

土方工程应编制专项施工安全方案。专项施工安全方案的内容包括放坡要求、支护结构设计、机械选择、开挖时间、开挖顺序、分层开挖深度、坡道位置、车辆进出道路、降水措施及监测要求等，并应严格按照方案实施。编制前应尽量搜集工程地质和水文地质资料；认真调查地上、地下各种管线，如电缆、燃气、污水、雨水、热力等管线的分布、形状、位置和运行状况；充分了解和查明周围建筑物和构筑物的状况；充分了解和查明周围道路交通状况；充分了解周围施工条件。

施工前应针对安全风险进行安全教育及安全技术交底。特种作业人员必须持证上岗，机械操作人员应经过专业技术培训。

施工现场发现危及人身安全和公共安全的隐患时，必须立即停止作业，排除隐患后方可恢复施工。

4.2.4.2 基坑开挖的安全措施

基坑开挖深度超过 2.0 m 时，必须在边沿设两道护身栏杆，夜间加设红色标志。人员上下基坑应设坡道或爬梯；深基坑上下应先挖好阶梯或支撑靠梯或开斜坡道，采取防滑措施，禁止踩踏支撑上下，坑周边应设安全栏杆。

基坑边缘堆置土方或建筑材料，或沿挖方边缘移动运输工具和机械时，应按施工组织设计要求进行。

人工吊运土方时，应检查起吊工具、绳索是否牢靠。吊斗下面不得站人，卸土堆应离开坑边一定距离，以防造成坑壁塌方；用胶轮车运土，应先平整好道路，并尽量采取单行道，以免来回碰撞；用翻斗车运土时，两车前后间距不得小于 10 m；装土和卸土时，两车间距不得小于 1.0 m。

基坑开挖时，如发现边坡有裂缝或不断掉土块，施工人员应立即撤离操作地点，并应及时分析原因，采取有效措施处理；已挖完或部分挖完的基坑，在雨后或冬期解冻前，应仔细观察边坡情况，如发现异常情况，应及时处理或排除险情后方可继续施工；基坑开挖后应根据不同情况，对围护排桩的桩间土体采用砌砖、插板、挂网喷（或抹）细石混凝土等处理方法进行保护，防止桩间土方坍塌伤人。

拆除支撑前，应先安装好替代支撑系统。替代支撑的截面和布置应由设计计算确定。采用爆破法拆除混凝土支撑结构前，必须对周围环境和主体结构采取有效的安全防护措施。

4.2.4.3 机械开挖的安全措施

大型土方工程施工前，应编制土方开挖方案，绘制土方开挖图，确定开挖方式、路线、顺序、范围、边坡坡度、土方运输路线、堆放地点以及安全技术措施等，以保证挖掘、运输机械设备安全作业。机械挖方前，应对现场周围环境进行普查，在施工中对附近设施要加强沉降和位移观测。机械行驶道路应平整、坚实；必要时，底部应铺设枕木、钢板或路基箱垫道，防止作业时下陷。在饱和软土地段开挖前应先降低地下水位，防止设备下陷或基土产生侧移。

开挖时严禁切割坡脚，以防边坡失稳。当山坡坡度陡于1/5或在软土地段时，不得在挖方上侧堆土。机械开挖应分层进行，合理放坡，防止塌方、溜坡等造成机械倾翻、淹埋等事故。多台挖掘机在同一作用面机械开挖，挖掘机间距应大于10 m；多台挖掘机械在不同台阶同时开挖，应验算边坡稳定，上下台阶挖掘机前后应相距30 m以上，挖掘机离下部边坡应有一定的安全距离，以防造成翻车事故。

对边坡上的孤石、孤立土柱、易滑动危险土石体，在挖坡前必须清除，以防开挖时滑塌。施工中应经常检查边坡的稳定性，及时清除悬置的土包和孤石。削坡施工时，坡底不得有人员或机械停留。

在有支撑的基坑中开挖时，必须防止碰坏支撑。在坑沟边使用机械开挖时，应计算支撑强度，危险地段应加强支撑。

机械施工区域禁止无关人员进入场地内。挖掘机工作同转半径范围内不得站人或进行其他作业。土石方爆破时，人员及机械设备应撤离危险区域。挖掘机、装载机卸土，应待整机停稳后进行，不得将铲斗从运输汽车驾驶室顶部越过；装土时任何人都不得停留在装土车上；挖掘机操作和汽车装土行驶要听从现场指挥；所有车辆必须严格按规定的开行路线行驶，防止撞车。

夜间作业，机上及工作地点必须有充足的照明设施，在危险地段应设置明显的警示标志和护栏；冬期、雨期施工，运输机械和行驶道路应采取防滑措施，以保证行车安全。

4.3 基坑支护及降水工程的安全技术与管理

为保护地下主体结构施工和基坑周边环境的安全，对基坑采用的临时性支挡、加固、保护与地下水控制的措施，称为基坑支护。基坑支护既要保证基坑周边建（构）筑物、地下管线、道路的安全和正常使用，还要保证主体地下结构的施工空间。

4.3.1 一般基（沟）槽的支护

基（沟）槽开挖一般采用横撑式土壁支撑。挡土板分为水平挡土板及垂直挡土板两类。水平挡土板的布置又分为间断式和连续式两种。湿度小的黏性土挖土深度小于3 m时，可用间断式水平挡土板支撑（见图4-3）；对松散、湿度大的土可用连续式水平挡土板支撑，挖土深度可达5 m。对松散和湿度很高的土可用垂直挡土板支撑，其挖土深度不限（见图4-4）。

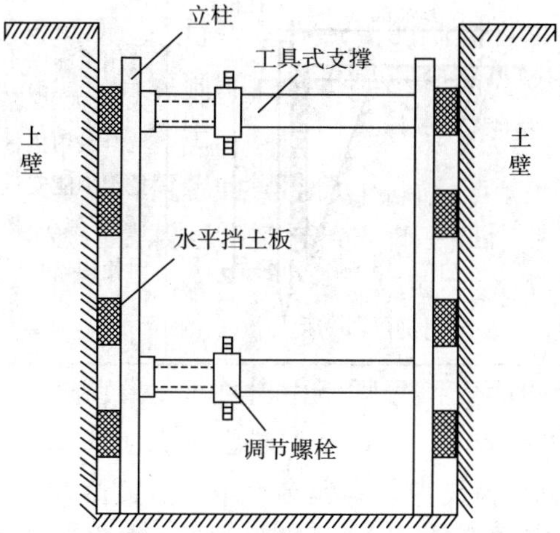

图 4-3 间断式水平挡土板支撑

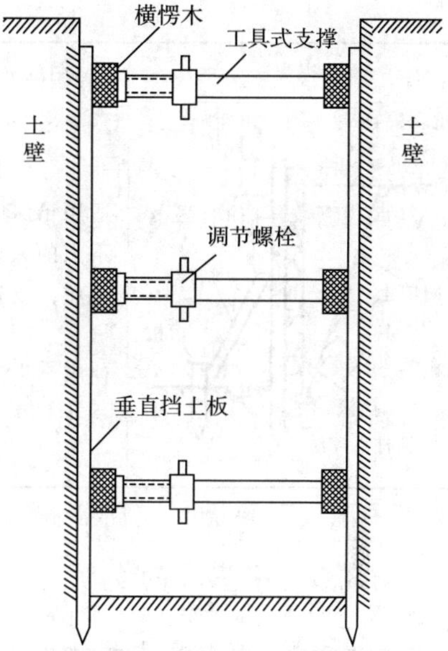

图 4-4 垂直挡土板支撑

4.3.2 一般基坑的支护

一般基坑指挖深在 5 m 以内的浅基坑。浅基坑的支护方法有短柱横隔板支撑法、临时挡土墙支撑法、斜柱支撑法、锚拉支撑法等，施工时按适用条件进行选择（见表 4-8）。采用斜柱支撑法时，先沿基坑边缘打设柱桩，在柱桩内侧支设挡土板并用斜撑支顶，挡土板内侧填土夯实；采用锚拉支撑法时，先沿基坑边缘打设柱桩，在柱桩内侧支设挡土板，柱桩上端用拉杆拉紧，挡土板内侧填土夯实。具体见表 4-8。

表 4-8 浅基坑的支护方法

支撑方法	适用范围	支撑方法	适用范围
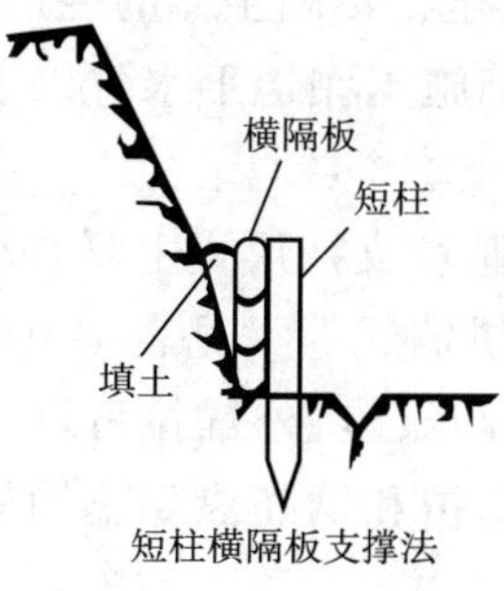 短柱横隔板支撑法	仅适用于部分地段放坡不够、宽度较大的基坑	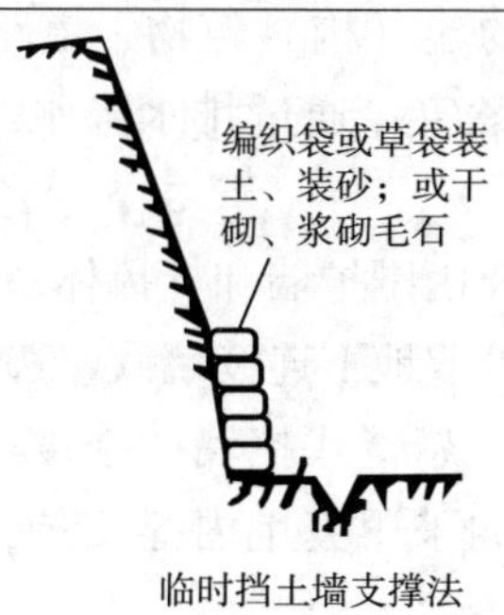 临时挡土墙支撑法	仅适用于部分地段下部放坡不够的宽度较大的基坑

续表

支撑方法	适用范围	支撑方法	适用范围
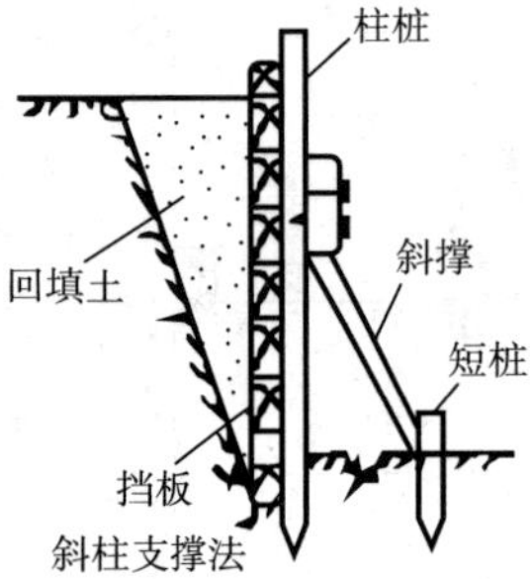斜柱支撑法	适用于深度不大的大型基坑，或机械挖土时使用	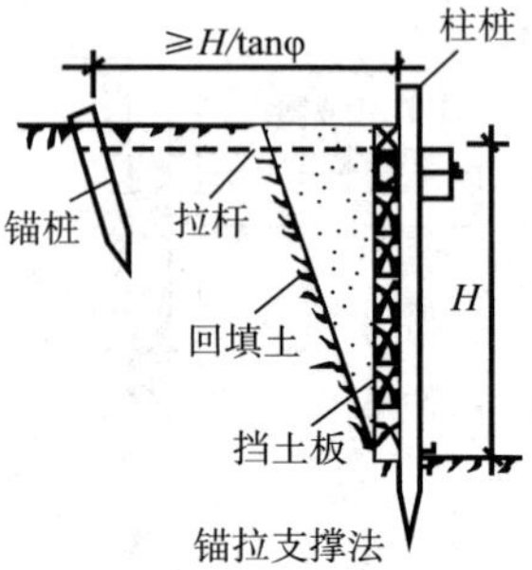锚拉支撑法	适用于深度不大的大型基坑，或用机械挖土不能安设横（斜）撑时使用

4.3.3 深基坑的支护

4.3.3.1 深基坑支护结构体系的方案选择

根据《危险性较大的分部分项工程安全管理规定》，一般深基坑是指开挖深度超过 5m（含 5m）或地下室三层以上（含三层），或深度虽未超过 5m 但地质条件和周围环境及地下管线特别复杂的工程。

基坑的支护结构既要挡土又要挡水，为基坑开挖和地下结构施工创造条件，同时还要保护周围环境。为了不使周围的建（构）筑物和地下设施产生过大的变形而影响正常使用，应正确地进行支护结构设计和合理地组织施工。在进行支护结构设计之前，需要对影响基坑支护结构设计和施工的基础资料进行全面的收集，并加以深入了解和分析，以便其能很好地为基坑支护结构的设计和施工服务。这些资料包括：工程地质和水文地质资料；周围环境及地下管线状况调查；主体工程地下结构设计资料调查。

4.3.3.2 深基坑的常用支护结构

深基坑支护的基本要求是：确保支护结构能起挡土作用，基坑边坡保持稳定；确保相邻的建（构）筑物、道路、地下管线的安全，不因土体的变形、沉陷、坍塌受到危害；通过排水降水等措施，确保基础施工在地下水位以上进行。

支护结构主要由围护墙和支撑体系组成。常见的深基坑支护形式主要有水泥挡土墙式、排桩或地下连续墙式、边坡稳定式、逆作拱墙式等（见表 4-9）。当基坑深度较大，悬臂式挡墙的强度和变形无法满足要求、坑外锚拉可靠性低时，则可在坑内采用基坑内撑支护，常用钢管内撑支护和钢筋混凝土构架内撑支护。

表 4–9 常见的深基坑支护形式

深基坑支护形式	具体支护方式及做法
水泥挡土墙式	①深层搅拌水泥土桩 ②高压旋转桩 ③粉体喷射注浆桩墙
排桩或地下连续墙式	①排桩式（钻孔灌注桩、挖孔灌注桩、钢管灌注桩） ②板桩式（钢板桩、型钢横挡板） ③地下连续墙式（现浇地下连续墙、预制装配式地下连续墙）
边坡稳定式	①土钉墙支护 ②锚杆支护
逆作拱墙式	自上而下分多道分段逆作施工的水平闭合拱圈及非闭合拱圈挡土结构

4.3.4 基坑支护工程的现场监测

深基坑开挖有两个应予关注的问题：一是基坑支护结构的稳定与安全；二是对基坑周围环境的影响，如建筑物和地下管线沉降、位移等。近年来，基坑支护结构的计算理论和计算手段有了很大的发展。但由于影响支撑结构的因素很多，如土质的物理力学性能、计算假定、土方开挖方式、降水质量及天气等，因此内力和变形的计算与实测值往往存在一定距离，为做好信息化施工，在基坑开挖及地下结构施工期间要进行施工监测，如发现问题可提请施工单位及时采取措施，以保证基坑支护结构和周围环境的安全。

基坑开挖后，基坑内外的水土压力平衡问题就要依靠围护桩（墙）和支撑体系来实现。支护结构一般有下列三种破坏情况：第一，围护桩（墙）因本身强度不足而发生断裂破坏；第二，支撑失稳或强度破坏而引起围护结构破坏；第三，围护桩（墙）下端土体滑移造成围护结构整体倾覆。

上述这些破坏情况都有一个从量变到质变的渐变过程，在这个渐变过程中支护结构的位移、变形和受力以及土体的沉降位移和坑底土体的隆起都会发生变化。进行施工监测的目的就是通过在围护桩（墙）、支撑和基坑内外土体内埋设相应的传感器，掌握深基坑内外土体的变化情况。发现问题及时采取措施确保基坑开挖和地下结构施工的安全，做到信息化施工。

4.3.4.1 基坑的分级

（1）一级基坑

符合下列情况之一，为一级基坑：重要工程或支护结构作主体结构的一部分；开挖深度大于 10 m；与附近建筑物、重要设施的距离在开挖深度以内的基坑；基坑附近有历史文物、近代优秀建筑、重要管线等严加保护的设施。

（2）三级基坑

三级基坑为开挖深度小于 7 m 且周围环境无特别要求的基坑。

（3）二级基坑

除一级和三级外的基坑属二级基坑。

4.3.4.2 基坑监测

基坑开挖后，支护结构和基坑外面的土体都会发生位移和变形，因此会引起周围建筑物和地下管线的位移和变形，对周围建筑物和地下管线的影响会更大。所以，须对基坑周围的建筑物和地下管线进行监测，掌握其位移和变形情况，发现问题可及时采取措施，待恢复正常后，方可继续施工。

根据《建筑基坑支护技术规程》（JGJ 120-2012），在基坑开挖前要做出系统的开挖监控方案；监控方案应包括监控目的、监测项目、监控报警值、监测方法及精度要求、监测点的布置、监测周期、工序管理和记录制度以及信息反馈系统等。基坑工程监测项目可根据基坑侧壁安全等级及结构形式选择（见表 4-10）。

表 4-10 基坑监测项目表

监测项目	基坑侧壁安全等级		
	一级	二级	三级
支护结构水平位移	应测	应测	应测
周围建筑物、地下管线变形	应测	应测	宜测
地下水位	应测	应测	宜测
桩、墙内力	应测	宜测	可测
锚杆拉力	应测	宜测	可测
支撑轴力	应测	宜测	可测
立柱变形	应测	宜测	可测
土体分层竖向位移	应测	宜测	可测
支护结构界面上侧向压力	宜测	可测	可测

监测项目在基坑开挖前应测得初始值，且不应少于两次；基坑监测项目的监控报警值应根据监测对象的有关规范及支护结构设计要求确定；各项监测的时间间隔可根据施工进程确定。当变形超过有关标准或监测结果变化速

率较大时，应加密观测次数。当有事故征兆时，应连续监测；在基坑开挖监测过程中，应根据设计要求提交阶段性监测结果报告。

4.3.5 地面及基坑（槽）排水

4.3.5.1 大面积场地地面排水

对于地面坡度不大的大面积场地，在场地平整时，向低洼地带或可泄水地带平整成漫坡，以便排出地表水；场地四周设排水沟，分段设渗水井，以便排出地表水；如果场地有较大坡度，可在场地四周设排水主沟，并在场地范围内设置纵横向排水支沟，将水流疏干，也可在下游设集水井，设水泵排出；场地地面遇有山坡地段时，应在山坡底脚处挖截水沟，使地表水流入截水沟内排出场地外。

4.3.5.2 基坑（槽）排水

开挖底面低于地下水位的基坑（槽）时，地下水会不断渗入坑内。雨期施工时，地表水也会流入基坑内。如果坑内积水不及时排走，不仅会使施工条件恶化，还会使土被水泡软，造成边坡塌方和坑底承载能力下降。因此，为保证安全生产，在基坑（槽）开挖前和开挖时，必须做好排水工作，保持土体干燥。为了保持基坑（槽）干燥，防止由水浸泡导致的边坡塌方和地基承载力下降，必须做好基坑（槽）的排水、降水工作，常采用的措施是明排水法和人工降低地下水位法（井点降水法）。

（1）明排水法

雨期施工时，应在基坑（槽）四周或水的上游开挖截水沟或修筑土堤，以防地表水流入基坑（槽）内。

基坑（槽）开挖过程中，在坑底设置集水井，并在坑底的周围或中央开挖排水沟，使水流入集水井中，然后用水泵抽走，抽出的水应予以引开，严防倒流。

四周排水沟及集水井应设置在基础范围以外、地下水走向的上游，并根据地下水量大小、基坑（槽）平面形状及水泵能力，集水井每隔 20~40 m 设置一个。集水井的直径或宽度一般为 0.6~0.8 m，其深度随着挖土的加深而加深，随时保持低于挖土面 0.7~1.0 m。井壁可用竹、木等进行简单加固。当基坑（槽）挖至设计标高后，井底应低于坑底 1~2 m，并铺设碎石滤水层，以避免在抽水时间较长时将泥砂抽出及井底的土被扰动。

明排水法由于设备简单和排水方便，所以采用较为普遍，但它只适用于土粒不致被抽出的水流带走的粗粒土层，也可用于渗水量小的黏性土。当土为细砂和粉砂时，抽出的地下水流会带走细粒而发生流砂现象，造成边坡坍塌、坑底隆起、无法排水和难以施工，此时应改用人工降低地下水位的方法。

（2）人工降低地下水位法

人工降低地下水位，就是在基坑（槽）开挖前预先在基坑（槽）四周埋设一定数量的滤水管（井），利用抽水设备从中抽水，使地下水位降落到坑底以下；同时，在基坑（槽）开挖过程中仍然不断地抽水，使所挖的土始终保持干燥状态，从根本上防止细砂和粉砂土产生流砂现象，改善挖土工作的条件。土内的水分排出后，边坡可改陡，以便减少挖土量。

人工降低地下水位常用的方法为各种井点排水法，即在基坑（槽）开挖前沿基坑（槽）四周埋设一定数量深于基坑（槽）的井点滤水管或管井。以总管连接或水泵直接从中抽水，使地下水降落到基坑（槽）底 0.5～1 m 以下，为开挖和基础施工创造无水干燥的条件。

4.3.6 基坑工程安全管理与技术措施

4.3.6.1 安全管理方面

《建筑深基坑工程施工安全技术规范》（JGJ 311-2013）将深基坑工程的施工安全等级分为一级和二级两个级别。对一级基坑，要求进行基坑安全监测方案的评审；对特别需要或特殊条件下的施工安全等级为一级的基坑工程宜进行基坑安全风险评估；对设计文件中明确提出变形控制要求的基坑工程，监测单位应在编制的监测方案经过基坑工程设计单位审查后实施。

要编制基坑施工组织设计，并应按照有关规定组织施工开挖方案的专家论证。一级基坑应编制施工安全专项方案。安全专项方案的内容包括工程概况、工程地质与水文地质条件、风险因素分析、工程危险控制重点和难点、施工方法和主要施工工艺、基坑与周边环境安全保护要求、监测实施要求、变形控制指标与报警值、施工安全技术措施、应急方案、组织管理措施。

4.3.6.2 基坑支护工程施工安全技术

基坑开挖应严格按支护设计要求进行。应熟悉围护结构撑锚系统的设计图纸，包括围护墙的类型、撑锚位置、标高及设置方法、顺序等设计要求。

混凝土灌注桩、水泥土墙等支护应有 28 天以上的龄期，达到设计要求时，方能进行基坑开挖。

围护结构撑锚系统的安装和拆除顺序应与围护结构的设计工况相一致，以免出现变形过大、失稳、倒塌等安全事故。

围护结构撑锚安装应遵循时空效应原理，根据地质条件采取相应的开挖、支护方式。一般竖向应严格遵守分层开挖、先支撑后开挖、撑锚与挖土密切配合、严禁超挖的原则，使土方挖到设计标高的区段内，能及时安装并发挥支撑作用。

撑锚安装应采用开槽架设，在撑锚顶面需要运行施工机械时，撑锚顶面安装标高应低于坑内土面20~30 cm。钢支撑与基坑土之间的空隙应用粗砂土填实，并在挖土机或土方车辆的通道处铺设道板。钢结构支撑宜采用工具式接头，配有计量千斤顶装置，并定期校验，使用中有异常现象应随时校验或更换。钢结构支撑安装应施加预压力。预压力控制值一般不应小于支撑设计轴向力的50%，也不宜大于75%。采用现浇混凝土支撑必须在混凝土强度达到设计的80%以上，才能开挖支撑以下的土方。

在基坑开挖时，应限制支护周围振动荷载的作用并做好机械上、下基坑坡道部位的支护。在挖土过程中，不得碰撞支护结构，损坏支护背面截水围幕。

在挖土和撑锚过程中，应有专人监测，实行信息化施工，掌握围护结构的变形及变形速率以及其上边坡土体稳定情况，以及邻近建筑物、管线的变形情况。发现异常现象，应查清原因，采取安全技术措施进行认真处理。

4.3.6.3　基坑使用安全措施

基坑工程应在四周设置高度大于0.15 m的防水围挡，并应设置防护栏杆，防护栏杆埋深不应小于0.6 m，高度宜为1~1.2 m，栏杆柱距不得大于2 m，距离坑边水平距离不得小于0.5 m。基坑四周每一边应设置不小于2个人员上下的坡道或爬梯，不得在坑壁上掏坑攀登上下。

基坑周边1.2 m范围内不得堆载，3 m以内限制堆载，坑边严禁重型车辆通行。当设计支护中已考虑堆载和车辆运行时，必须按设计要求进行，严禁超载。

基坑的上、下部和四周必须设置排水系统，流水坡向及坡率应明显和适当，不得积水。基坑上部排水沟与基坑边缘的距离应大于2 m，排水沟底和侧壁必须做防渗处理。基坑底部四周应设置排水沟和集水坑。

雨季施工时，应有防洪、防暴雨的排水措施及应急材料、设备，备用电源应处在良好状态。夜间进行基坑施工时，设置的照明必须充足，灯光布局合理，防止强光影响作业人员视力，不得照射坑上建筑物，必要时应配备应急照明。

基坑开挖前，应根据专项施工方案应急预案所涉及的机械设备与物资进行准备，确保完好并存放现场，便于随时立即投入使用。使用单位应有专人对基坑安全进行巡查，每天早晚各1次，雨季应增加巡查次数，做好记录，发现异常情况应立即报告项目安全负责人，并通报基坑监测单位和基坑围护施工单位；应有专人检查基坑周围原有的排水管、沟，确保没有渗水迹象，当地表水、雨水渗入土坡或挡土结构外侧土层时，应立即采取截、排等处置措施。

在基坑的危险部位、临边、临空位置，设置明显的安全警示标志或警戒。

4.3.6.4 降水维护措施

降水期间应对抽水设备状况进行维护检查，每天检查不少于3次，并应观测记录水泵的工作压力和真空泵、电动机、水泵温度、电流、电压、出水等情况，发现问题及时处理，使抽水设备始终处在正常运行状态。降水期间不得随意停抽。

对所有井点要有明显的安全保护标志，避免井点破坏，影响降水效果；注意保护井口，防止杂物掉入井内，检查排水管、沟，防止渗漏，冬季要有防冻措施。

发现基坑出水、涌砂，应立即查明原因，组织处理；发生停电时，应及时更新电源，保持正常降水。

思考题

1. 浅基坑和深基坑的划分标准是什么？这种区分对施工安全有什么实际意义？
2. 基坑深度超过多少米时应进行专项支护设计？基坑施工时，对坑边荷载有何规定？
3. 影响边坡稳定的因素有哪些？
4. 人工开挖土方顺序是什么？
5. 基坑开挖中造成坍塌事故的主要原因有哪些？
6. 简述土的分类方法。说明对土分类的作用和意义。
7. 土方施工前应收集哪些场地资料？
8. 基坑支护有哪些类型？选用时要考虑哪些因素？
9. 简述基坑监测的主要内容和要求。
10. 控制基坑工程地下水有哪些措施？

5　脚手架及模板工程安全

内容提要：本章介绍了脚手架的种类及基本要求；以落地式脚手架、悬挑式脚手架为例，介绍了常用脚手架的结构及施工安全技术；介绍了脚手架工程事故类型及原因；介绍了脚手架作业安全管理及事故预防；介绍了模板系统的种类及基本要求；介绍了模板的设计；介绍了模板安装与拆除的安全技术与管理。

5.1　脚手架的种类及基本要求

脚手架是建筑施工现场应用最为广泛的一种临时设施。建筑、安装工程都需要借助脚手架来完成，它对工程进度、工艺质量、设备及人身安全起着重要的作用。

脚手架是由杆件或结构单元、配件通过可靠连接而组成，能承受相应荷载，具有安全防护功能，为建筑施工提供作业条件的结构架体。脚手架包括作业脚手架和支撑脚手架。

5.1.1　作业脚手架

5.1.1.1　作业脚手架的种类

（1）按搭设材料分

作业脚手架按搭设材料分为木脚手架、竹脚手架、钢管（金属）脚手架。其中，钢管脚手架又分为扣件式、碗扣式、门式、承插式和轮扣式脚手架。扣件式脚手架即以扣件连接的钢管脚手架；碗扣式脚手架即以碗扣方式连接的钢管脚手架；门式脚手架是采用专用门式构件搭设的钢管脚手架；承插式脚手架是采用承插方式连接的脚手架；轮扣式脚手架是一种具有自锁功能的直插式新型钢管脚手架。

（2）按与建筑物的位置关系分

作业脚手架按与建筑物的位置关系分为外脚手架和内脚手架。

(3) 按立杆设置排数分

作业脚手架按立杆设置排数分为单排脚手架、双排脚手架、多排脚手架、满堂脚手架和特型脚手架等。

(4) 按架体闭合方式分

作业脚手架按架体闭合方式分为开口式脚手架、一字型脚手架和交圈脚手架等。开口式脚手架即沿建筑物周边非交圈设置的脚手架；一字型脚手架即沿建筑周边非交圈设置，且呈直线型的脚手架；交圈脚手架就是沿着建筑物周边交圈设置的脚手架。

(5) 按搭设形式分

作业脚手架按搭设形式分为多立杆式脚手架和工具式脚手架。

①多立杆式脚手架。多立杆式脚手架也叫落地式脚手架，是搭设（支座）在地面、楼面、屋面或其他平台结构之上的脚手架。

②工具式脚手架。工具式脚手架分为吊篮式脚手架、附着式升降脚手架、悬挂脚手架、悬挑式脚手架和门式钢管脚手架。

吊篮式脚手架的基本构件是用 $\phi 50\times 3$ 的钢管焊成的矩形框架，以 3~4 榀框架为一组，在屋面上设置吊点，用钢丝绳吊挂框架。它主要适用于外装修工程。

附着式升降脚手架也叫爬架，附着在建筑物的外围，可以自行升降。

悬挂脚手架是将脚手架挂在墙上或柱上事先预埋的挂钩上，在挂架上铺以脚手板而成的。

悬挑式脚手架是采用悬挑方式支固的脚手架，其支挑方式有以下 3 种：架设于专用悬挑梁上；架设于专用悬挑三角桁架上；架设于由撑拉杆件组合的支挑结构上。其支挑结构有斜撑式、斜拉式、拉撑式和顶固式等多种。

门式钢管脚手架是建筑用脚手架中应用最广的脚手架之一。由于主架呈“门”字形，所以称为门式钢管脚手架，也称鹰架或龙门架。这种脚手架主要由主框、横框、交叉斜撑、脚手板、可调底座等组成。

5.1.1.2 作业脚手架的作用

①为操作人员提供可靠的作业平台。

②临时堆放建筑材料，放置简单施工工具。

③进行短距离的水平运输。

④挂设安全网，防止高处坠落和高处坠物。

5.1.1.3 作业脚手架的基本要求

作业脚手架为高空作业创造了施工操作条件，脚手架搭设不牢固、不稳定就会造成施工中的伤亡事故。因此，作业脚手架一般应满足以下要求：

①要有足够的牢固性和稳定性，保证施工期间在规定的荷载或气候条件的影响下不变形、不摇晃、不倾斜，能确保作业人员的人身安全。

②要有足够的面积满足堆料、运输、操作和行走的要求。

③构造要简单，搭设、拆除和搬运要方便。使用要安全，并能满足多次周转使用。

④要因地制宜，就地取材，量材施用，尽量节约用料。另外，脚手架严禁钢木、钢竹混搭，严禁不同受力性质的外架连接在一起。

5.1.2 支撑脚手架

支撑脚手架由杆件或结构单元、配件通过可靠连接而组成，支承于地面或结构上，可承受各种荷载，具有安全保护功能。为建筑施工提供支撑和作业平台的脚手架，包括以各类不同杆件（构件）和节点形式构成的结构安装支撑脚手架、混凝土施工用模板支撑脚手架等，简称支撑架或模板支架。

5.1.2.1 模板支架的分类

模板支架按搭设材料可分为钢管或金属模板支架和木结构模板支架。其中，钢管模板支架包括扣件式模板支架、碗扣式模板支架、门式模板支架、承插式模板支架、轮扣式模板支架、组合铝合金模板支架等。

模板支架按支模高度、跨度和荷载可分为普通模板支撑系统和高大模板支撑系统。高大模板支撑系统是指混凝土构件模板支撑高度超过 8 m，或搭设跨度超过 18 m，或施工总荷载（设计值）大于 15 kN/m^2，或集中线荷载（设计值）大于 20 kN/m 的模板支撑系统。

5.1.2.2 模板支架的特点

模板工程是混凝土结构施工的重要组成部分，主要由面层模板和模板支架两部分组成。面层模板的主要功能是使混凝土成为一定的结构形状；模板支架的主要功能是承受面层模板传来的荷载。模板支架所支撑的混凝土结构一般是梁板体系，因板梁之间、主次梁之间存在高差，因而支架顶部多数情况下不在一个水平面上，存在一定的高差。从所支撑的结构来看，楼层模板支架高度较小，四周有柱、墙等可支撑的结构；桥梁模板支架如立交桥、跨线桥、城铁桥等，四面无支撑结构，高度较大，荷载也较大。

5.1.2.3 模板支架的基本要求

①应具有足够的承载能力、刚度和稳定性，能可靠地承受浇筑混凝土的重量、侧压力及施工荷载。

②能保证工程结构和构件各部分形状尺寸和相互位置的正确。

③构造简单，装拆方便，并便于钢筋的绑扎和安装，符合混凝土的浇筑及

养护等工艺要求。

5.1.3 专项施工方案

《建设工程安全生产管理条例》规定：对达到一定规模的危险性较大的分部分项工程应当编制专项施工方案，并附具安全验算结果，经施工单位技术负责人、总监理工程师签字后实施，由专职安全生产管理人员进行现场监督。其中超过一定规模的危险性较大的分部分项工程专项方案还必须组织专家进行论证、审查。按照《危险性较大的分部分项工程安全管理规定》的有关要求，在危险性较大的脚手架工程施工前，施工单位应当组织工程技术人员编制专项施工方案。实行施工总承包的，专项施工方案由施工总承包单位组织编制。实行分包的，专项施工方案可以由相关专业分包单位组织编制。对于超过一定规模的脚手架工程，还应组织专家对方案进行论证。

5.1.3.1 需要编制专项施工方案的工程范围

（1）需要编制专项施工方案的作业脚手架工程

①搭设高度为 24 m 及以上的落地式钢管脚手架工程。

②附着式整体和分片提升脚手架工程。

③悬挑式脚手架工程。

④吊篮式脚手架工程。

⑤自制卸料平台、移动式操作平台工程。

（2）需要编制专项施工方案的模板工程

①各类工具式模板工程：包括滑模、爬模、飞模、隧道模等工程。

②混凝土模板支撑工程：搭设高度为 5 m 及以上，或搭设跨度为 10 m 及以上，或施工总荷载（设计值）为 10 kN/m^2 及以上，或集中线荷载（设计值）为 15 kN/m 及以上，或高度大于支撑水平投影宽度且相对独立无联系构件。

③承重支撑体系：用于钢结构安装等满堂支撑体系。

（3）需要专家论证的作业脚手架工程

①搭设高度为 50 m 及以上的落地式钢管脚手架工程。

②分段架体搭设高度为 20 m 及以上的悬挑式脚手架工程。

（4）需要专家论证的模板工程

①各类工具式模板工程：包括滑模、爬模、飞模、隧道模等工程。

②混凝土模板支撑工程：搭设高度为 8 m 及以上，或搭设跨度为 18 m 及以上，或施工总荷载（设计值）为 15 kN/m^2 及以上，或集中线荷载（设计值）为 20 kN/m 及以上。

③承重支撑体系：用于钢结构安装等满堂支撑体系，承受单点集中荷载为7 kN及以上。

5.1.3.2　编制方案内容

专项施工方案应根据工程建设标准和勘察设计文件并结合工程项目和分部分项工程的具体特点进行编制。方案应包括以下主要内容：

①工程概况，包括脚手架工程概况和特点、施工平面布置、施工要求和技术保证条件。

②编制依据，包括相关法律、法规、规范性文件、标准、规范及施工图设计文件、施工组织设计等。

③施工计划，包括施工进度计划、材料与设备计划。

④施工工艺技术，包括技术参数、工艺流程、施工方法、操作要求、检查要求等。

⑤施工安全保证措施，包括组织保障措施、技术措施、监测监控措施等。

⑥施工管理及作业人员配备和分工，包括施工管理人员、专职安全生产管理人员、特种作业人员、其他作业人员等。

⑦验收要求，包括验收标准、验收程序、验收内容、验收人员等。

⑧应急处置措施。

⑨计算书及相关施工图纸。

5.1.3.3　方案的审批

专项施工方案编制后，施工单位技术部门应组织本单位安全、质量、材料、机械等相关部门的专业人员进行审核。经审核合格的，由施工单位技术负责人签字并加盖单位公章。实行分包并由分包单位编制专项施工方案的，专项施工方案应当由总承包单位技术负责人及分包单位技术负责人共同审核签字并加盖单位公章。专项施工方案经施工单位技术负责人审核签字后报工程监理单位，由项目总监理工程师审查签字并加盖执业印章后方可实施。

专项施工方案经论证需修改后通过的，施工单位应当根据论证报告修改完善后，重新履行施工和工程监理单位审核、审查、签字、盖章程序。专项施工方案经论证不通过的，施工单位修改后应当重新组织专家论证。

5.1.3.4　安全技术交底

脚手架工程施工前，施工单位应根据专项施工方案编制和审批权限，对现场管理人员和作业人员分级进行安全技术交底。

(1)　安全技术交底的主要内容

①工程项目和分部分项工程的概况。

②脚手架的搭设、构造要求，检查验收标准。

③施工过程的危险部位和环节及可能导致生产安全事故的因素。

④针对危险因素采取的具体预防措施。

⑤作业中应遵守的安全操作规程及应注意的安全事项。

⑥作业人员发现事故隐患应采取的措施。

⑦发生事故后应及时采取的避险和救援措施。

（2）交底的程序

专项施工方案实施前，方案编制人员或者项目技术负责人应当向施工现场管理人员进行方案交底。施工现场管理人员应当向作业人员进行安全技术交底。安全技术交底应有书面记录，并由交底双方和项目专职安全生产管理人员共同签字确认。

5.1.3.5 方案实施

脚手架的搭设和拆除应当严格按照专项施工方案组织施工，不得擅自修改、调整专项施工方案。如因设计、结构、外部环境等因素发生变化确需修改的，修改后的专项施工方案应当重新审核、论证。

施工单位应当对脚手架工程施工作业人员进行登记，项目专职安全生产管理人员应当对专项施工方案实施情况进行现场监督，项目负责人应当在施工现场履职，施工单位技术负责人应当定期巡查专项施工方案实施情况。

在脚手架搭拆过程中，发现不按照专项施工方案施工的，应当要求其立即整改；发现有危及人身安全紧急情况的，应当立即组织作业人员撤离危险区域。

5.1.3.6 施工验收

脚手架在搭设过程中和阶段使用前应进行阶段施工质量检查，确认合格后才能进行下道工序施工或阶段使用；在作业脚手架、支撑脚手架达到设计高度后，还应当对脚手架搭设施工质量进行完工验收。

脚手架搭设施工质量合格判定应符合下列规定：

①所用材料、构配件和设备质量应经现场检验合格。

②搭设场地、支承结构件固定应满足稳定承载的要求。

③阶段施工质量检查合格，符合脚手架相关的国家现行标准、专项施工方案的要求。

④安全检查应符合要求。

⑤有关技术资料应完整。检查验收合格的，经施工单位项目技术负责人及总监理工程师签字确认后，方可继续进行下步施工或使用。危险性较大的

脚手架工程在验收合格后，施工单位还应当在施工现场明显位置设置验收标识牌，公示验收时间及责任人员。

施工验收通常由施工单位、工程监理单位组织，参加验收人员包括：

①总承包单位和分包单位技术负责人或授权委派的专业技术人员、项目负责人、项目技术负责人、专项施工方案编制人员、项目专职安全生产管理人员及相关人员。

②工程监理单位项目总监理工程师及专业监理工程师。

③有关勘察、设计和监测单位项目技术负责人。

5.2　常用脚手架的结构及施工安全技术

目前建筑施工过程中常见的脚手架类型有落地式脚手架、悬挑式脚手架和操作平台，其中操作平台在第6章中讲述。

5.2.1　落地式脚手架

落地式脚手架分为扣件式钢管脚手架、碗扣式钢管脚手架、承插式钢管脚手架、门式脚手架等。各种落地式脚手架又分为作业脚手架和支撑脚手架，构造和搭设要求也有区别。本节以扣件式钢管作业脚手架为例，介绍它的基本构造和搭设方法。

5.2.1.1　扣件式钢管作业脚手架的特点

（1）承载力大

当脚手架的几何尺寸在常见范围内、构造符合要求时，扣件式钢管作业脚手架立杆承载力在15~20 kN（设计值）之间。

（2）装拆方便，搭设灵活，使用广泛

由于钢管长度易于调整，扣件连接简便，因而可适应各种平面、立面的建筑物、构筑物施工需要；还可用于搭设临时用房等。

（3）比较经济

与其他脚手架相比，杆件加工简单，一次投资费用较低，如果精心设计脚手架几何尺寸，注意提高钢管周转使用率，即使很少的材料用量也可取得较好的经济效果。

（4）需科学化管理

扣件式钢管作业脚手架中的扣件用量较大，价格较高，如果管理不善，扣件极易损坏、丢失。因此，应对扣件式钢管作业脚手架的构配件使用、存放和维护加强科学化管理。

5.2.1.2　扣件式钢管作业脚手架的主要构配件

扣件式钢管作业脚手架主要有单排、双排和满堂脚手架，由标准的钢管杆件和特制扣件组成的脚手架骨架与脚手板、防护构件、连墙件等组成。在脚手架术语中，两水平杆轴线之间的距离称为步距，简称步；纵向相邻两立杆之间的轴线的距离称为纵（跨）距，简称跨；横向相邻两立杆之间的轴线的距离（单排脚手架为外立杆轴线到墙面的距离）称为立杆横距。

单排和双排脚手架形式如图5-1和图5-2所示。图5-1是单排和双排脚手架立面图，图5-2中左图是双排脚手架侧面图，右图为单排脚手架侧面图。两图中的数字标注如下：1为立杆，2为纵向水平杆，3为横向水平杆，4为脚手板，5为栏杆，6为抛撑，7为剪刀撑，8为墙体，*a*为纵距，*b*为横距。

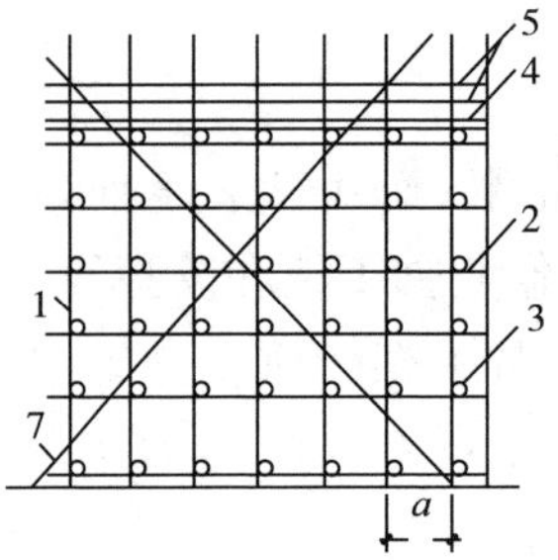

图5-1　单排和双排脚手架立面图

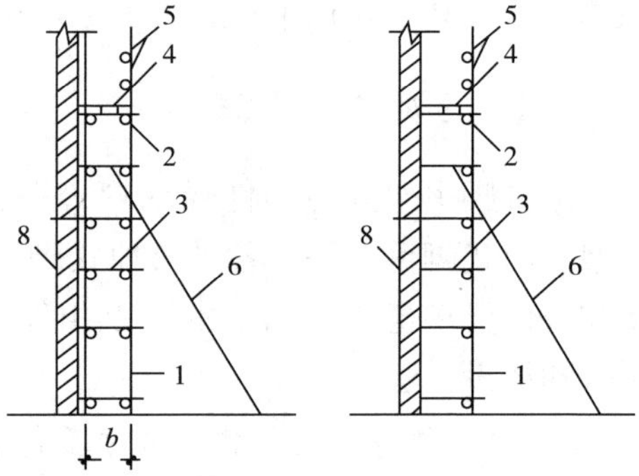

图5-2　单排和双排脚手架侧面示意图

具体的构配件如下。

（1）钢管杆件

钢管杆件又称作架子管，包括立杆、大横杆、小横杆、剪刀撑、斜杆和抛撑（在脚手架立面之外设置的斜撑）。钢管杆件一般有两种，一种外径为48 mm，壁厚3.5 mm；另一种外径为51 mm，壁厚3 mm。根据其所在位置和作用不同，钢管杆件可分为立杆、水平杆、扫地杆等。

（2）扣件

扣件为杆件的连接件，有可锻铸铁铸造扣件和钢板压制扣件两种。扣件的基本形式有三种，如图5-3、图5-4和图5-5所示。

对接扣件：用于两根钢管的对接连接。

图 5-3　对接扣件

旋转扣件：用于两根钢管呈任意角度交叉的连接。

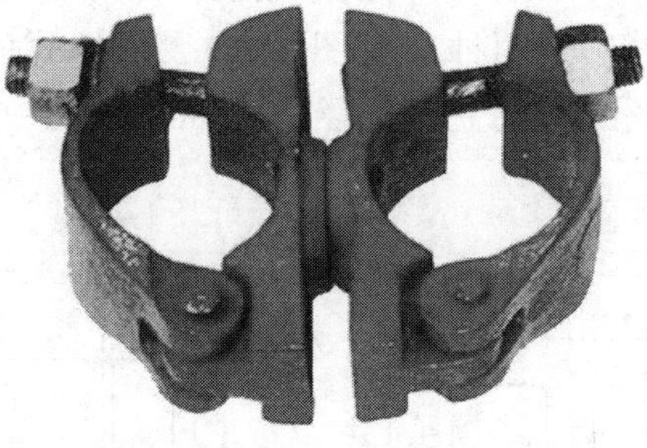

图 5-4　旋转扣件

直角扣件：用于两根钢管呈垂直交叉的连接。

图 5-5　直角扣件

（3）脚手板

脚手板可采用钢、木、竹材料制作，每块质量不宜大于 30 kg。钢脚手板性能应符合设计使用要求，表面应有防滑措施。木脚手板厚度不得小于 50 mm，两端应各设直径为 4 mm 的镀锌钢丝箍两道。脚手板材料应符合作业方案中对承载力的要求，严禁使用腐蚀或破损的脚手板。木脚手板应定期进行承载试验。承载试验应综合考虑用途、使用年限、安装环境和储存条件等因素。

（4）连墙件

连墙件将立杆与主体结构连接在一起，可用钢管、型钢或粗钢筋等，作用主要是承受脚手架的全部风荷载和脚手架里、外排立杆不均匀下沉所产生的荷载。

（5）底座

脚手架的底座用于承受脚手架立柱传递下来的荷载，底座一般采用厚不小于 8 mm、边长 150~200 mm 的钢板作底板，上焊不小于 150 mm 高的钢管。底座形式有内插式和外套式两种（见图 5-6），内插式的外径 D_1 比立杆内径小 2 mm，外套式的内径 D_2 比立杆外径大 2 mm。图 5-6 中，1 为承插或外套钢管，2 为钢板底座。

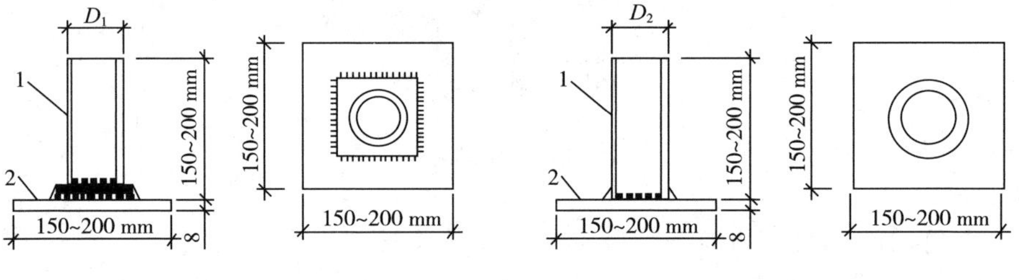

（a）内插式　　（b）外套式

图 5-6　底座形式

（6）垫板

垫板用来增大脚手架立杆与地基的接触面积，防止基础沉降而导致架体失稳。垫板宜采用木垫板，也可采用槽钢。木垫板厚度不小于 50 mm，宽度不小于 200 mm，平行于建筑物铺设时垫板长度应不小于 2 跨。

（7）可调托撑

可调托撑，又称可调托座、U 形支托，是插入立杆钢管的顶部可以调节高度的顶撑，主要用于模板支架。

构配件在搭设前都要进行检查验收。扣件式钢管作业脚手架构配件的质量检查如表 5-1 所示。

表 5-1 构配件质量检查表

项目	要求	抽检数量	检查方法
钢管杆件	应有产品质量合格证、质量检验报告	750 根为一批，每批抽 1 根	检查资料
	管表面应平直光滑，不应有裂缝、结疤、分层、错位、硬弯、毛刺、压痕、深的划道及严重锈蚀等缺陷，严禁打孔；钢管使用前必须涂刷防锈漆	全数	目测
	外径为 48.3 mm，允许偏差±0.5 mm；壁径及壁厚 3.6 mm，允许偏差±0.36 mm，最小壁厚 3.24 mm	3%	游标卡尺
扣件	应有生产许可证、质量检测报告、产品质量合格证、复试报告	参照《建筑施工扣件式钢管脚手架安全技术规范》	检查资料
	不允许有裂缝、变形、螺栓滑丝；扣件与钢管接触部位不应有氧化皮；活动部位应能灵活转动，旋转扣件两旋转面间隙应小于 1 mm；扣件表面应进行防锈处理	全数	目测
	扣件螺栓拧紧扭力矩值不应小于 40 N·m，且不应大于 65 N·m	参照《建筑施工扣件式钢管脚手架安全技术规范》	扭力扳手
可调托撑	可调托撑抗压承载力设计值不应小于 40 kN。应有产品质量合格证、质量检验报告	3%	检查资料
	可调托撑螺杆外径不得小于 36 mm，可调托撑螺杆与螺母旋合长度不得少于 5 扣，螺母厚度不小于 30 mm。插入立杆内的长度不得小于 150 mm。支托板厚度不小于 5 mm，变形不大于 1 mm。螺杆与支托板焊接要牢固，焊缝高度不小于 6 mm	3%	游标卡尺、钢板尺
	托板、螺母有裂缝的严禁使用	全数	目测

续表

项目	要求	抽检数量	检查方法
脚手板	新冲压钢脚手板应有产品质量合格证		检查资料
	不得有裂纹、开焊与硬弯；新、旧脚手板均应涂防锈漆	全数	目测
	木脚手板材质应符合现行国家标准；扭曲变形、劈裂、腐朽的脚手板不得使用	全数	目测
	木脚手板的宽度不宜小于 200 mm，厚度不应小于 50 mm；厚度允许偏差±2 mm	3%	游标卡尺

5.2.1.3　搭设的安全技术

（1）施工方案的相关要求

脚手架搭设前应根据工程的特点和施工工艺确定搭设方案，内容应包括基础处理、搭设要求、杆件间距及连墙件的设置位置、连接方法，并绘制施工详图及大样图。外架专项施工方案包括计算书、卸载方法等，必须经企业技术负责人审批并签字盖章。

当脚手架搭设尺寸符合规范要求时，相应杆件可不再进行设计计算，但连墙件及立杆地基承载力等仍应根据实际荷载进行设计计算并绘制施工图。对脚手架进行的设计计算必须符合脚手架规范的有关规定，并经项目技术负责人审批。

脚手架的施工方案应与施工现场搭设的脚手架类型相符，当现场因故改变脚手架类型时，必须重新修改脚手架方案并经审批后方可施工。

（2）地基与基础

脚手架地基应平整夯实；脚手架的钢立柱不能直接立于土地面上，应加设底座和垫板（或垫木），垫板（木）厚度不小于 50mm；遇有坑槽时，立杆应下到槽底或在槽上加设底梁（一般可用枕木或型钢梁）。

脚手架基础外侧应设置排水沟进行有组织排水；脚手架旁有开挖的沟槽时，应控制外立杆距沟槽边的距离：当架高在 30 m 以内时，不小于 1.5 m；架高为 30~50 m 时，不小于 2.0 m；架高在 50 m 以上时，不小于 2.5 m。当不能满足上述距离时，应核算边坡承受脚手架的能力，不足时可加设挡土墙或其他可靠支护，避免槽壁坍塌危及脚手架安全；位于通道处的脚手架底部垫木（板）应低于其两侧地面，并在其上加设盖板，避免扰动。

（3）杆件

扣件式钢管作业脚手架的杆件主要有水平杆、立杆、剪刀撑、横向斜撑等。水平杆包括纵向水平杆、横向水平杆和扫地杆。

①纵向水平杆。纵向水平杆也叫大横杆，是与墙面平行的水平杆，其底层步距不应大于 2 m，其他步距不应大于 1. 8 m。纵向水平杆应设置在立杆内侧，单根杆长度不应小于 3 跨；纵向水平杆接长应采用对接扣件连接或搭接，接头应交错布置。两根相邻纵向水平杆的接头不应设置在同步或同跨内；不同步或不同跨两个相邻接头在水平方向错开的距离不应小于 500 mm；各接头中心至最近主节点的距离不应大于立杆纵距的 1/3。如图 5-7 所示，左图是一个接头不在同步的立面图，右图是 A-A 截面接头不在同跨的平面图。图中，1 为立杆，2 为纵向水平杆，3 为横向水平杆，l_a 为纵向立杆间距，l_b 为横向立杆间距，h 为步距。

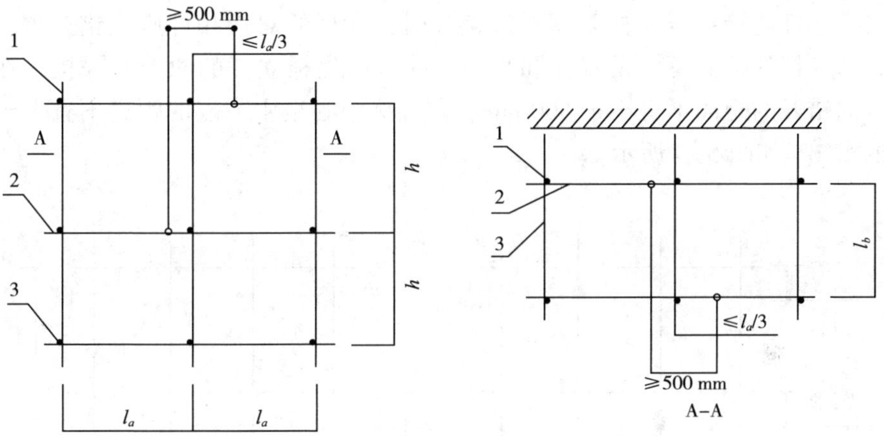

图 5-7 纵向水平杆接头布置

纵向水平杆搭接长度不应小于 1 m，应等间距设置 3 个旋转扣件固定，端部扣件盖板边缘至搭接纵向水平杆杆端的距离不应小于 100 mm（如图 5-8 所示）。

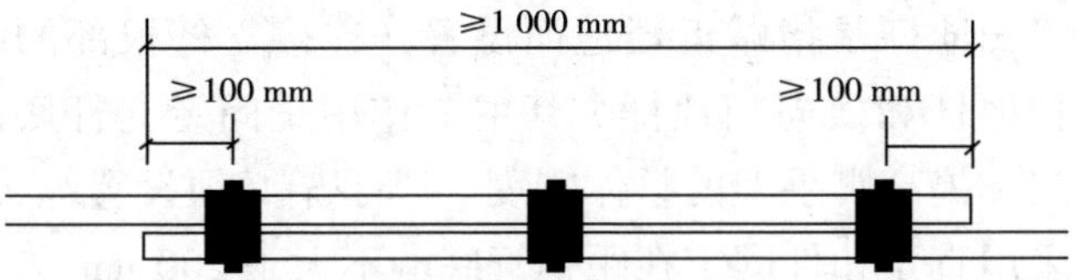

图 5-8 纵向水平杆的搭接

②横向水平杆。横向水平杆也叫小横杆，是与墙面垂直的水平杆。它的作用是与纵向水平杆组成一个刚性平面，缩小立杆的长细比，提高立杆的承

载能力，同时承受脚手板或纵向水平杆传来的荷载，增强脚手架横向平面的刚度，约束杆的侧向变形。

在立杆与纵向水平杆的交点处，即主节点处必须设置一根横向水平杆，用直角扣件扣接并严禁拆除；横向水平杆应紧靠主接点，用直角扣件与立杆或纵向水平杆扣牢；作业层上非主节点处的横向水平杆，可以根据支承脚手板的需要等间距设置，但最大间距不应大于纵距的1/2。当作业层转入其他层时，非主节点处的横向水平杆可以随脚手板一同拆除，但主节点处的横向水平杆不得拆除。

③立杆。立杆通常有单立杆和双立杆两种形式，应均匀设置，纵向间距不应大于2 m，横向间距一般不超过1.3 m。立杆必须用连墙件与建筑物可靠连接；立杆接长除了顶层顶步可以采用搭接外，其余各层各步的接头必须采用对接扣件连接；当立杆采用对接接长时，立杆的对接扣件应交错布置，两根相邻立杆的接头不应设置在同步内，同步内隔根立杆的两个相隔接头在高度方向错开的距离不宜小于500 mm；各接头中心至主节点的距离不宜大于步距的1/3（如图5-9所示）。

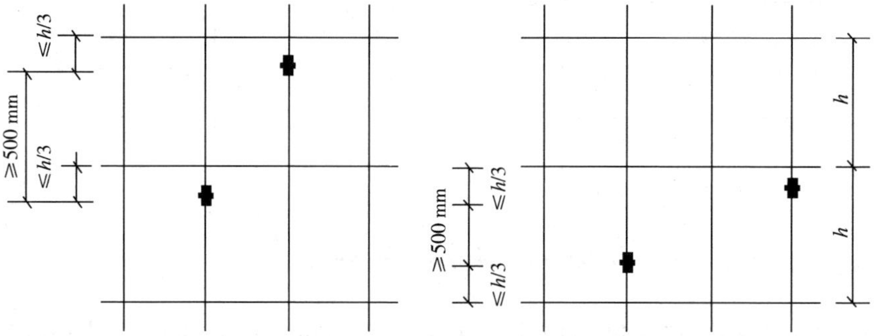

图5-9　立杆接头位置

④扫地杆。扫地杆是指贴近楼地面设置，连接立杆根部的纵、横向水平杆，包括纵向扫地杆和横向扫地杆。其主要作用是固定立杆底部，约束立杆水平位移及沉陷，提高脚手架的整体刚度。脚手架必须设置纵、横向扫地杆。纵向扫地杆应采用直角扣件固定在距钢管底端不大于200 mm处的立杆上。横向扫地杆应采用直角扣件固定在紧靠纵向扫地杆下方的立杆上（如图5-10所示）。

脚手架立杆基础不在同一高度上时，必须将高处的纵向扫地杆向低处延长两跨与立杆固定，高低差不应大于1 m。靠边坡上方的立杆轴线到边坡的距

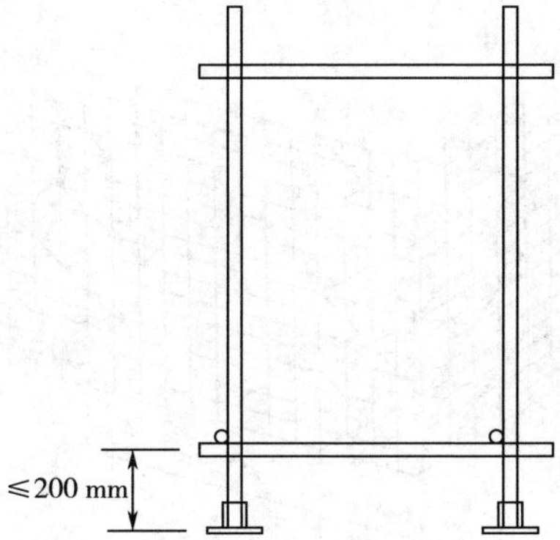

图 5-10　扫地杆位置

离不应小于 500 mm（如图 5-11 所示）。图中，1 为横向扫地杆，2 为纵向扫地杆，l_a 为纵距，h 为步距。

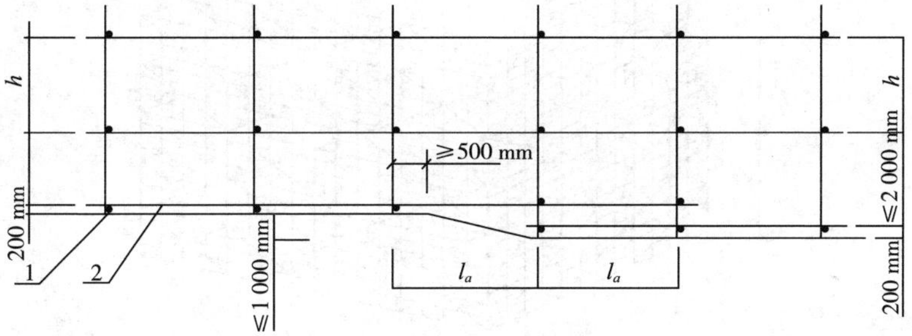

图 5-11　基础不在同一高度的扫地杆设置

⑤剪刀撑与横向斜撑。剪刀撑与横向斜撑可以增强脚手架的整体刚度，能够显著提高脚手架的稳定性和承载力，是防止脚手架纵向变形的重要措施。双排脚手架应设剪刀撑与横向斜撑，单排脚手架应设剪刀撑。

高度在 24 m 以下的单、双排脚手架，均必须在外侧立面两端、转角及中间间隔不超过 15 m 的立面上，各设置一道剪刀撑，并应由底至顶连续设置（如图 5-12 所示）。

每道剪刀撑宽度应为 4~6 跨，且不应小于 6 m，也不应大于 9 m；剪刀撑斜杆与水平面的倾角应为 45 °~60°，各底层剪刀撑斜杆的下端均应支承在垫块或垫板上。剪刀撑斜杆的接长通常采用搭接，搭接长度不应小于 1 m，采用不少于 3 个旋转扣件固定。

高度在 24 m 及以上的双排脚手架应在外侧立面连续设置剪刀撑（如图 5-13

所示)。

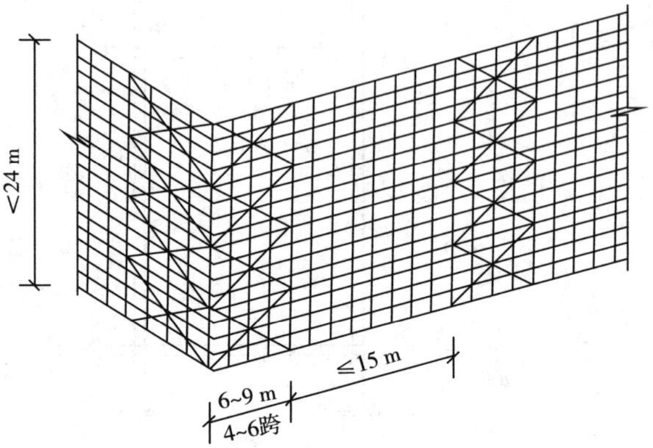

图 5-12　24 m 以下外立面剪刀撑设置

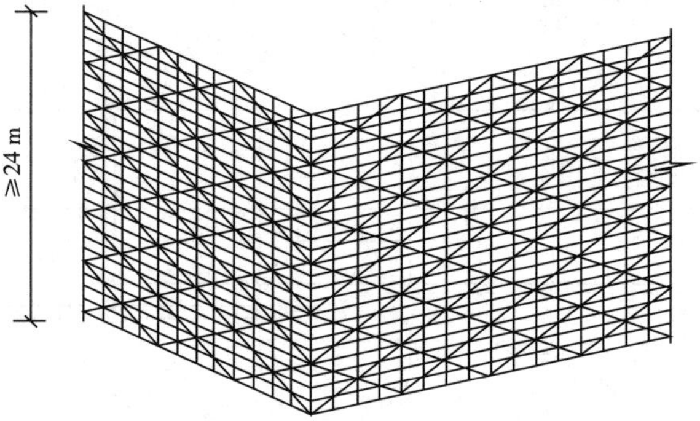

图 5-13　24 m 及以上外立面剪刀撑设置

横向斜撑是与双排脚手架的内外立杆或水平杆斜交成之字形的斜杆，一般用于开口型或高度大于 24 m 的脚手架，以及门洞或卸料平台等架体的开口处。开口型架体两端处必须设置横向斜撑；高度超过 24 m 的封闭型脚手架，除拐角设置横向斜撑外，中间每隔 6 跨设置一道。

（4）脚手板

脚手板要满铺、铺稳、铺实，可采用对接或搭接铺设。当脚手板对接平铺时，接头处必须设两根横向水平杆，脚手板外伸长应取 130~150 mm，两块脚手板外伸长度的和 l_1 不应大于 300 mm；当脚手板搭接铺设时，接头必须支在横向水平杆上，搭接长度 l_2 不应小于 200 mm，其伸出横向水平杆的长度不应小于 100 mm。如图 5-14 所示，左图为脚手板对接示意图，右图为脚手板搭接示意图。

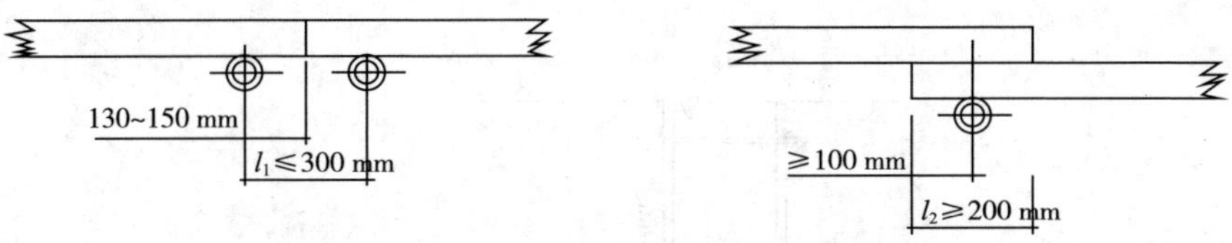

图 5–14　脚手板对接和搭接

（5）架体与建筑物拉结

脚手架高度在 7 m 以下时，可采用设置抛撑的方案以保持脚手架的稳定，抛撑的下脚一定要固定牢固。当搭设高度超过 7 m 不便设抛撑时，应与建筑物进行连接。脚手架与建筑物连接不但可以防止因风荷载而发生的向内或向外倾翻事故，同时可以作为架体的中间约束，减小立杆的计算长度，提高承载能力，保证脚手架的整体稳定性。连墙件的间距应按规定设置，如表 5–2 所示。

表 5–2　连墙件布置间距

脚手架高度		竖向间距（H）	水平间距（L）	每根连墙杆覆盖面积（m^2）
双排	≤50 m	$3h$	$3h$	≤40
	>50 m	$2h$	$3h$	≤27
单排	≤24 m	$3h$	$3h$	≤40

注：h 代表步距，L 代表纵距。

连墙件设置数量不足、构造不符合要求或被任意拆卸，极易造成脚手架倾覆坍塌事故。连墙件可分为刚性连墙件和柔性连墙件，一般情况下应优先采用刚性连墙件。

采用钢管、扣件或预埋件等变形较小的材料将立杆与主体结构连接在一起，可组成刚性连墙件。刚性连墙件既能承受拉力又能承受压力，还有一定的抗弯和抗扭作用，能抵抗脚手架相对于墙体的向里和向外倾倒变形，也能对立杆的纵向弯曲产生一定的约束作用。

采用钢丝、钢筋等作拉结筋将立杆与主体结构连接在一起，可组成柔性连墙件。柔性连墙件只能承受拉力作用，不具有抗弯、抗扭作用，只能限制脚手架向外倾倒，不能防止脚手架向里倾斜，因此必须与顶撑配合使用。

常见的刚性连墙件的构造形式如下：当边沿结构为梁时，可采用预埋件连固式刚性连墙件。在混凝土浇筑前用一竖向短钢管埋设于梁内约 300 mm，露出梁背约 200 mm，待混凝土浇筑完成后，用水平长钢管连接立杆与竖向短钢管，与竖向短钢管的连接长度约为 100 mm，水平长钢管距墙不小于 100

mm（如图 5-15 所示）。

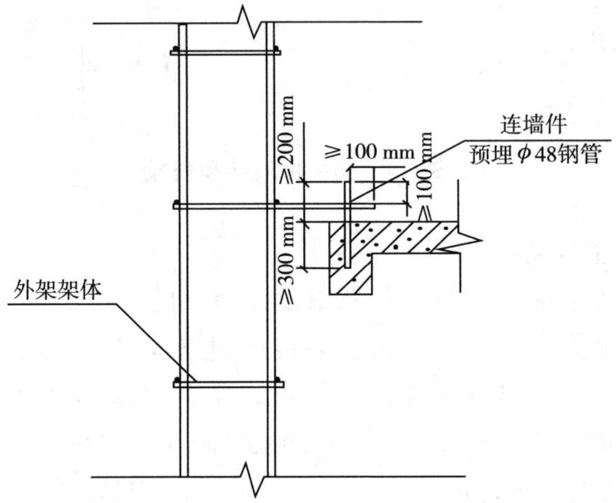

图 5-15　预埋件连固式刚性连墙件

当边沿结构为剪力墙时，可采用穿墙夹固式刚性连墙件。穿墙横杆有单杆和双杆之分，在墙体的两侧用短钢管（立放或平放）塞以垫木固定。图 5-16 展示了一个单杆穿墙夹固式刚性连墙件。

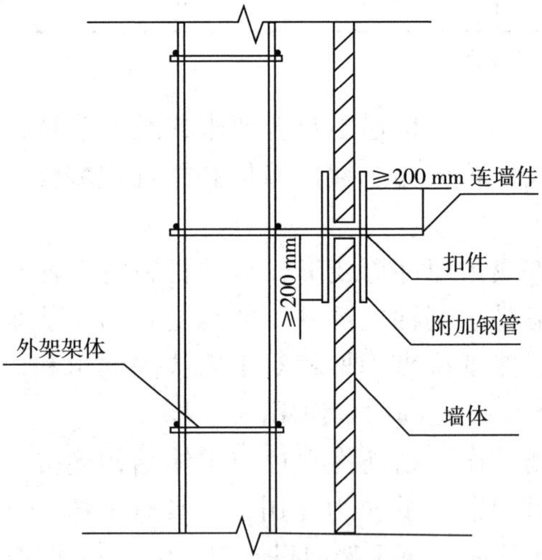

图 5-16　单杆穿墙夹固式刚性连墙件

当边沿结构为柱子时，可采用箍柱式刚性连墙件。其按照水平横杆数量又分为单杆箍柱式和双杆箍柱式。单杆箍柱式刚性连墙件用一根横向水平杆与 3 根短钢管并塞以垫木抱紧柱子固定（见图 5-17）。

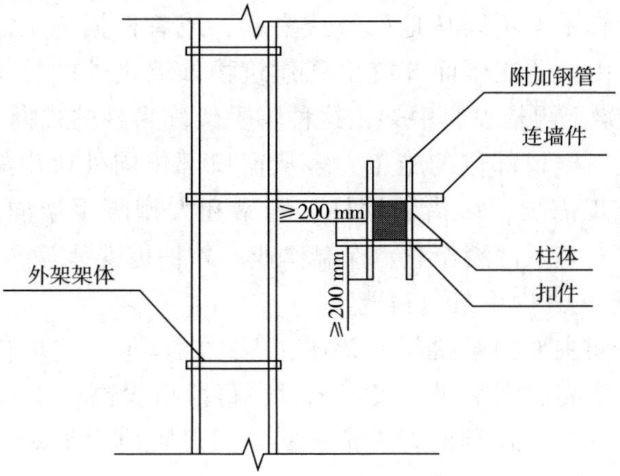

图 5-17　单杆箍柱式刚性连墙件

连墙件设置的位置、数量应按专项施工方案确定；连墙件必须采用可承受拉力和压力的构造；对高度在 24 m 以上的双排脚手架，应采用刚性连墙件与建筑物连接；架高超过 40 m 且有风涡流作用时，应采取抗上升翻流作用的连墙措施；严禁将作业脚手架与模板支架、卸料平台及起重设备的支承件等进行连接固定。

（6）门洞

脚手架需要设置门洞时，洞口上方的立杆不能直接落到基础上，这时可以挑空 1~2 根立杆，并将悬空的立杆用斜杆逐根连接，使荷载分布到两侧的立杆上。门洞上方的立杆从洞口上方的纵向水平杆开始扣接，洞口上方的内、外纵向水平杆可用两根钢管加强。

（7）斜道

斜道，又称马道，是作业人员上下施工层通行用的通道。对于高度不大于 6 m 的脚手架，通常采用一字形斜道；而对于高度大于 6 m 的脚手架，一般采用之字形斜道。斜道应附着外脚手架或建筑物设置，人行斜道严禁搭设于高压线一侧；运料斜道宽度不宜小于 1.5 m，坡度不应大于 1∶6，人行斜道宽度不宜小于 1 m，坡度不应大于 1∶3；拐弯处应设置平台，其宽度不应小于斜道宽度；斜道两侧及平台外围均应设置栏杆及挡脚板；栏杆高度应为 1.2 m，挡脚板高度不应小于 200 mm；运料斜道两端、平台外围和端部均应设置连墙件；每两步应加设水平斜杆；应设置剪刀撑和横向斜撑。

5.2.2 悬挑式脚手架

当外墙作业脚手架不能从地面直接搭起，或者根据施工需要可以从某楼层开始施工时，由设置在楼面并突出到建筑物外墙之外的悬挑梁作为主要承载构件，在悬挑梁上再搭设脚手架，这种脚手架称为悬挑式脚手架。悬挑式脚手架主要用于屋面檐口部位的施工，多从窗口部位向外挑出架设；安装作业时，为了满足施工需要，多借助钢柱、钢梁和大型脚手架向外支挑脚手架，多用于电缆桥架安装及油漆作业、保温作业、外护板安装等。

5.2.2.1 悬挑式脚手架的构造

悬挑式脚手架主要由悬挑梁、架体、斜拉钢丝绳、连墙件等组成，一般是多层悬挑，将全高的脚手架分成若干段，每段搭设高度不宜超过 20 m。悬挑式脚手架主要有斜拉式悬挑脚手架、斜撑式悬挑脚手架和三角桁架悬挑脚手架三种结构形式。

（1）斜拉式悬挑脚手架

斜拉式悬挑脚手架的特点是在型钢的外端设置一根与建筑物连接的可调斜拉钢丝绳或斜拉杆，如图 5-18 所示。此种脚手架由于施工方便、可靠性好而被广泛使用。图中，1 为悬挑型钢，2 为 U 形钢筋锚环，3 为钢丝绳，4 为 U 形拉环，5 为主体结构，6 为立杆定位件。悬挑梁最外排立杆到悬挑梁端部的距离不小于 100 mm，悬挑梁固定端的长度 L_1 不小于悬挑段长度 L_c 的 1.25

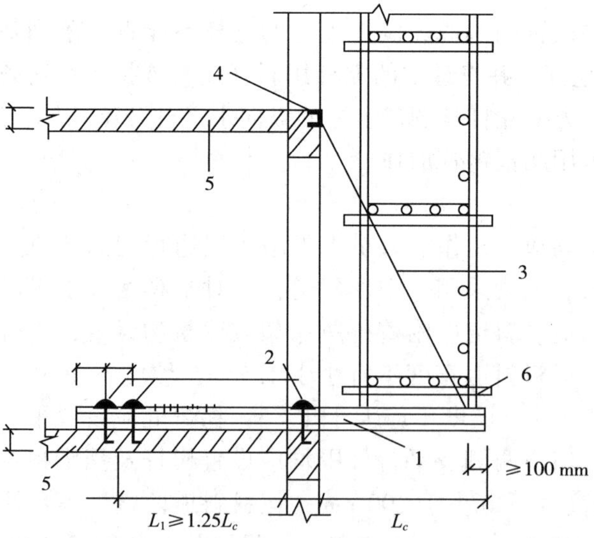

图 5-18 斜拉式悬挑脚手架结构

倍，即 $L_1 \geq 1.25L_c$。悬挑梁尾部锚固不少于两道，两道锚固件间距一般为 200 mm，锚固件距离悬挑梁尾部距离不宜小于 200 m，悬挑式脚手架最外排立杆与悬挑梁端部距离不小于 100 mm。

（2）斜撑式悬挑脚手架

斜撑式悬挑脚手架的特点是在型钢的下面设置一根斜撑杆，如图 5-19 所示。图中，1 为斜撑杆，2 为悬挑梁。

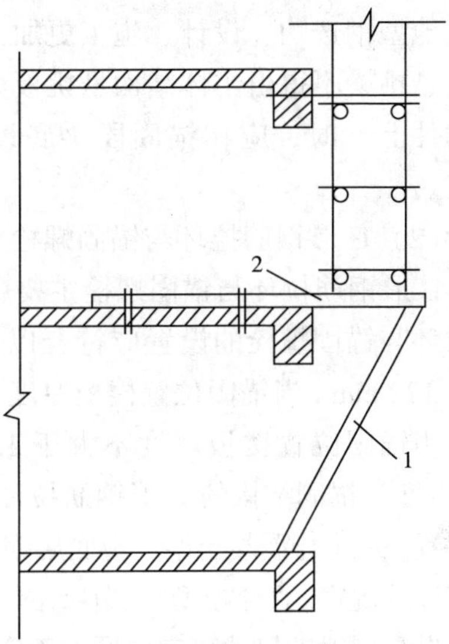

图 5-19　斜撑式悬挑脚手架结构

（3）三角桁架悬挑脚手架

三角桁架悬挑脚手架的支撑结构为型钢焊接加工而成的三角形挑架，如图 5-20 所示。图中，1 为悬挑钢梁，2 为支撑型钢，3 为高强度螺栓，4 为立杆定位件，5 为主体结构。此类脚手架比较适用于安装在剪力墙上，可以与型钢挑梁混合使用。

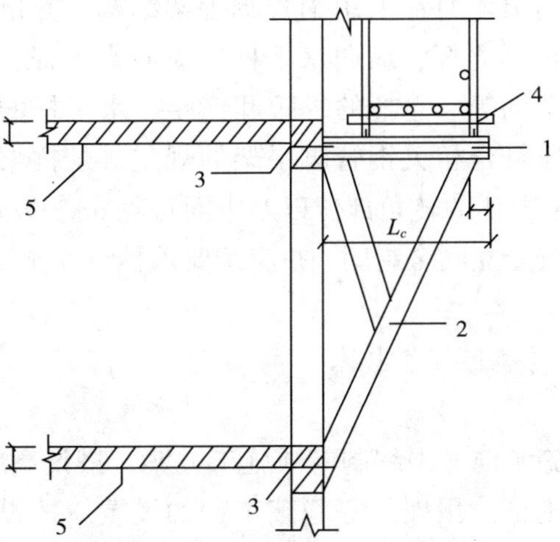

图 5-20　三角桁架悬挑脚手架结构

5.2.2.2　悬挑式脚手架的构配件

（1）型钢悬挑梁

型钢悬挑梁主要用来承担上部脚手架及施工荷载。建筑施工工程中一般采用工字钢悬挑梁。工字钢为双轴对称截面，结构性能可靠，受力稳定性好，比其他型钢选购、设计、施工更加方便。

悬挑梁不得由主体结构悬挑板如阳台、梁支承。当悬挑段设置于建筑物悬挑构件上方时，应在锚固段梁底设置钢垫板，数量不小于 2 块，将悬挑梁架空。

（2）U 形钢筋拉环与锚固螺栓

U 形钢筋拉环与锚固螺栓主要用来锚固悬挑钢梁，使其保持稳定。U 形钢筋拉环与锚固螺栓的设置应符合以下要求：用于锚固悬挑梁的楼板厚度不宜小于 120 mm。当锚固位置楼板厚度大于 120 mm 时，可采用“埋入型”锚固结构；当锚固位置楼板厚度不大于 120 mm 时，宜采用“穿板型”锚固结构。“埋入型”锚固结构的 U 形钢筋拉环或锚固螺栓应预埋至混凝土梁、板底层钢筋位置，并应与混凝土梁、板底层钢筋焊接或绑扎牢固，其锚固长度应符合现行国家标准规定。“穿板型”锚固结构需在楼板对应位置预留孔洞，下方垫板尺寸应根据悬挑梁的尺寸确定，厚度不宜小于 5 mm，锚固螺栓直径不宜小于 18 mm。

（3）斜拉钢丝绳

悬挑式脚手架中常用斜拉钢丝绳来吊拉悬挑梁尾端。悬挑式脚手架中悬挑钢丝绳在计算模型中不参与受力计算，只作为一种安全储备。

（4）架体构件

悬挑式脚手架的架体通常采用钢管脚手架结构，并以扣件式钢管脚手架最为常见，其构件包括立杆、纵向水平杆、横向水平杆、剪刀撑与斜撑、连墙件、脚手板、安全网等。立杆的纵距和横距、水平杆的步距以及所有杆件的设置和连接方式应符合相关钢管脚手架的规定。悬挑架的外立面应自下而上连续设置剪刀撑；架体的转角部位以及中间每隔 6 跨设置一道横向斜撑。悬挑架架体外围应用安全立网全封闭，并应按要求挂设安全平网，设置脚手板和防护栏杆。

5.2.2.3　搭设与拆除安全技术

（1）搭设程序

①施工准备。施工前必须编制专项施工方案，搭设高度大于 20 m 的，还要按程序组织专家论证。预埋件等隐蔽工程的设置应按设计要求执行，隐蔽工程验收手续应齐全。悬挑式脚手架搭设时，连墙件、型钢支承架对应的主体结构混凝土必须达到设计计算要求的强度。

②放线定位，预埋 U 形螺栓和拉环。在悬挑层楼面放出悬挑梁位置线并做好标识，于板底钢筋完成后预埋两处锚固螺栓，用限位钢筋固定，在浇捣混凝土时应避免碰撞锚固螺栓，混凝土完成面注意找平，以便安装悬挑梁。同

时，随工程进度在上一层建筑结构边沿上预埋斜拉钢丝绳吊环。

③悬挑架的支承结构安装。先竖立杆、安装扫地杆，再安装纵向水平杆、横向水平杆、连墙件、剪刀撑、横向斜撑，然后安装斜拉钢丝绳、架体底部封底、铺设脚手板、安装防护栏杆和挡脚板，最后挂安全网。

（2）检查验收

搭设悬挑式脚手架的材料、构配件应进行进场验收，检验合格后方可进行搭设施工。悬挑式脚手架应在下列阶段进行检查验收：

①预埋锚固件及钢丝绳吊环完工后。

②悬挑梁安装固定后、脚手架搭设前。

③每搭设一个楼层高度，阶段使用前。

④达到设计高度后。

⑤作业层上施加荷载前。

⑥遇有六级强风及以上风或大雨后；冻结地区解冻后。

⑦停用超过一个月。

（3）拆除

悬挑式脚手架的拆除应按专项施工方案进行。作业前应全面检查悬挑式脚手架的扣件连接、连墙件、支撑体系等是否符合构造要求，然后根据检查结果，补充完善专项施工方案中的拆除顺序和措施；拆除作业前应严格履行安全技术交底程序。

悬挑式脚手架拆除作业必须由上而下逐层拆除，严禁上下同时作业。连墙件必须随脚手架逐层拆除，分段拆除高差不应大于两步。当拆至最底层悬挑式脚手架时，应先拆除连墙件，后拆除吊拉钢丝绳。

当悬挑式脚手架采取分段、分立面拆除时，对不拆除的悬挑式脚手架两端必须采取连墙件和横向斜撑等可靠措施加固后方可实施拆除作业。

其他拆除过程和要求应遵循一般钢管脚手架的拆除规定。

5.2.3 脚手架结构的设计计算

脚手架结构的设计计算，应该满足两种极限状态的要求：

承载能力极限状态：承载能力极限状态是指结构构件达到了承载极限或产生了使结构构件不能继续承载的过大变形，从而丧失继续承载的能力。对脚手架而言，纵向和横向水平杆因抗弯强度不够、扣件连接强度不足而产生的破坏，立杆因稳定承载力不够而引起的脚手架整体或局部压屈失稳属于超过承载能力极限状态的破坏。

正常使用极限状态：正常使用极限状态是指结构构件达到了正常使用或

耐久性的某项规定限值。对脚手架而言，纵向和横向水平杆的弯曲挠度过大或直杆的长细比过大都将不满足脚手架的正常使用要求，因此它们必须满足规定的限值。本节以扣件式脚手架为例进行结构设计计算。

5.2.3.1 扣件式脚手架的结构特点

与一般建筑钢结构相比，扣件式脚手架有以下特点：

①所受荷载变异性较大，例如施工荷载的量值及其分布情况变化较大。

②脚手架及其组成构配件存在较大的初始缺陷，如钢管的初始弯曲、锈蚀，脚手架的搭设尺寸误差等，一般都大于普通钢结构。

③扣件连接节点的性能既不属于完全的铰接，又不属于完全的刚接，而是属于半刚性连接。节点刚性（节点的抗转动能力）大小与扣件质量和拧紧程度密切相关且不易控制，因而存在较大差异。

④连墙件对脚手架的约束性存在较大差异。

5.2.3.2 扣件式脚手架的计算项目

扣件式脚手架的主要承重构件有脚手板、纵向和横向水平杆、立杆、连墙件、立杆基础等。按上述两种极限状态计算要求，将它们的计算项目列于表 5-3。

表 5-3 扣件式脚手架计算项目

项目	承载能力极限状态	正常使用极限状态
脚手板	施工层纵、横向水平杆间距符合构造要求时不必计算	
纵向和横向水平杆	抗弯强度、扣件抗滑承载力计算	弯曲挠度 $w<[w]$
立杆	立杆稳定计算	容许长细比计算 $\lambda \leqslant [\lambda]$
连墙件	连墙件与脚手架、建筑物的连接强度	
立杆基础	地基承载力计算	

注：$[w]$ 为许用挠度，$[\lambda]$ 为许用乘度。

（1）荷载分类

作用于扣件式脚手架上的荷载可分为永久荷载（常称恒载）和可变荷载（常称活载）。对扣件式脚手架来说，永久荷载为结构自重（包括立杆，纵向和横向水平杆，剪刀撑，横向斜撑和连接它们的扣件等的重量）和构配件自重（包括脚手板、栏杆、挡脚板、安全网等防护设施的自重）。可变荷载为施工荷载和风荷载，其中施工荷载包括作业层上的人员、器具和材料的自重。

(2) 荷载标准值与设计值

①永久荷载的标准值。脚手架结构自重可按脚手架搭设尺寸、钢管的规格计算确定。每米立杆承受的结构自重标准值，脚手板、栏杆与挡脚板自重标准值可查表确定；脚手架吊挂的安全设施，如安全网等的自重标准值应根据实际情况确定。

②可变荷载的标准值。

施工荷载：装修与结构脚手架作业层的均布荷载标准值，一般装修类脚手架取 2 kN/m^2，结构脚手架取 3 kN/m^2。其他用途脚手架的施工均布荷载标准值应按实际情况确定。

风荷载：垂直作用于脚手架表面的风荷载标准值应计算确定。脚手架设计计算时，应考虑挡风系数。

③荷载设计值。荷载设计值为荷载标准值与荷载分项系数之乘积。永久荷载设计值等于永久荷载标准值乘以永久荷载分项系数；可变荷载设计值等于可变荷载标准值乘以可变荷载分项系数。

④荷载组合。作用于结构上的可变荷载一般在两种或两种以上，为了保证结构安全，设计时必须根据使用过程中在结构上可能同时出现的荷载，按承载能力极限状态和正常使用极限状态分别进行荷载效应组合，并取各自最不利组合进行计算。

⑤纵向和横向水平杆（大、小横杆）计算。纵向和横向水平杆承受竖向荷载作用，按照受弯构件计算公式进行计算；纵向和横向水平杆与立杆连接扣件的抗滑承载力应符合规定。

⑥立杆计算。立杆计算包括稳定计算和容许长细比计算，前者属于承载能力极限状态计算，后者属于正常使用极限状态计算。

⑦连墙件计算。连墙件因不同风向可能受拉或受压，不论扣件还是螺栓连接，传力均有偏心作用，为简化计算和保证安全，连墙件按轴压杆计算。

⑧立杆基础承载力计算。应根据现场的地质勘察报告验算立杆基础的承载能力。扣件式钢管脚手架的计算公式详见附录 3。

5.3 脚手架工程事故类型及原因

脚手架作为建筑施工中的一种广泛使用的临时设施，在搭设、使用和拆除过程中往往会发生生产安全事故，造成不同程度的人员伤亡和经济损失，甚至还时常发生群死群伤事故，后果十分严重。

为了主动、有效地预防事故，必须充分分析和认识事故发生的致因因素，并通过隔离危险源、采取技术手段、实施个体防护、设置监控设施等措施有效防范安全风险，从而实现安全生产。

按照《国务院安委会办公室关于实施遏制重特大事故工作指南构建双重预防机制的意见》（安委办〔2016〕11号）的要求，企业要建立完善安全风险公告制度，并加强风险教育和技能培训，确保管理层和每名员工都掌握安全风险的防范、应急措施。要在醒目位置和重点区域分别设置安全风险公告栏，制作岗位安全风险告知卡，标明主要安全风险、可能引发事故的隐患类别、事故后果、管控措施、应急措施及报告方式等内容。对存在重大安全风险的工作场所和岗位，要设置明显的警示标志，并强化危险源监测和预警。

5.3.1 脚手架工程的事故类型及原因分析

脚手架工程中常见的事故类别主要有高处坠落、坍塌、物体打击、触电和其他伤害（如挤伤、割伤、扎伤、碰伤、烧伤等），其中高处坠落、坍塌和物体打击事故的发生概率最大。脚手架工程的事故类型、主要施工阶段及原因分析见表5-4。

表5-4　脚手架工程主要事故分析

事故类型	主要施工阶段	原因分析
高处坠落	架体的搭设、使用和拆除	①未及时搭设安全防护设施或防护不严密，或提前拆除安全防护设施 ②作业人员未按要求佩戴安全防护用品，或有其他违反高处作业安全的行为 ③架体作业面有关杆件或脚手板不牢固而发生松动、倾覆、断裂等
坍塌	架体的搭设、使用和拆除阶段，以及模板支架浇筑混凝土及拆模阶段	①架体未按方案和标准要求搭设 ②基础发生严重破坏或不均匀沉降 ③架体未进行施工验收或验收不合格就投入使用 ④作业脚手架未按规定设置连墙件，或擅自提前拆除有关杆件或连墙件 ⑤作业脚手架上严重超载 ⑥模板支架承载力不足，或未按规定进行混凝土浇筑作业 ⑦违规提前拆除模板支撑系统，或有其他违章拆除行为

续表

事故类型	主要施工阶段	原因分析
物体打击	架体的搭设、使用和拆除阶段	①搭设和拆除作业时未设置警戒区 ②交叉作业安全防护不到位 ③作业人员违反高处作业安全规定，违章作业
触电	架体的搭设和拆除阶段	①对外电线路安全防护不到位 ②作业人员违章作业 ③临时用电线路私拉乱扯，有关漏电、断路等安全电器的保护功能失效
其他伤害	架体的搭设和拆除阶段	①作业人员未按要求佩戴安全防护用品，或违规操作和使用施工机具或作业工具 ②施工机具不符合安全使用要求 ③违章动火作业

5.3.2 脚手架工程的常见问题

脚手架工程，尤其是超高作业脚手架和高大模板支架工程，其结构和使用环境复杂，安装技术要求高，承受的荷载较大，施工作业危险性强，稍有疏忽就极易发生生产安全事故。脚手架在搭设、使用和拆除等环节常见的问题比较多，涉及人员资格、施工技术、流程管理等多个方面，这些问题的存在往往是导致事故发生的主要原因。

5.3.2.1 技术管理方面

技术管理方面主要有以下五种问题易导致脚手架工程事故：

①从事脚手架搭设或拆除的作业人员未按照规定接受专业教育，未取得特种作业人员操作证书，无证上岗作业。

②作业人员安全生产意识较差，如：酒后登高作业；作业人员未按照规定佩戴安全帽、系安全带、穿防滑鞋；身体健康状况不佳时仍坚持脚手架搭设作业。

③施工管理人员违章指挥和冒险指挥，导致操作人员在不安全的状态下作业。作业者不按施工方案的要求搭设脚手架，例如：不按方案要求的排距、步距搭设；不按规定设置立杆底座、抛撑、连墙件、剪刀撑、挡脚板、安全网等；悬挑式脚手架的承载横梁不按方案设置或未正确锚固等。

④没有编制专项施工方案或方案实施、编写不符合要求，如：未按照规定编制脚手架专项施工方案或施工组织设计；方案未按照规定的程序进行审查、论证、批准；方案内容不符合安全技术规范标准；方案中未对地基

承载力、连墙件进行计算，未按照规定对立杆、水平杆进行计算；方案编写过于简单，缺少平面图、立面图，以及节点、构造等详图，不具有可操作性；方案针对性不强，无法正确指导施工；施工过程中擅自修改专项施工方案。

⑤安全检查工作不到位，如：未按照规定进行安全技术交底，或安全技术交底走形式，缺乏针对性；未安排专人对专项施工方案实施情况进行现场监督；未按照方案要求进行搭设、拆除脚手架施工作业；未按照规定进行分段搭设、分段检查验收就投入使用，即使组织验收，也无量化验收内容；以包代管，脚手架搭设、使用和拆除过程中安全监督责任不到位，安全检查不细致，不能及时发现事故隐患，或发现隐患未及时整改。

5.3.2.2　材料配件质量问题

（1）扣件

扣件出现下列问题易导致脚手架工程事故发生，如：扣件破损，螺杆螺母滑丝；扣件所使用材料不合格；扣件盖板厚度不足，承载力达不到要求；扣件、底座未做防腐处理，锈蚀严重，承载力不足；扣件变形严重。

（2）底座、垫板

底座、垫板的厚度不足会导致脚手架承载力不足，如：焊接底座底板厚度不足 8 mm，承载力不足；木垫板厚度不足 50 mm，长度不足两跨。

（3）钢管

钢管出现下列问题易导致脚手架工程事故发生：新购钢管使用前未按规定进行抽样检测检验；钢管使用前未进行全面检查，质量存在问题；进场钢管没有生产许可证、产品质量合格证；钢管壁较薄，$\phi48$ 钢管壁厚度偏差超过 0.5 mm；钢管未做防腐处理，锈蚀严重，承载力严重降低；钢管受打孔、焊接等破坏，局部承载力不能满足要求。

（4）脚手板

冲压钢脚手板锈蚀严重或竹串片脚手板穿筋松落，会导致脚手架承载力严重不足。

（5）可调托撑

可调托撑出现下列问题易导致脚手架工程事故发生：可调托撑螺杆外径小于 38 mm，直径与螺距不符合规定要求；可调托撑螺杆与支托板焊接不牢，或支托板厚小于 5 mm，变形大于 1 mm，承载力不足；使用有裂纹的支托板和螺母，或螺母厚度小于 30 mm。

（6）其他

密目式安全立网网目密度低于 2 000 目/100cm^2，配件材质不符合要求，以低级别材料替代高级别材料等，均会使脚手架工程存在安全隐患。

5.3.2.3 搭设问题

（1）基础

基础出现下列问题易导致脚手架工程事故的发生：地基没有进行承载力计算，地基承载力不足；回填土未分层夯实，软地基未采取夯实、铺设混凝土垫层等加固措施；基础下的管沟、枯井等未进行加固处理；对冻胀性土未采取防冻融措施；脚手架搭设场地不平整；基础没有排水设施或排水不畅，被水浸泡，尤其对湿陷性黄土未采取防水措施；基土上直接搭设架体时，立杆底部未铺设垫板，或者木垫板面积不够、板厚不足 50 mm；立杆底部未设底座，或者数量不足；底座未安放在垫板中心轴线部位；在脚手架附近开挖基础、管沟，对脚手架基础构成隐患。

（2）连墙件

连墙件出现下列问题易导致脚手架工程事故的发生：连墙件设置数量严重不足；连墙件的水平间距大于 3 跨，或竖向间距大于 3 步；连墙件与建筑结构连接不牢固；连墙件未随作业脚手架搭设同步进行安装；作业脚手架底层第一步纵向水平杆处未设置连墙件或未采用其他可靠措施固定；连墙件之上架体的悬臂高度大于 2 步；开口型脚手架的两端未设置连墙件；连墙件的垂直间距大于建筑物的层高，或者大于 4 m；连墙件与架体连接的连接点位置不在离主节点 300 mm 的范围内；对高度超过 24 m 以上的脚手架未采用刚性连墙件；违规使用仅能承受拉力、仅有拉筋的柔性连墙件；架高超过 40 m 且有风涡流作用时，未采取抗上升风流作用的连墙措施；模板支架未与既有建筑结构进行可靠固结。

（3）立杆

立杆出现下列问题易导致脚手架工程事故发生：立杆不顺直，弯曲度超过 20 mm；脚手架基础不在同一高度时，靠边坡上方的立杆轴线到边坡的距离不足 500 mm；脚手架未设纵向和横向扫地杆；扫地杆设置不合理，纵向扫地杆距底座上端大于 200 mm；横向扫地杆固定在纵向扫地杆以上且间距较大；脚手架立杆纵距超过 2 m；作业脚手架立杆偏心荷载过大，顶层顶步以下立杆采用了搭接接长；双立杆中副立杆过短，长度远小于 6 m；对接接头没有交错布置，同一步内接头较集中；高层脚手架没有局部卸载装置；搭设高度未跟上施工进度，脚手架未高出作业层；落地式卸料平台未单独设置立杆；作业脚手架与塔机、施工升降机、物料提升机、卸料平台等架体连在一起，或与模板支架连在一起；模板支架柱距过大，分布不均；模板支架立柱接长采用搭接，或将上段的钢管立柱与下段钢管立柱错开固定在水平拉杆上；可调托撑螺杆外径与立柱钢管内径的间隙大于 3 mm；U 形支托与楞梁两侧间隙未楔紧，造成偏心受力；扣件紧固力矩小于 40 N · m 或大于 65 N · m。

（4）水平杆、剪刀撑

水平杆、剪刀撑出现下列问题易导致脚手架工程事故发生：作业脚手架纵向水平杆设在立杆外侧，或单根杆长度小于 3 跨；水平杆搭接长度不足 1 m，或只用一个或两个旋转扣连接；两根相邻水平杆接头设在同步或同跨内，相距不足 500 mm；作业脚手架主节点处未设置横向水平杆，或被拆除；单排脚手架架眼位置不符合要求，横向水平杆插入墙内的长度不足 180 mm；作业脚手架剪刀撑设置不规范，未跟上施工进度，或搭接接头、扣件数量不足；悬挑式脚手架或高度超过 24 m 的作业脚手架外立面未连续设置剪刀撑；横向斜撑未按要求设置；模板支架未设置纵向和横向扫地杆；模板支架水平杆步距大于 1. 8 m；纵向和横向水平杆未连续设置，缺失严重；所有水平杆的端部未按规定与四周建筑物顶紧顶牢；模板支架未按规定设置水平或竖向剪刀撑。

（5）作业层

作业层出现下列问题易导致脚手架工程事故发生：作业层脚手板铺设不满，没有固定牢；作业层竹笆脚手板下纵向水平杆间距超过 400 mm；未设置栏杆和挡脚板，或设置位置及高度尺寸不符合要求；脚手板接头铺设不规范，出现长度大于 100 mm 的探头板；作业脚手架没有挂设随层网、层间网或首层网，或挂设不严密；外架架体外围未用安全网全封闭或封闭不严。

5. 3. 2. 4　使用问题

下列使用不当行为易导致脚手架工程事故发生：作业层上施工荷载过大，超出设计要求；未按照规定进行定期检查，长时间停用和大风、大雨后及解冻期未进行安全检查；在使用期间随意拆除主节点处杆件、连墙件；在脚手架上进行电、气焊作业时，未采取防火措施；脚手架未按照规定设置防雷措施；将模板支架、缆风绳、混凝土输送泵管、卸料平台及大型设备的支承件等固定在作业脚手架上；作业脚手架上悬挂起重设备；模板上荷载较集中；混凝土梁未从跨中向两端对称分层浇筑；预压模板支架时，由于沙袋被雨水浸泡后重量变大，预压荷载超过支架设计承载力而造成支架坍塌；模板支架在施加荷载时，架体下人员未撤离。

5. 3. 2. 5　拆除问题

下列拆除不当行为易导致脚手架工程事故发生：未制定拆除方案，未进行安全技术交底，或在拆除过程中更换人员后未重新进行安全技术交底；没有在拆除前对脚手架的扣件连接、连墙件、支撑体系等是否符合构造要求做全面检查；拆除时周围未设置围栏或警戒标志，非拆除人员能够随意出入；

在电力线路附近拆除脚手架时，未采取有效防护措施；拆除人员未正确佩戴安全防护用具，未配备工具袋，随意放置工具；违规上下同时进行拆除作业；杆件、加固件的拆除未按规定顺序进行；作业脚手架连墙件未随架体逐层拆除，或先将连墙件整层或数层拆除后再拆架体；采用整片拽倒、拉倒法拆除；高处抛掷拆卸的杆件、部件；拆除过程中未对架体采取必要的临时拉结措施；拆架过程中遇管线阻碍时任意割移；模板支架拆除前混凝土强度未达到设计要求；当上层及以上楼板正在浇筑混凝土时，违规提前将下层楼板立柱拆除；预应力混凝土构件的支架拆除未在预应力施工完成之后进行。

5.4 脚手架作业安全管理及事故预防

5.4.1 脚手架作业安全管理

5.4.1.1 脚手架构配件检查与验收要求

根据《建筑施工扣件式钢管脚手架安全技术规范》，脚手架构配件的检查应符合下列规定。

（1）钢管

对新钢管的要求如下：应有产品质量合格证、质量检验报告；钢管表面应平直光滑，不应有裂缝、结疤、分层、错位、硬弯、毛刺、压痕和深的划道；钢管外径、壁厚、端面等的偏差，应分别符合《建筑施工扣件式钢管脚手架安全技术规范》的规定；钢管应涂有防锈漆。

对旧钢管的要求如下：表面锈蚀深度应符合相关规范的规定。锈蚀检查应每年一次；检查时，在锈蚀严重的钢管中抽取三根，再对每根钢管锈蚀严重的部位横向截断取样检查，当锈蚀深度超过规定值时不得使用；弯曲变形也应符合规范规定。钢管上严禁打孔。

（2）扣件

扣件应有生产许可证、法定检测单位的测试报告和产品质量合格证。当对扣件质量有怀疑时，应按现行国家标准抽样检测。新、旧扣件均应进行防锈处理；扣件的技术要求应符合规范规定。扣件进入施工现场时应检查产品合格证，并应进行抽样复试，性能应符合规范规定，使用前应逐个挑选，有裂缝、变形、螺栓出现滑丝的严禁使用。

（3）脚手板

对于冲压钢脚手板，新脚手板应有产品质量合格证；尺寸偏差应符合相关规范的规定，且不得有裂纹、开焊与硬弯；新旧脚手板均应涂防锈漆并有防滑措施。木脚手板的质量应符合相关规范的规定，宽度、厚度允许偏差应符合规范规定，不得使用扭曲变形、劈裂、腐朽的脚手板。竹笆脚手板、竹串片脚手板的材料应符合规范规定。

5.4.1.2 脚手架安全作业的基本要求

①脚手架搭设与拆除人员必须是经考核合格的专业架子工，架子工应持证上岗。

②搭拆脚手架人员必须戴安全帽、系安全带、穿防滑鞋。

③当有六级及以上强风、浓雾、雨雪天气时应停止脚手架搭设与拆除作业。雨、雪后上架作业应有防滑措施，并应扫除积雪。

④夜间不宜进行脚手架搭设与拆除作业。

⑤脚手板应铺设牢靠、严实，并应用安全网进行双层兜底。施工层以下每隔 10 m 应用安全网封闭。

⑥单、双排脚手架和悬挑式脚手架的架体外围应用密目式安全网全封闭，密目式安全网宜设置在脚手架外立杆的内侧，并与架体绑扎牢固。

⑦满堂脚手架与满堂支撑架在安装过程中应采取防倾覆的临时固定措施。

⑧临街搭设脚手架时，外侧应有防止坠物伤人的防护措施。

⑨在脚手架上进行电、气焊作业时，应有防火措施和专人看守。

⑩工地临时用电线路的架设及脚手架接地、避雷措施等，应按照《建设与市政工程施工现场临时用电安全技术标准》的有关规定执行。

⑪搭拆脚手架时，地面应设围挡和警戒标志，并应派专人看守，严禁非操作人员入内。

5.4.1.3 脚手架搭设的检查验收

(1) 对脚手架及其地基基础进行检查与验收的时点

①基础完工后及脚手架搭设前。

②作业层上施加荷载前。

③每搭设完 6~8 m 的高度后。

④达到设计高度后。

⑤遇有六级强风及以上风或大雨后，冻结地区解冻后。

⑥停用超过一个月。

(2) 进行脚手架检查与验收应依据的文件

①相应的脚手架安全技术规范关于脚手架搭设的技术要求、允许偏差与检验方法。安装后的扣件螺栓拧紧扭力矩应采用扭力扳手检查，抽样方法应按随机分布原则进行，抽样检查数目与质量判定标准应按规范确定；不合格的应重新搭设至合格。

②专项施工方案及变更文件。

③技术交底文件。

④构配件质量检查表。

（3）脚手架使用中应定期检查的内容

①杆件的设置和连接，连墙件、支撑、门洞桁架等的构造应符合相关规范和专项方案的要求。

②地基应无积水，底座应无松动，立杆应无悬空。

③扣件螺栓应无松动。

④高度在 24 m 以上的双排、满堂脚手架，其立杆的沉降与垂直度的偏差应符合相关规范的规定；高度在 20 m 以上的满堂支撑架，其立杆的沉降与垂直度的偏差应符合相关规范。

⑤安全防护措施应符合相关规范要求。

⑥应无超载使用。

（4）脚手架的使用

作业层上的施工荷载应符合设计要求，不得超载。严禁拆除或移动架体上安全防护设施。

满堂支撑架在使用过程中应有专人监护施工，当出现异常情况时应立即停止施工，并迅速撤离作业面上的人员。在采取安全的措施后，查明原因、做出判断并立即进行处理。

不得将模板支架、缆风绳、泵送混凝土和砂浆的输送管等固定在脚手架上；脚手架不得与其他设施如井架、施工升降机运料平台、落地操作平台、防护棚等相连，严禁悬挂起重设备。

当有六级及以上强风、浓雾、雨雪天气时应停止脚手架搭设与拆除作业。雨、雪后上架作业应有防滑措施，并应扫除积雪。

在脚手架使用期间，严禁拆除主节点处的纵、横向水平杆和纵、横向扫地杆，连墙件等。

当在脚手架使用过程中开挖脚手架基础下的设备基础或管沟时，必须对脚手架采取加固措施。

（5）脚手架的拆除

脚手架拆除应按专项方案施工，拆除前应全面检查脚手架的扣件连接、连墙件、支撑体系等是否符合构造要求，并根据检查结果补充完善脚手架专项方案中的拆除顺序和措施，经审批后方可实施，拆除前应对施工人员进行交底，并清除脚手架上的杂物及地面障碍物。

架子拆除时，应划分作业区，周围设围栏或竖立警戒标志，地面设专人指挥，严禁非作业人员入内。高处作业人员必须戴安全帽，系安全带，扎裹腿，穿软底鞋。

拆除顺序应遵循由上而下、先搭后拆、后搭先拆的原则，即先拆栏杆、脚手板、剪刀撑、斜撑，后拆小横杆、大横杆、立杆和底座，并按一步清的原则依次进行，严禁上下同时进行拆除作业。拆立杆时，应先抱住立杆再拆开最后两个扣，拆除大横杆、斜撑、剪刀撑时，应先拆中间扣，然后托住中间，再解端头扣。连墙点应随拆除进度逐层拆除，拆抛撑前应设置临时支撑，然后再拆抛撑。

拆除时要统一指挥，上下呼应，动作协调，当解开与另一人有关的结扣时，应先通知对方，以防坠落。在拆架过程中不得中途换人，如必须换人，应将拆除情况交代清楚后方可离开。

在大片架子拆除前应将预留的斜道、上料平台、通道小飞跳等先行加固，以便拆除后能确保其完整、安全和稳定。

拆除时如附近有外电线路，要采取隔离措施。严禁架杆接触电线。拆除时不应碰坏门窗、玻璃、水管、房檐瓦片、地下明沟等物品。

拆下的材料应用绳索拴住，利用滑轮徐徐下运，严禁抛掷，运至地面的材料应按指定地点分类堆放，随拆随运，当天拆当天清，拆下的扣件或铁丝要集中回收处理。

拆除烟囱、水塔外架时，严禁架料碰缆风绳，同时拆至缆风绳处方可解除该处缆风绳，不准提前解除。

5.4.2 脚手架工程事故预防

脚手架是高处作业设施，在搭设、使用和拆除过程中，为确保作业人员的安全，重点应落实好预防脚手架垮塌、触电、雷击、人员坠落的措施。

5.4.2.1 预防脚手架垮塌的措施

预防脚手架垮塌，重点是“架子把好七道关”。

(1)“材质关”

严格按规定的质量、规格选择材料。

(2)“尺寸关”

必须按规定的间距尺寸搭设立杆、横杆、剪刀撑、栏杆等。

(3)“铺板关”

架板须满铺，不得有空隙和探头板、飞跳板。要经常清除板上杂物，保持清洁、平整。木板的厚度必须在 5 cm 以上。

(4)“连接关”

脚手架必须按规定设置剪刀撑和抛撑，7 m 以上的架子必须设置抛撑或同建筑物牢固连接，不得摇动。

（5）“承重关”

人员不准在脚手板上跑、跳、挤。堆料不能过于集中，钢管脚手架不得超过 3 kN/m²，堆砖只允许单行侧摆 3 层，装修工程脚手架不得超过 2 kN/m²。其他架子（桥架、吊篮、挂架等）必须经过计算和试验来确定其承重荷载；如必须超载，应采取加固措施。

（6）“挑梁关”

悬挑式脚手架，除吊篮按规定加工、设栏杆防护和立网外，挑梁架设要平坦和牢固。

（7）“检验与维护关”

验收合格后，方准上架作业。要建立安全责任制，按责任制对脚手架进行定期和不定期的检查和维护。使用过程中也要经常对架子进行检查，对各种杆件、连接件、跳板、安全设施以及斜道上的防滑条要全面检查，不符合安全要求的要及时处理。要坚持雨、雪、风等天气之后和停工复工之后的及时检查，对有缺陷的杆、板要及时更换，松动的要及时固定牢，发现问题及时加固，确保使用安全。

5.4.2.2 预防触电、雷击的措施

（1）脚手架作业安全用电

脚手架与外电架空线路的最小安全操作距离如表 5-5 所示。如达不到表中规定，必须采取绝缘隔离措施，并悬挂醒目的警告标志。

表 5-5 脚手架与外电架空线路的最小安全操作距离

外电线路电压（kV）	最小距离（m）	外电线路电压（kV）	最小距离（m）
<1	4.0	1~10	6.0
35~110	8.0	220	10.0
330~500	15.0		

一般电线不得直接捆在金属架杆上，捆扎时必须加垫木隔离。

脚手架需要穿越或靠近 380 V 以内的电力线路时，距离应在 2 m 以上；如距离在 2 m 以内，在架设和使用期间，应采取可靠的绝缘措施。

（2）脚手架设施防雷

目前，脚手架多数使用易导电的钢质材料，而且搭设又往往高于附近的建筑物，易遭雷击。为避免作业人员遭到雷击，脚手架必须采取防雷击措施。一般采取安装避雷装置的方法，避雷装置由接闪器、引下线、接地极三部分组成。

5.4.2.3 预防人员坠落的措施

(1) 上下架通道

要为作业人员上下脚手架设置斜道、阶梯或正式爬梯。不得攀登脚手架上下，也不准乘坐非乘人的升降设备上下。

(2) 防护栏杆

任何结构形式的脚手架都要搭设防护栏杆。防护栏杆固定在脚手架外侧立杆上，高出脚手板平面1~1.5 m，并扎双道栏杆。钢管或钢筋栏杆要用扣件或焊接固定牢。因作业需要临时拆掉的栏杆，作业完成后要及时恢复。斜道上必须设1 m高的栏杆和立网。

要设置挡脚板，挡脚板固定在脚手板上面的立杆里侧，高出脚手板平面180 mm以上。挡脚板可用脚手板来设置。

在建筑施工中，脚手架是一项不可缺少的重要工具，但是，如果搭设和使用方法不当，往往会造成多人伤亡和巨大的经济损失。工程管理中也有对各种脚手架必须严把“十道关”的说法，其实就是上述的“架子把好七道关”、防雷电、上下架通道和防护栏杆。

5.5 模板系统的种类及基本要求

模板指浇筑混凝土结构或钢筋混凝土结构成型的模具，是一种临时结构物。它不仅能控制构件尺寸的精度，还直接影响施工进度和混凝土的浇筑质量，对构件的制作十分重要。模板工程是混凝土结构工程施工中的重要组成部分，在建筑施工中也占有相当重要的位置。特别是近年来高层建筑增多，模板工程的重要性更为突出。

5.5.1 模板系统的构成及分类

5.5.1.1 模板系统的构成

模板系统包括模板、支架支撑及紧固件三大部分。

模板能够使结构构件形成一定的形状和承受一定的荷载。

支架支撑能够保证结构构件的空间布置，同时也承受和传递各种荷载，并与紧固件一起保证整个模板系统的整体性和稳定性。

紧固件能够保证整个模板系统的整体性和稳定性。

5.5.1.2 模板系统的分类与构造

(1) 按材料分类

①木模板。用木材加工成的模板及其支架系统一般在加工厂或现场施工

棚制作成基本元件（拼版），然后在现场拼接。木模板重量相对较轻，价格相对便宜，使用时没有模数的局限，可以按要求进行加工；缺点是使用的次数相对少，在加工的过程中有一定损耗。

②胶合板模板。胶合板模板以木材为基本材料压制而成，是一种表面经酚醛薄膜处理、塑料浸渍饰面或高密度塑料涂层处理的建筑用胶合板。胶合板模板的优点是自重轻、板幅大、板面平整、施工安装方便简单，承载力、刚度较好，模板的耐磨性强，防水性好，能多次重复使用；缺点是它需要消耗较多的木材资源。胶合板模板是一种较理想的模板材料，目前应用较多。

③竹胶板模板。竹胶板模板以竹篾纵横交错编织热压而成。其纵横向的力学性能差异很小，强度、刚度和硬度比木材高；收缩率、膨胀率、吸水率比木材低，耐水性能好，受潮后不会变形；不仅富有弹性，而且耐磨、耐冲击，使用寿命长，能多次使用；重量较轻，可加工成大面模板；原材料丰富，成本较低，是一种理想的模板材料，应用越来越多，但施工安装不如胶合板模板方便。

④组合钢模板。组合钢模板一般做成定型模板，用连接构件拼装成各种形状和尺寸。组合钢模板轻便灵活、拆装方便、通用性强、周转率高，但是接缝多且严密性差，需做防锈维护以延长寿命。

组合钢模板的连接件主要有 U 形卡、L 形插销、钩头螺栓、紧固螺栓、对拉螺栓和扣件等。模板拼接均用 U 形卡，相邻模板的 U 形卡安装距离一般不大于 300 mm，即每隔一孔卡插一个。L 形插销插入钢模板端部横肋的插销孔内，以增强两个相邻模板接头处的刚度并保证接头处板面平整。钩头螺栓用于钢模板与内外钢楞的连接。紧固螺栓用于紧固内外钢楞。对拉螺栓用于连接墙壁两侧模板。组合钢模板的连接件如图 5-21 所示，其中，（a）为 U 形卡，（b）为 L 形插销，（c）为钩头螺栓，（d）为紧固螺栓，（e）为对拉螺栓。

（2）按结构类型分类

由于各种现浇混凝土结构构件的形状、尺寸、构造不同，模板的构造及组装方法也不同。按结构的类型，模板分为基础模板、柱模板、梁模板、楼板模板、墙模板、烟囱模板、壳模板、桥梁墩台模板等。各种结构模板的照片见图 5-22，其中，（a）为基础模板，（b）为柱模板，（c）为梁模板，（d）为烟囱模板，（e）为壳模板，（f）为桥梁墩台模板。

5.5.2 模板系统的基本要求

①应保证结构和构件各部分形状、尺寸和位置正确。

②要有足够的强度、刚度和稳定性，并能可靠地承受新浇筑混凝土的自

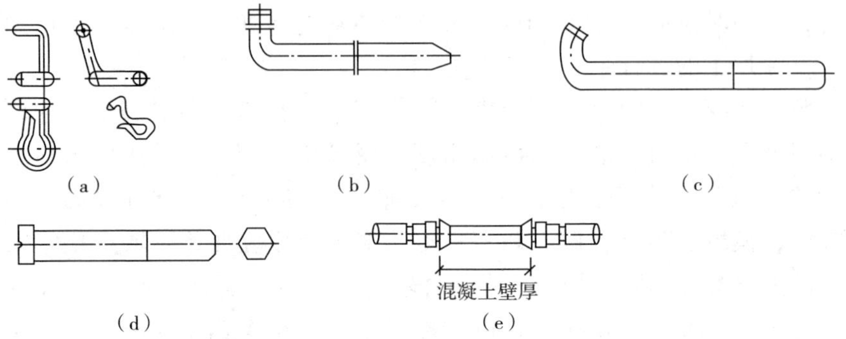

图 5-21 组合钢模板的连接件

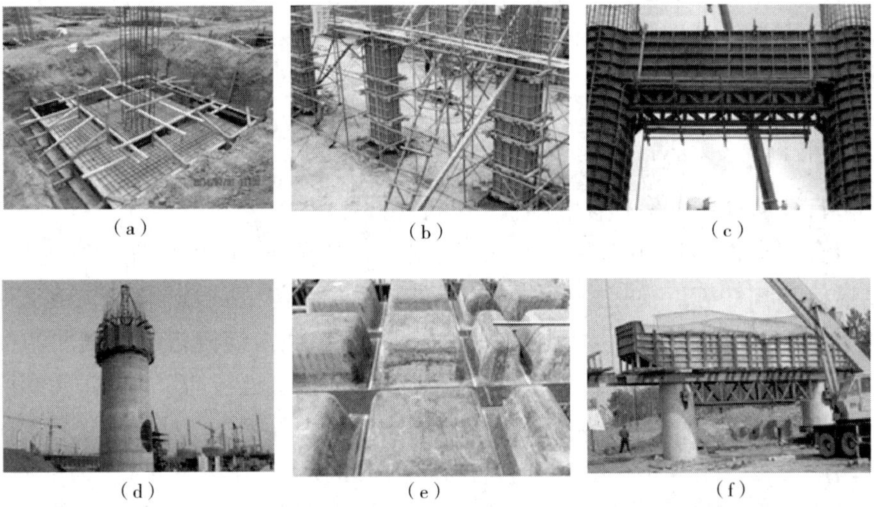

图 5-22 各种结构模板照片

重荷载、侧压力及施工荷载，不致发生不允许的下沉与变形。

③构造要简单，装拆方便，并便于钢筋的绑扎与安装，有利于混凝土的浇筑及养护。

④模板接缝严密，不漏浆。

⑤能多次周转使用，节约材料。

5.5.3 模板工程及其支撑体系的主要隐患及排除

5.5.3.1 模板工程及其支撑体系的主要隐患

模板工程及其支撑体系的事故类型主要是倒塌事故，其主要原因是材料质量、方案设计以及施工管理等方面存在问题。

（1）材料质量问题

目前建筑施工过程中的支撑体系以扣件式钢管脚手架为主，碗扣式钢管脚手架、盘扣式钢管脚手架也有广泛应用。但是，我国除了扣件式钢管脚手架的扣件由质检部门实行产品许可制度外，其他的模板和脚手架都没有实行产品认证、认可和市场准入制度，导致产品质量良莠不齐。现场模板和脚手架的一个主要来源是租赁行业，但我国模板和脚手架租赁行业门槛低，规模小、数量大、流动性强、管理难度大，易使模板支撑材料存在质量问题。

（2）方案设计问题

工程特点、施工环境是编制专项施工方案的基本依据，对模板支撑体系选择、搭设方式有决定性的作用。未针对性地对基础情况、施工环境、气候特点、工程特点等进行详细的调查分析，会导致方案缺乏针对性，易发生安全事故。

方案选用材料与实际使用材料不符，会为后续施工埋下安全隐患。

技术人员在编制方案时，一般会将规格相近的梁、板进行归类，设计相同的支撑体系，选取规格最大的梁、板进行验算。但是有时会有一些结构复杂的或搭设难度较大的构件需要专门的支撑设计和计算，否则容易导致事故的发生。

支撑体系计算、验算过程的参数取值不合理，或者套搬其他方案，都会导致设计不合理进而引发事故。

（3）施工管理问题

模板工程施工管理中较严重的问题有：实际搭设的支撑体系与方案设计不符；搭设前未进行技术交底；搭设过程不进行质量监控；搭设时无视搭设方案，仅凭经验取值；在搭设过程中忽略水平剪刀撑的搭设，不设水平剪刀撑和周边连接，影响模板正常体系的整体稳定性，产生安全隐患。

5.5.3.2 排除模板工程安全隐患的重点

①是否按规定编制专项施工方案，专项施工方案是否按规定审核、批准或组织专家论证，是否按专家意见对方案进行修订。

②模板工程所用材料是否经过检查验收，专项施工方案中选定的材料是否与施工实际使用的材料一致。

③专项施工方案的计算书对荷载的取值是否与施工实际相符合。

④实际搭设的模板工程及其支撑体系是否与专项施工方案相符合。

⑤模板支架基础是否夯实，立杆底部垫板是否符合规范要求。

⑥模板支架的立杆间距、横距、扫地杆、垂直和水平剪刀撑的设置是否符合规范要求。

⑦可调支托的设置、伸出长度是否符合规范要求。

⑧模板搭设完成后是否经检查验收。

⑨混凝土的浇筑是否与专项施工方案设计相符，浇筑过程是否有专人对模板工程及其支撑体系进行监控。

⑩模板的拆除是否按专项方案实施。

5.6 模板的设计

根据《建筑施工模板安全技术规范》（JGJ 162-2008）的规定，模板及其支架应根据工程结构形式、荷载大小、地基土类别、施工设备和材料供应等条件进行设计。模板的设计包括：选型、选材、荷载计算、结构计算、拟定制作安装和拆除方案、绘制模板图。

5.6.1 模板的设计原则与设计步骤

5.6.1.1 设计原则

①保证构件的形状、尺寸及相互位置的正确。

②模板有足够的强度、刚度和稳定性，能承受新浇混凝土的重力、侧压力及各种施工荷载，变形不大于 2 mm。

③构造简单、装拆方便，不妨碍钢筋绑扎，不漏浆。

④配制的模板应在规格达标的前提下使用的块数最少、镶拼量最少。

⑤模板长向拼接宜错开布置，以增加模板的整体刚度。

⑥内钢楞应垂直于模板长度方向，外钢楞应与内钢楞垂直。

⑦对拉螺栓和扣件根据计算配置，减少模板的开孔。

⑧支架系统应有足够的强度和稳定性，节间长细比宜小于 110，安全系数 $K>3$。

5.6.1.2 设计步骤

①划分施工阶段，确定流水作业顺序和流水工期，明确配置模板的数量。

②确定模板的组装方法及支架搭设方法。

③按配模数量进行模板组配设计。

④进行夹箍和支撑件的设计计算和选配工作。

⑤明确支撑系统的布置、连接和固定方法。

⑥确定预埋件、管线的固定及埋设方法，以及预留孔洞的处理方法。

⑦将所需模板、连接件、支撑及架设工具等统计列表，以便备料。

5.6.2 荷载及组合

5.6.2.1 荷载标准值

在设计和验算模板、支架时应考虑的荷载如下。

(1) 模板及支架自重

模板及支架自重可按图纸或实物计算确定，或参考表5-6计算。

表5-6 模板的自重标准值 单位：kN/m^2

模板构件名称	大模板	定型组合钢模板	钢框胶合板模板
平板的模板及小楞自重	0.30	0.50	0.40
楼板模板（包括梁）自重	0.50	0.75	0.60
楼板模板及其支架自重（楼层高度为4 m以下）	0.75	1.10	0.95

(2) 新浇筑混凝土自重标准值

普通混凝土的自重标准值取24 kN/m^3，其他混凝土根据实际重力密度确定。

(3) 钢筋自重标准值

钢筋自重标准值根据工程图纸确定。一般梁板结构中每立方米钢筋混凝土的钢筋自重标准值可按下列数值取用：楼板为1.1 kN；梁为1.5 kN。

(4) 施工人员及设备荷载标准值

计算楼板及直接支承模板的小楞时，均布荷载标准值取2.5 kN/m^2，另应以集中荷载2.5 kN再进行验算，比较两者所得的弯矩值，取大者使用。

(5) 振捣混凝土时产生的荷载标准值

水平面模板的荷载标准值取2.0 kN/m^2；垂直面模板的荷载标准值取4.0 kN/m^2（作用范围在新浇筑混凝土侧压力的有效压头高度之内）。

(6) 新浇混凝土对模板侧面的压力标准值

采用内部振捣器，当混凝土浇筑速度在6 m^3/h以下时，新浇筑的普通混凝土作用于模板的最大侧压力可按下列两式计算，并取两者中的较小值。

$$F = 0.22\gamma_c t_0 \beta_1 \beta_2 V^{\frac{1}{2}} \tag{5-1}$$

$$F = \gamma_c H \tag{5-2}$$

式中：F——新浇筑混凝土对模板的最大侧压力（kN/m^2）；

γ_c——混凝土的重力密度（kN/m^3）；

V——混凝土的浇筑速度（m/h）；

t_0——新浇筑混凝土的初凝时间（h）；

β_1——外加剂影响修正系数；

β_2——混凝土坍落度影响修正系数；

H——混凝土侧压力计算位置处至新浇筑混凝土顶面的总高度（m）。

（7）倾倒混凝土时产生的荷载标准值

倾倒混凝土时对垂直面模板产生的水平荷载标准值见表5-7。

表5-7 水平荷载标准值

向模板中供料的方法	水平荷载标准（kN/m^2）
用溜槽、串筒或由导管输出	2
用容量小于0.2 m^3的运输器具倾倒	2
用容量为0.2～0.8m^3的运输器具倾倒	4
用容量大于0.8m^3的运输器具倾倒	6

5.6.2.2 荷载设计值与荷载组合

（1）荷载设计值

计算模板及支架的荷载设计值时，应将前述的（1）～（7）项荷载标准值乘以相应的荷载分项系数以求得荷载设计值。荷载分项系数见表5-8。

（2）荷载组合

对不同结构的模板及支架的荷载设计值进行计算时，应分别取不同的荷载效应组合。荷载效应组合的规定见表5-9。

表5-8 荷载分项系数

项次	荷载类别	荷载分项系数（γ_i）
1	模板及支架自重	1.2
2	新浇筑混凝土自重	
3	钢筋自重	
4	施工人员及施工设备荷载	1.4
5	振捣混凝土时产生的荷载	

续表

项次	荷 载 类 别	荷载分项系数（γ_i）
6	新浇筑混凝土对模板侧面的压力	1.2
7	倾倒混凝土时产生的荷载	1.4

表 5-9 模板及支架荷载效应组合的各项荷载

模 板 类 别	参与组合的荷载项	
	计算承载能力	验算刚度
平板和薄壳的模板及支架	1+2+3+4	1+2+3
梁和拱模板的底板及支架	1+2+3+5	1+2+3
梁、拱、柱（边长≤300 mm）、墙（厚≤100 mm）的侧面模板	5+6	6
大体积结构、柱（边长>300 mm）、墙（厚>100 mm）的侧面模板	6+7	6

注：表中 1~7 为表 5-8 中项次对应的荷载类别。

5.6.3 模板设计的有关计算规定

计算钢、木模板及支架时应参照相应的设计规范。当模板及支架为临时结构时，对于钢模板及支架，其荷载设计值可按 0.85 折减；对于木模板及支架（木材含水率小于 25%时），其荷载设计值可按 0.9 折减。

验算模板及支架的刚度时，其最大变形值不得超过下列允许值：结构表面外露的模板，最大变形值为模板构件计算跨度的 1/400；结构表面隐蔽的模板，最大变形值为模板构件计算跨度的 1/250；支架的压缩变形值或弹性挠度为相应的构件计算跨度的 1/1 000。

支架的立柱或桁架应保持稳定，并用撑拉杆件固定。验算模板及支架在自重和风荷载作用下的抗倾倒稳定性时，应符合有关规定。

5.7 模板安装与拆除的安全技术与管理

5.7.1 模板的安装

5.7.1.1 施工准备

支架搭设前应根据专项施工方案中的设计图放线定位。应对钢管、门架、扣件、连接件等构配件逐个进行检查，不合格的不得使用。支架搭设场地应清理平整、排水通畅；支架地基土应夯实，地基宜高于自然地坪 50 mm。

5.7.1.2　一般规定

当钢筋混凝土梁、板跨度大于 4 m 时，模板应起拱；当设计无具体要求时，起拱高度宜为跨度的 1/1 000~3/1 000。

支架的材料如钢、木、竹或不同直径的钢管之间均不得混用。

安装支架时，必须使用防倾倒的临时固定设施，工人在操作过程中必须有可靠的防坠落等安全措施。

逐层施工时，下层楼板应能够承受上层的施工荷载，否则应加设支撑支顶。支顶时，立柱或立杆的位置应放线定位，上、下层的立柱或立杆应在同一垂直线上，并设垫板。

吊运模板时，模板必须码放整齐、捆绑牢固。吊运大块模板构件时吊钩必须有封闭锁扣，其钢丝绳应采用卡环与构件吊环卡牢，不得用无封闭锁扣的吊钩直接钩住吊环起吊。

5.7.1.3　各类模板安装

（1）基础及地下工程模板安装应遵守的规定

①检查土壁的稳定情况，当有裂纹及塌方迹象时，采取安全防范措施后方可作业。当基坑深度超过 2 m 时，应设上下扶梯。

②距基槽（坑）上口边缘 1m 内不得堆放模板。

③向基槽（坑）内运料时，应使用起重机、溜槽或绳索；操作人员应互相呼应；模板严禁立放于基槽（坑）的土壁上。

④斜支撑与侧模的夹角不应小于 45°，支撑于土壁上的斜支撑底脚应加设底板，底部的楔木应与斜支撑钉牢。高大、细长基础若采用分层支模，其下层模板经就位校正并支撑稳固后，方可进行上一层模板的安装。

⑤斜支撑应采用水平杆件连成整体。

（2）柱模安装应遵守的规定

①柱模安装应采用斜撑或水平撑进行临时固定，当柱的宽度大于 500 mm 时，每边应在同一标高内设置不少于 2 根的斜撑或水平撑，斜撑与地面的夹角为 45°~60°，斜撑杆件的长细比不应大于 150。不得将大片模板固定在柱子的钢筋上。

②当柱模就位拼装并经对角线校正无误后，应立即自下而上安装柱箍。

③安装 2 m 以下的柱模时，应搭设操作平台。

④当柱模高度超过 4 m 时，宜采用水平支撑和剪刀撑将相邻柱模连成一体，形成整体稳定的模板框架体系。

（3）墙模板安装应遵守的规定

①使用拼装的定型模板时，应自下而上进行安装，必须在下层模板全部紧固后再进行上层模板安装。当下层不能独立设置支撑时，应采取临时固定措施。

②采用预拼装的大块墙模板时，严禁同时起吊两块模板，并应边就位、边校正、边连接，待完全固定后方可摘钩。

③安装电梯井内墙模板前，必须在模板下方200 mm处搭设操作平台，满铺脚手板，并在脚手板下方张挂大网眼安全平网。

④两块模板在未安装时拉螺栓前，板面应向外倾斜，并用斜撑临时固定；安装过程应根据需要随时增、撤临时支撑。

⑤拼接时U形卡应正、反向交替安装，其间距不得大于300 mm；两块模板连接处的U形卡应满装。

⑥墙模两侧的支撑必须牢固、可靠，并应做到整体稳定。

（4）独立梁和楼盖梁模板安装应遵守的规定

①安装独立梁模板时应搭设操作平台，严禁操作人员站在底模下操作及行走。

②面板应与次梁及主梁连接牢固；主梁应与支架立柱连接牢固。

③梁侧模应边安装边与底模连接固定，当侧模较高时，应设置临时固定措施。

④面板起拱应在侧模与支架的主、次梁固定之前进行。

（5）楼板或平台板模板的安装应遵守的规定

①预组合模板采用桁架支承时，桁架应支承在通长的型钢或木方上。

②当预组合模板较大时，加设钢肋梁后方可吊运。

③安装散块模板必须在支架搭设完成并安装主、次梁后进行。

④支架立杆的顶端必须安装可调U形托，并应支顶在主梁下。

（6）梁式楼梯模板的安装顺序

梁式楼梯模板应按以下顺序安装：平台梁模→平台模→斜梁模→梯段模→绑钢筋→吊踏步模。

（7）模板支承桁架安装应遵守的规定

采用伸缩式桁架时，其搭接长度、连接销钉及结构稳定U形托的设置应满足专项施工方案的要求。

安装前应检查桁架及连接螺栓，待确认无变形和松动后再安装。

（8）其他结构模板安装应遵守的规定

安装圈梁、阳角、雨篷及挑檐等的模板时，其支撑应独立设置在建筑结构或地面上，不得支搭在施工脚手架上。

安装悬挑结构模板时应搭设操作平台，平台上应设置防护栏杆和挡脚板，并用密闭式安全网围挡。作业处的下方应搭设防护棚或设置围栏，禁止人员进入。

烟囱、水塔及其他高耸或大跨度构筑物的模板应按专项施工方案施工。

（9）扣件式钢管支架搭设应遵守的规定

①底座、垫板应准确地放在定位线上。

②严禁将外径 $\phi48$ 与外径 $\phi51$ 的钢管混合使用。

③扣件规格必须与钢管外径相同。

④扣件在使用前必须逐个进行检查，不得使用不合格品，使用中扣件的螺杆螺帽的拧紧力矩应不小于 40 N·m 且不大于 65 N·m。

⑤模板支架顶部、模板安装操作层应满铺脚手架，周围设防护栏杆、挡脚板与安全网，上下应设爬梯。

（10）门式钢管支架搭设应遵守的规定

①用于梁模板支撑的门架应采用垂直于梁轴线的布置方式。门架两侧应设置交叉支撑。

②门架安装应由一端向另一端延伸，并逐层改变搭设方向，不应相对进行。搭设完成一步架后应进行检查，待其水平度和垂直度调整合格后方可继续搭设。

③交叉支撑应在门架就位后立即安装。

④水平杆与剪刀撑应与门架同步搭设。水平杆应设在门架立杆内侧，剪刀撑应设在门架立杆外侧，并采用扣件与门架立杆扣牢。扣件的扭紧力矩应符合规定。

⑤不配套的门架与配件不得混用。

⑥连接门架与配件的锁臂、搭钩必须处于锁紧状态。

5.7.2 模板的拆除

5.7.2.1 拆除要求

混凝土成形后需养护一段时间，当强度达到一定要求后即可拆除模板。模板的拆除日期取决于混凝土硬化的快慢、模板的用途、结构的性质及环境温度。及时拆模可提高模板周转率、加快工程进度；过早拆模，混凝土会变形，甚至断裂，造成重大质量事故。现浇结构的模板及支架的拆除，如设计无规定时，应符合下列规定：

①侧模在混凝土强度能保证其表面及棱角不因拆模板而受损坏时方可拆除；对后张法预应力混凝土结构构件，侧模宜在预应力张拉前拆除。

②底模及支架拆除时的混凝土强度应符合设计要求，设计无要求时，应在同条件养护的混凝土试块达到表 5-10 中的规定时拆除。

表 5-10 底模及支架拆除时的混凝土强度要求

构件类型	构件跨度（m）	达到设计的混凝土立方体抗压强度标准值的百分率（%）
板	≤2	≥50
	>2，≤8	≥75
	>8	≥100
梁、拱、壳	≤8	≥75
	>8	≥100
悬臂构件	—	≥100

5.7.2.2 拆除顺序

拆除顺序应遵循“先支后拆、后支先拆”，“先非承重部位、后承重部位”以及“自上而下”的原则。重大复杂模板的拆除，事前应制定拆除方案。

(1) 柱模的拆除

单块组拼的柱模应先拆除钢楞、柱箍和对拉螺栓等连接件、支撑件，从上而下逐步拆除；预组拼的柱模应拆除两个对角的卡件，并设临时支撑，再拆除另两个对角的卡件，挂好吊钩，拆除临时支撑，才能脱模起吊。

(2) 墙模的拆除

单块组拼的墙模在拆除对拉螺栓、大小钢楞和连接件后，从上而下逐步水平拆除；预组拼的墙模应先挂好吊钩，待所有连接件拆除后再拆除临时支撑，脱模起吊。

(3) 梁、板模板的拆除

拆除梁、板模板时，先拆除梁侧模，再拆除楼板底模，最后拆除梁底模。拆除跨度较大的梁下支柱时，应从跨中开始分别拆向两端。

多层楼板支柱的拆除过程中，上层楼板正在浇筑混凝土时，下一层楼板的模板支柱不得拆除，再下一层楼板模板的支柱仅可拆除一部分；跨度为 4 m 及以上的梁下均应保留支柱，其间距不得大于 3 m。

(4) 立柱（立杆）的拆除

拆除立柱（立杆）时，应先自上而下地逐层拆除纵向和横向水平杆，当拆除到最后一道水平杆时，应设置临时支撑再逐根放倒立柱（立杆）；跨度为

4 m 以上的梁下立柱拆除，应按专项施工方案规定的顺序进行；若无明确规定时，应先从跨中拆除，对称地向两端进行；拆除多层与高层结构的楼板模板的立柱时应符合规定。

（5）特殊结构模板的拆除

特殊结构如大跨度结构、桥梁、拱、薄壳、圆穹顶等的模板，应按专项施工方案的要求进行。

5.7.2.3 拆除的注意事项

拆除时，操作人员应站在安全处，以免发生安全事故。

拆除时应避免用力过猛、过急，严禁用大锤和撬棍硬砸硬撬，以免损坏混凝土表面或模板。

拆除的模板及配件应有专人接应传递并分散堆放，不得对楼层形成冲击荷载，严禁高空抛掷。

模板及支架清运至指定地点，应及时加以清理、修理，按尺寸和种类分别堆放，以便下次使用。

5.7.3 检查与验收

5.7.3.1 扣件式钢管支架的检查与验收

钢管的检查与验收应符合下列规定：钢管应有产品质量合格证和质量检验报告；钢管材质检验方法应符合现行国家标准《金属材料　拉伸试验　第1部分：室温试验方法》的规定，钢管表面应平直光滑，不应有裂缝、结疤、分层、硬弯、压痕和深的划道；钢管外径、壁厚、端面等的偏差，应分别符合《建筑施工扣件式钢管脚手架安全技术规范》中的规定；外径与壁厚不满足相应的规定时，应按实际外径与壁厚计算支架的承载能力。

扣件的验收应符合下列规定：新扣件应有生产许可证、法定检测单位的测试报告和产品质量合格证；旧扣件在使用前应逐个进行质量检查，有裂缝、明显变形的严禁使用，出现滑丝的螺栓必须更换；安装后的扣件螺栓扭紧力矩应采用扭力扳手检查，抽样方法应按随机分布的原则进行。抽样检查数目与质量判定标准参照扣件式钢管脚手架的质量标准。抽查的扣件中，如发现有拧紧力矩小于 25 N·m 的情况，即应划定此批不合格。不合格的批次必须重新拧紧，直至合格为止。

扣件式钢管支架应在下列阶段进行检查验收：

①立杆基础完工后、支架搭设之前。

②高大模板支架每搭完 6 m 的高度后。

③模板支架施工完毕，绑扎钢筋之前。

④混凝土浇筑之前。

⑤混凝土浇筑完毕。

⑥遇有六级大风或大雨之后，寒冷地区解冻后。

⑦停用超过一个月。

扣件式钢管支架使用中，应定期和不定期检查以下项目：

①地基是否积水，底座是否松动，立杆是否悬空。

②扣件螺栓是否松动。

③立杆的沉降与垂直度的偏差是否符合规定。

④安全防护措施是否符合要求。

⑤是否超载使用。

扣件式钢管支架搭设的技术要求、允许偏差与检验方法，应符合现行规范的规定。

5.7.3.2 门式钢管支架的检查与验收

支架搭设完毕后，应对支架搭设质量进行检查验收，合格后才能交付使用。

检查验收时应具备下列文件：模板工程专项施工方案；构配件出厂合格证和质量分类标志；支架搭设施工记录及质量检查记录；支架搭设过程中出现的重要问题及处理记录。

支架工程验收时，除查验有关文件外，还应对下列项目进行现场检查，并记入施工验收报告：

①构配件是否齐全，质量是否合格，连接件是否牢固可靠。

②安全网及其他防护设施是否符合规定。

③基础是否符合要求。

④垂直度及水平度是否合格。

5.7.4 模板系统施工安全管理

模板工程应编制专项施工方案，方案应包括下列内容：

①模板结构设计计算书。

②模板结构布置图、构件详图、构造和节点大样图。

③模板安装及拆除的方法。

④模板及构配件的规格、数量汇总表和周转使用计划。

⑤模板施工的安全防护及维修、管理、防火措施。

在模板工程施工之前，工程技术人员应以书面形式向作业班组进行施工操作的安全技术交底，作业班组应对照书面交底进行上下班的自检和互检。

操作人员应经过安全技术培训，并经考核合格持证上岗。搭设模板人员应定期进行体检，凡不适应高处作业者不得进行高处作业。安装和拆除模板时，操作人员应佩戴安全帽、系安全带、穿防滑鞋。安全帽和安全带应定期检查，不合格者严禁使用。

模板及配件进场应有出厂合格证或当年的检验报告，安装前应对所用部件（立柱、楞梁、吊环、扣件等）进行认真检查，不符合要求者不得使用。对负荷面积大和高 4 m 以上的支架立柱采用扣件式钢管、门式和碗扣式钢管脚手架时，除应有合格证外，对所用扣件应用扭矩扳手进行抽检，达到合格后方可承力使用。

模板拆除应填写拆模申请表，经工程技术负责人批准后方可实施。模板安装与拆除的高处作业，必须遵守行业标准《建筑施工高处作业安全技术规范》（JGJ 80-2016）规定。在高处安装和拆除模板时，周围应设安全网或搭脚手架，并应加设防护栏杆。在临街面及交通要道地区还应设警示牌，派专人看管。

在大风地区或大风季节施工时，模板应有抗风的临时加固措施。遇六级以上（包括六级）大风，应停止室外的模板工程作业；遇五级以上（包括五级）风，应停止模板工程的吊装作业。雨、雪、霜后应先清理施工作业场所再施工。

遇有台风、暴雨预警时，对模板支架应采取应急加固措施；台风、暴雨之后应检查模板支架基础、架体，确认无变形后方能恢复施工作业。

与临时用电有关的作业，必须遵守《建筑与市政工程施工现场临时用电安全技术标准》的有关规定。

模板拆除后应立即清理，并按施工平面图位置分类码放整齐。

在模板支架上进行电气焊接作业时，应采取防火措施，并派专人监管。

严禁在模板支架基础及其附近进行挖土作业。

模板支架应设置爬梯。严禁人员攀登模板、斜撑杆、拉条或绳索等，不得在高处的墙顶、独立梁或在其模板上行走。

多人共同操作或扛抬组合钢模板时，必须密切配合、协调一致、互相呼应。模板安装时，上下应有人接应，随装随运，严禁抛掷。不得将模板支搭在门窗框上，也不得将脚手板支搭在模板上，严禁将模板与上料井架及有车辆运行的脚手架或操作平台支成一体。

支模过程中如遇中途停歇，应将已就位的模板或支架连接稳固，不得浮搁或悬空。拆模中途停歇时，应将已松扣或已拆松的模板、支架等拆下运走，防止构件坠落伤人或作业人员扶空坠落。

模板施工中应设专人负责安全检查，发现问题应报告有关人员处理。当遇险情时，应立即停工和采取应急措施；待修复或排除险情后，方可继续施工。

当钢模板高度超过 15 m 时，应安设避雷设施，避雷设施的接地电阻不得大于 4Ω。

使用后的钢模和钢构配件应遵守下列规定：钢模、桁架、钢楞和钢管等应清理其上的黏结物；钢模、桁架、钢楞、钢管等应逐块、逐榀、逐根进行检查，发现有翘曲、变形、扭曲、开焊等问题的应及时修理；整修好的钢模、桁架、钢楞、钢管应涂刷防锈漆；对即将使用的钢模板表面应刷脱模剂，暂不用的钢模板表面可涂防锈油；扣件等零配件使用后必须严格进行清理检查，已断裂、损坏的应剔除，不能修复的应报废。螺栓的螺纹部分应整修上油；钢模及配件等修复后，应进行检查验收。

思考题

1. 脚手架上的剪刀撑有什么作用？
2. 钢、竹混搭脚手架是否可用？为什么？
3. 脚手架及其地基基础在哪些阶段应进行检查与验收？
4. 从事脚手架搭设的作业人员应佩戴哪些防护用品？
5. 脚手架使用期间，严禁拆除哪些杆件？
6. 从事架子搭设的作业人员须具备哪些条件？
7. 简述模板工程设计的基本要求。
8. 简述模板安装的基本要求。
9. 简述普通模板拆除的安全操作要求。

6　高处作业安全

内容提要：本章介绍了高处作业事故类型及危险性分析；介绍了临边作业与洞口作业安全技术与管理；介绍了攀登作业与悬空作业安全技术与管理；介绍了操作平台作业安全技术与管理；介绍了交叉作业安全技术与管理；介绍了安全帽、安全带、安全网的使用方法。

6.1　高处作业概述

本章所讲的高处作业为房屋建筑工程施工中在整体结构范围以内的特定的高处作业，以建筑施工现场为主，包括临边、洞口、攀登、悬空、操作平台、交叉作业与建筑施工安全网搭设等7个范畴。其他机械装置和施工设备如各种塔式起重机、各类脚手架以及室外电气设施等的安全技术在其他章节讲述。室外的施工作业中有各种洞、坑、沟、槽等工程而形成高处作业时，也包括在内。

6.1.1　高处作业的定义

高处作业，是指在坠落高度基准面2 m或2 m以上有可能坠落的高处进行的作业。理解这个概念，需要再给出其他几个概念的定义。

基础高度 h_b：以作业位置为中心、6m为半径，划出垂直于水平面的柱形空间内的最低处与作业位置间的高度。

可能坠落范围：以作业位置为中心、可能坠落范围为半径，划成的与水平面垂直的柱形空间。

可能坠落范围半径 R 由基础高度决定，当：

$2\ m \leqslant h_b \leqslant 5\ m$ 时，$R=3\ m$；

$5\ m < h_b \leqslant 15\ m$ 时，$R=4\ m$；

$15\ m < h_b \leqslant 30\ m$ 时，$R=5\ m$；

$h_b > 30\ m$ 时，$R=6\ m$。

坠落高度基准面：通过可能坠落范围内最低处的水平面。

作业高度 h_w ：作业区各作业位置至相应坠落高度基准面的垂直距离中的最大者。

这里有几层含义需要理解：第一，不论在单层、多层还是高层建筑物作业，即使在平地，只要作业处的侧面有可能导致人员坠落的坑、井、洞或空间，其高度达到 2 m 及以上就属于高处作业。第二，高低差距标准定为 2 m，因为一般情况下当人从 2 m 以上的高处坠落时，就很可能会造成重伤、残疾或死亡。

高处作业的作业高度计算步骤如下：

①确定基础高度 h_b 。

②确定可能坠落范围半径 R。

③确定作业高度 h_w 。

例 6-1：如图 6-1 所示，求作业高度。

解：确定基础高度 h_b =20 m。

确定可能坠落范围半径 R=5 m。

确定作业高度 h_w =14 m。

例 6-2：如图 6-2 所示，求作业高度。

解：确定基础高度 h_b =29. 5 m。

确定可能坠落范围半径 R=5. 5m。

确定作业高度 h_w =4. 5 m。

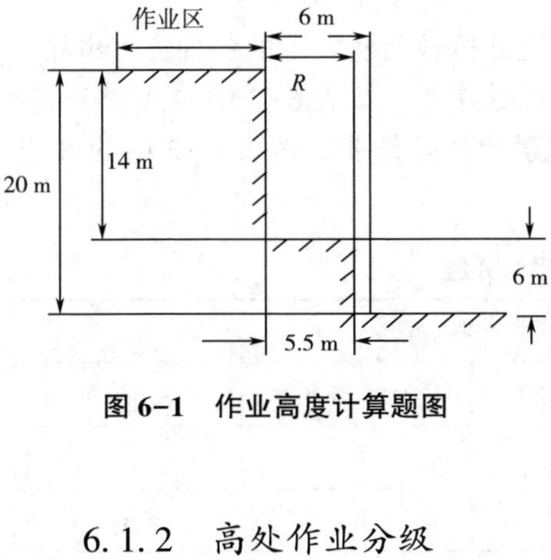

图 6-1　作业高度计算题图

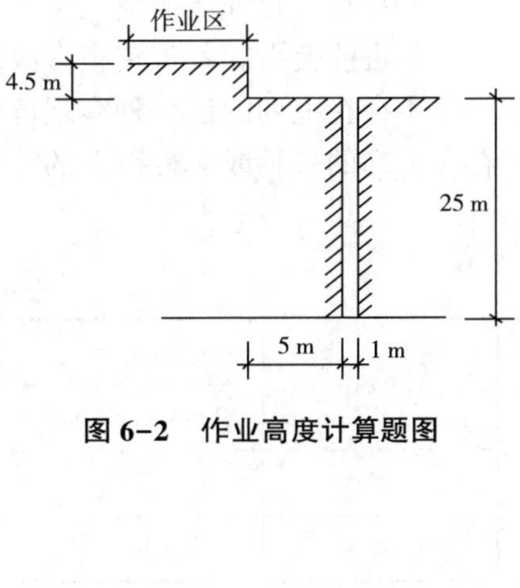

图 6-2　作业高度计算题图

6. 1. 2　高处作业分级

《高处作业分级》（GB/T 3608-2008）将高处作业分为四个区段：2~5 m；5~15 m；15~30 m；大于 30 m。《高处作业分级》还给出了直接引起坠落的 11 种客观因素：

①阵风风力达到五级（风速 8.0 m/s）以上。

②Ⅱ级或Ⅱ级以上的高温条件。具体分级见《工作场所职业病危害作业分级 第 3 部分：高温》（GBZ/T 229.3-2010）。

③平均气温等于或低于 5℃的作业环境。

④接触冷水温度等于或低于 12℃的作业环境。

⑤作业场地有冰、雪、霜、水、油等易滑物。

⑥作业场所光线不足，能见度差。

⑦作业活动范围与危险电压带电体的距离小于表 6-1 中的规定。

表 6-1 作业活动范围与危险电压带电体的距离

危险电压带电体的电压等级（kV）	距离（m）	危险电压带电体的电压等级（kV）	距离（m）
≤10	1.7	220	4.0
35	2.0	330	5.0
110	2.5	500	6.0

⑧立足处摆动、不是平面或只有很小的平面，即任一边小于 500 mm 的矩形平面、直径小于 500 mm 的圆形平面或具有类似尺寸的其他形状的平面，致使作业者无法维持正常姿势。

⑨《工作场所有害因素职业接触限值 第 2 部分：物理因素（GBZ 2.2-2007）》规定的Ⅲ级或Ⅲ级以上的体力劳动强度。

⑩存在有毒气体或空气中含氧量低于 0.195 的作业环境。

⑪可能会引起各种灾害事故的作业环境和抢救突然发生的各种灾害事故。

不存在上列的任一种客观危险因素的高处作业，按表 6-2 中的 A 类分级；存在上列的一种或一种以上的客观危险因素的高处作业，按表 6-2 中的 B 类分级。

表 6-2 高处作业分级

类别	作业高度（h_w）			
	2 m≤h_w≤5 m	5 m<h_w≤15 m	15 m<h_w≤30 m	h_w>30 m
A	Ⅰ	Ⅱ	Ⅲ	Ⅳ
B	Ⅱ	Ⅲ	Ⅳ	Ⅳ

6.1.3 高处作业的事故类型及危险性分析

高处作业事故主要包括两个方面，即高处作业落物和高处坠落。在高处作业过程中因坠落而造成的伤亡事故，称为高处坠落事故（有可能是二次事故造成的）。高处坠落事故是建筑行业的第一大杀手，根据国家伤亡事故统计数据，每年高处坠落事故数都位居第一，占到了总事故数的四成以上。其他事故类型还有起重伤害、触电、机械伤害及其他。高处作业落物事故是物体打击事故的一种，一方面是交叉作业过程中的物体打击事故，另一方面是高处作业人员高空抛物，或作业工具、材料从高处作业工作面坠落造成物体打击事故。

6.1.3.1　高处坠落事故类型

依据高处坠落的方式，高处坠落事故大体分为以下几种类型：洞口坠落（从施工现场的预留口、通道口、楼梯口、电梯口、阳台口坠落）；脚手架上坠落；悬空高处作业坠落；屋面作业坠落；拆除工程中发生的坠落；登高过程中坠落；梯子上作业坠落；其他高处作业坠落（从电杆、设备、构架、树等其他各种物体上坠落）。

6.1.3.2　高处坠落事故的原因分析

高处坠落形成的冲击力对人体的伤害是毁灭性的、不可逆转的。高处坠落事故的原因可分为直接原因和间接原因，前者包括人的不安全行为和物的不安全状态，后者包括环境不良和管理不善或管理缺陷，见图6-3。

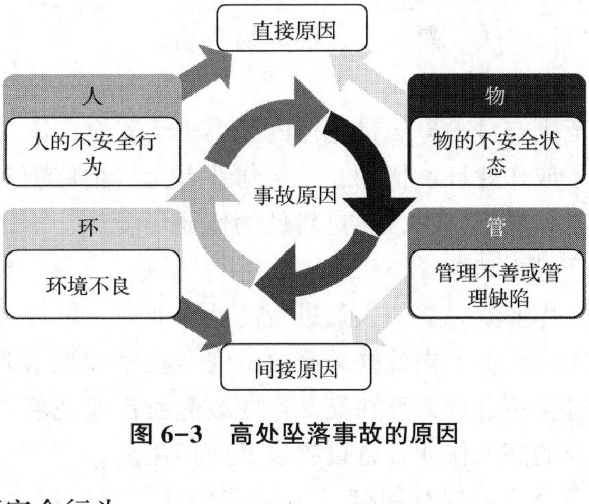

图6-3　高处坠落事故的原因

（1）人的不安全行为

①作业者本身患有高血压、心脏病、贫血、癫痫病等不适合从事高处作业的疾病或生理缺陷。

②作业者生理或心理上过度疲劳，注意力分散，反应迟缓，动作失误或思维判断失误增多，导致事故发生。

③作业者走动时不慎踩空或脚底打滑，移动换位后未及时挂安全带挂钩。

④作业者弯腰、转身时不慎碰撞杆件等物体，使身体失去平衡。

⑤作业者未掌握安全操作技术、习惯性违章，如悬空作业时未系或未正确使用安全带，安全带挂钩未挂在牢固的地方，酒后从事高空作业等。

（2）物的不安全状态

①脚手板漏铺或有探头板，铺设不平稳。

②材料有缺陷，如被蹬踏物因材质强度不够突然断裂，钢管与扣件不符合要求，配件锈蚀严重仍然使用。

③脚手架架设不规范，如未绑扎防护栏杆或防护栏杆损坏，操作层下面未铺设安全防护层。

④个人防护用品本身有缺陷，如使用三无产品或已老化的安全带、安全绳。

⑤材料堆放过多造成脚手架超载断裂。

⑥安全网损坏、间距过大、宽度不足，或未设安全网。

⑦“洞口临边”无防护设施，安全设施不牢固或已损坏未及时处理。

⑧模板斜度过大，且无防滑措施。

（3）环境不良

①大风、大雨或高温、低温等异常天气。

②长时间接触冷水且气温较低的作业环境。

③作业场地有冰、雪、霜、水、油等易滑物。

④作业场所光线不足，能见度差。

⑤作业活动范围与危险电压带电体的距离小于安全距离。

⑥接触面积小或作业环境摆动，致使作业者无法维持正常姿势。

⑦存在有毒气体或空气中含氧量较低的作业环境。

（4）管理不善或管理缺陷

①选派有高处作业禁忌症的人员进行高处作业。

②高处作业人员无证上岗或缺乏必要的安全技术知识培训。

③生产组织过程不合理，存在交叉作业或超时作业现象。

④未配备适合的高处作业设备设施以及防护用品。

⑤高处作业安全管理规章制度及岗位安全责任制未建立或不完善，没有高处作业设备安全设施、防护用品操作规程和使用规范。

⑥高处作业施工现场未安排安全管理人员，未对高处作业现场进行有效的监控。

⑦高处作业现场无警示标识。

⑧未对高处作业现场进行定期安全检查，未及时投入资金组织整改发现

的隐患。

6.1.4 高处作业的事故预防

高处作业的事故预防要从工程技术措施、管理措施和安全教育培训三个方面来开展。

6.1.4.1 工程技术措施

在施工组织设计或专项施工方案中，应按国家、行业相关规定并结合工程特点编制包括临边与洞口作业、攀登与悬空作业、操作平台、交叉作业及安全网搭设的安全防护技术措施等内容的工程技术措施。

6.1.4.2 管理措施

高处作业前，应对安全防护设施进行检查、验收，验收合格后方可进行作业；验收可分层或分阶段进行。安全防护设施的验收应按类别逐项检查，验收合格后方可使用，并应有验收记录。安全防护设施验收应包括下列主要内容：

①防护栏杆立杆、横杆及挡脚板的设置、固定及其连接方式。

②攀登与悬空作业时的上下通道、防护栏杆等各类设施的搭设。

③操作平台及平台防护设施的搭设。

④防护棚的搭设。

⑤安全网的设置情况。

⑥安全防护设施构件、设备的性能与质量。

⑦防火设施的配备。

⑧各类设施所用的材料、配件的规格及材质。

⑨设施的节点构造及其与建筑物的固定情况，扣件和连接件的紧固程度。

安全防护设施验收资料应包括下列主要内容：

①施工组织设计中的安全技术措施或专项方案。

②安全防护用品的产品合格证明。

③安全防护设施验收记录。

④预埋件隐蔽验收记录。

⑤安全防护设施变更记录及签证。

6.1.4.3 安全教育培训

高处作业施工前，应对作业人员进行安全技术教育及交底，并应配备相应的防护用品。

高处作业施工前，应检查高处作业的安全标志、安全设施、工具、防火设施、电气设施，确认其完好方可进行施工。

高处作业人员应按规定正确佩戴和使用高处作业安全防护用品，并应经专人检查。

对施工作业现场所有可能坠落的物料，应及时拆除或采取固定措施。高处作业所用的物料应堆放平稳，不得妨碍通行和装卸。工具应随手放入工具袋；作业中的走道、通道板和登高用具，应随时清理干净；拆卸下的物料及余料和废料应及时清理运走，不得任意放置或向下丢弃。传递物料时不得抛掷。

施工现场应按规定设置消防器材，当进行焊接等动火作业时，应采取防火措施。

在雨、霜、雾、雪等天气进行高处作业时，应采取防滑、防冻措施，并应及时清除作业面上的水、冰、雪、霜。遇有六级以上强风、浓雾、沙尘暴等恶劣天气时，不得进行露天攀登与悬空高处作业。暴风雪及台风暴雨后，应对高处作业安全设施进行检查，当发现有松动、变形、损坏或脱落等现象时应立即修理完善，维修合格后再使用。

需要临时拆除或变动安全防护设施时，应采取能代替原防护设施的可靠措施，作业后应立即恢复。

应建立定期或不定期的安全防护设施检查和维修保养制度，发现隐患应及时采取整改措施。

6.2　临边作业与洞口作业安全技术与管理

在建设工程施工中，施工人员大部分时间处在未完成的建筑物的各层各部位或构件的边缘、洞口处作业。

在施工过程中，临边与洞口处是极易发生坠落事故的场合。必须明确哪些场合属于规定的临边与洞口，这些地方不得缺少安全防护设施；必须严格遵守防护规定并制定重大危险源控制措施和方案。施工现场通道附近的洞口、坑、沟、槽、高处临边等危险作业处，应悬挂安全警示标志，夜间应设灯光警示。

6.2.1　临边作业

在施工现场，高处作业中工作面的边沿设有维护设施但维护设施的高度低于 80 cm 的作业称为临边作业。在进行临边作业时，设置的安全防护设施主要为防护栏杆和安全网。进行坠落高度基准面为 2 m 及以上的临边作业时，应在临空一侧设置防护栏杆，并应采用密目式安全立网或工具式栏板封闭。

建筑物外围边沿处，应采用密目式安全立网进行全封闭。有外脚手架的工程，密目式安全立网应设置在脚手架外侧立杆上，并与脚手杆紧密连接；没有外脚手架的工程，应采用密目式安全立网将临边全封闭。

6.2.1.1 防护栏杆

临边作业的防护栏杆应由两道横杆、立杆及不低于 180 mm 高的挡脚板组成，上横杆距地面高度应为 1.2 m，下横杆应在上杆和挡脚板中间设置。当防护栏杆高度大于 1.2m 时，应增设横杆，横杆间距不应大于 600 mm；防护栏杆立杆间距不应大于 2 m。所有立杆横杆外伸长度为 100 mm。防护栏杆构造如图 6-4 所示，其中，1 为挡脚板，2 为密目式安全横网，3 为上横杆，4 为下横杆，5 为立杆。栏杆的材料应按规范标准的要求选择，选材时除需满足力学条件外，其规格尺寸和联结方式还应符合构造上的要求，应紧密而不动摇，能够承受可能的突然冲击，阻挡可能的人员和物料坠落，还要有一定的耐久性。

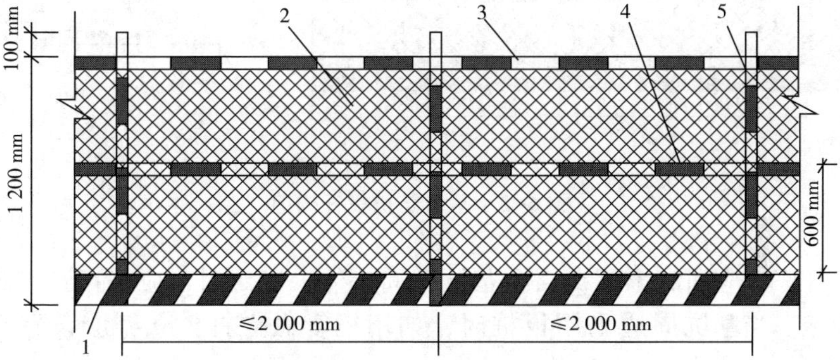

图 6-4 防护栏杆构造

当采用钢管作为防护栏杆的杆件时，横杆及立杆应采用扣件、焊接、定型套管等方式进行连接固定；当采用原木作为防护栏杆的杆件时，杉木杆稍径不应小于 80 mm，红松、落叶松稍径不应小于 70 mm；立杆木杆稍径不应小于 70 mm，并应采用 8 号镀锌铁丝或回火铁丝进行绑扎，绑扎应牢固紧密，不得出现泻滑现象。用过的铁丝不得重复使用。当采用其他型材作为防护栏杆的杆件时，应选用与钢管材质强度相当的材料，并应采用螺栓、销轴或焊接等方式进行连接固定。

当立杆和横杆的设置、固定及连接合格后，防护栏杆的上、下横杆和立杆的任何位置均能承受任何方向的最小 1 kN 的外力作用。当栏杆所处位置有发生人群拥挤、车辆冲击和物件碰撞等事件的可能时，应加大横杆截面或加密立杆间距。

防护栏杆应涂刷黑黄或红白相间的条纹标示。

6.2.1.2　基坑临边防护

深度在 2 m 及以上的基坑周边必须安装防护栏杆，高度不应低于 1.2 m。基坑防护栏杆通常采用钢管搭设，一般设置三道横杆，第一道为扫地杆，离地高度不大于 100 mm，上杆离地 1.2 m，中间杆设置在上杆和挡脚板中间；立杆间距不大于 2 m，立杆打入地面以下深度不小于 300 mm；栏杆距基坑边口距离不小于 500 mm。基坑防护栏杆构造如图 6-5 所示，其中，1 为挡水沿，一般高 200 mm，2 为基坑，3 为斜撑，按立杆隔一设一。当立杆打入地下足够牢固时，可以不设斜撑。

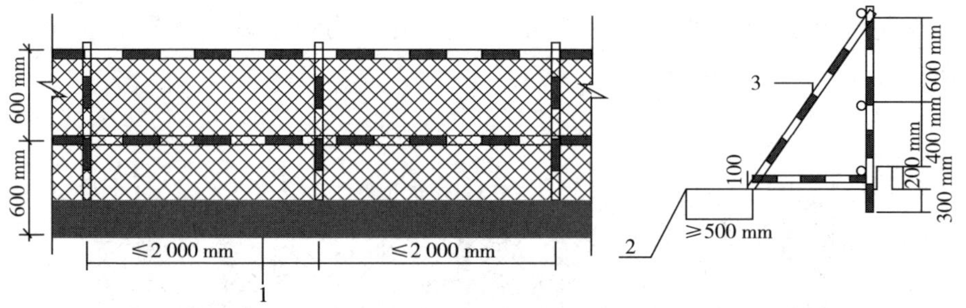

图 6-5　基坑防护栏杆构造

立杆底端应固定牢固，当在基坑四周土体上固定时，应采用预埋或打入方式固定。当基坑周边采用板桩时，如用钢管做立杆，立杆应设置在板桩外侧。

防护栏杆应张挂密目式安全立网，设置挡脚板，并在醒目处设置安全警示标志。

防护栏杆外侧宜沿基坑四周设置不低于 200 mm 高的挡水沿和排水沟，防止雨水流入基坑。

6.2.1.3　楼层、屋面临边防护

建筑物外围边沿处，没有设置外脚手架的工程应设置防护栏杆。

坡屋面的周边以及高度不大于 800 mm 的临边窗台或屋面女儿墙，应设置防护栏杆。

施工升降机、龙门架和井架物料提升机等各类垂直运输设备设施与建筑物间设置的通道平台两侧边，应设置防护栏杆、挡脚板，并应采用密目式安全立网或工具式栏板封闭。

各类垂直运输接料平台口应设置高度不低于 1.8 m 的楼层防护门，并应设置防外开装置；多笼井架物料提升机通道中间应分别设置隔离设施。

6.2.1.4 楼梯临边防护

施工的楼梯口、楼梯平台和梯段边应安装防护栏杆，如图 6-6 所示。设置两道栏杆，到楼梯平台的高度分别为 600 mm、1 200 mm。外设楼梯口、楼梯平台和梯段边还应采用密目式安全立网封闭。立杆固定可采用套入地脚销的连接方式。当楼梯四周有墙体时，外侧可不设防护栏杆。

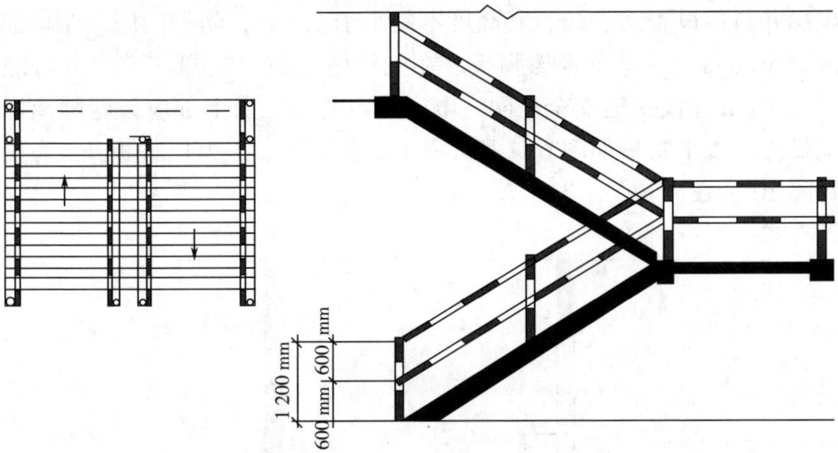

图 6-6 楼梯临边防护

6.2.2 洞口作业

施工现场往往存在着各式各样的洞口，在洞口旁的高处作业称为洞口作业。在水平方向的楼面、屋面、平台等上面边长小于 25 cm 的称为孔，等于或大于 25 cm 的称为洞。在垂直于楼面、地面的垂直面上，高度小于 75 cm 的称为孔，高度等于或大于 75 cm、宽度大于 45 cm 的均称为洞。凡深度在 2 m 及 2 m 以上的桩孔、人孔、沟槽与管道等孔洞边沿上的高处作业都属于洞口作业范围。如因特殊工序需要而产生使人与物有坠落危险及危及人身安全的各种洞口，都应该按洞口作业加以防护。洞口作业时，应采取防坠落措施。

6.2.2.1 竖向洞口

当竖向洞口短边边长小于 500 mm 时，应采取封堵措施；当洞口短边边长大于或等于 500 mm 时，应在临空一侧设置高度不小于 1.2 m 的防护栏杆，并采用密目式安全立网或工具式栏板封闭，设置挡脚板。墙面等处落地的竖向洞口、窗台高度低于 800 mm 的竖向洞口及框架结构在浇筑完混凝土没有砌筑墙体时的洞口，应按临边防护要求设置防护栏杆。

6.2.2.2　非竖向洞口

当非竖向洞口短边边长为25~500 mm时，应采用承载力满足使用要求的盖板覆盖，盖板四周搁置应均衡，且应防止盖板移位；当非竖向洞口短边边长为500~1 500 mm时，应采用盖板覆盖或防护栏杆等措施，并应固定牢固；当非竖向洞口短边边长大于或等于1 500 mm时，应在洞口作业侧设置高度不小于1.2 m的防护栏杆，洞口应采用安全平网封闭。

6.2.2.3　电梯井口

电梯井口应设置防护门，其高度不应小于1.5 m，防护门底端距地面高度不应大于50 mm，并应设置挡脚板。在电梯施工前，电梯井道内应每隔2层且不大于10 m加设一道安全平网。电梯井内的施工层上部应设置隔离防护设施。电梯井口水平防护如图6-7所示，1为防护门，2为挡脚板，3为安全平网，每隔10 m设一道。

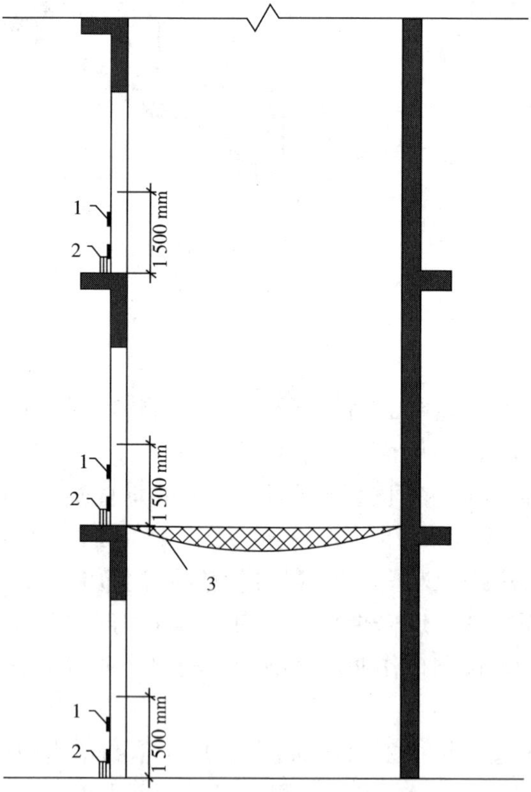

图6-7　电梯井口水平防护

6.3 攀登作业与悬空作业安全技术与管理

6.3.1 攀登作业

在施工现场，借助于登高用具或登高设施如建筑结构或脚手架的上下通道、梯子等，在攀登条件下进行的高处作业，叫攀登作业。在进行攀登作业时，在施工组织设计或专项施工方案中应明确施工中使用的攀登设施。攀登作业所用设施和用具的结构构造应牢固可靠；作用在踏板上的荷载不应大于1.1 kN，当梯面上有特殊作业，重量超过上述荷载时，应按实际情况验算。

进行攀登作业时，不得两人同时在梯子上作业。在通道处使用梯子作业时，应有专人监护或设置围栏。脚手架操作层上不得使用梯子进行作业。使用固定式直梯进行攀登作业时，攀登高度宜为5 m，且不超过10 m。当攀登高度超过3 m时，宜加设护笼，超过8 m时，应设置梯间平台。单梯不得垫高使用，使用时应与水平面成75°夹角，踏板不得缺失，其间距宜为300 mm。当梯子需接长使用时，应有可靠的连接措施，接头不得超过1处。连接后梯梁的强度不应低于单梯梯梁的强度。

便携式梯子宜采用金属材料或木材制作。折梯张开到工作位置的倾角应符合现行国家标准《便携式金属梯安全要求》（GB 12142-2007）和《便携式木折梯安全要求》（GB 7059-2007）的有关规定，并应有整体的金属撑杆或可靠的锁定装置。

安装钢柱或钢结构时，应使用梯子或其他登高设施。钢柱或钢结构接高时，应设置操作平台。无电焊防风要求时，操作平台的防护栏杆高度不应小于1.2m；有电焊防风要求时，操作平台的防护栏杆高度不应小于1.8 m。安装三角形屋架时，应在屋脊处设置上下的扶梯；安装梯形屋架时，应在两端设置上下的扶梯。扶梯的踏板间距不应大于400 mm。屋架弦杆安装时搭设的操作平台，应设置防护栏杆或配备作业人员拴挂安全带的安全绳。

深基坑施工，应设置扶梯、入坑踏板及专用载人设备或斜道等，采用斜道时，应采用加设间距不大于400 mm的防滑条等防滑措施。严禁沿坑壁、支撑或乘运土工具上下。

6.3.2 悬空作业

在周边临空状态下，无立足点或无牢固可靠立足点的条件下进行的高处作业称为悬空作业，主要指的是从事建筑物和构筑物结构主体及相关装修施工的悬空操作。悬空作业主要有以下六大类施工作业：构件吊装与管道安装、模板支撑与拆卸、钢筋绑扎和安装钢骨架、混凝土浇筑、屋面作业 、门窗作业。悬空作业应设有牢固的立足点，并应配置登高和防坠落的设施。各类悬空作业的安全技术要点如下。

6.3.2.1 构件吊装与管道安装

钢结构吊装前，构件宜在地面组装，安全设施应一并设置。吊装时应在作业层下方设置一道水平安全网。

吊装钢筋混凝土屋架、梁、柱等大型构件前，应在构件上预先设置登高通道、操作立足点等安全设施。

在高空安装大模板、吊装第一块预制构件或单独的大中型预制构件时，作业人员应站在作业平台上操作。

当吊装作业利用吊车梁等构件作为水平通道时，临空面的一侧应设置连续的栏杆等防护措施。当采用钢索作安全绳时，钢索的一端应采用花兰螺栓收紧；当采用钢丝绳作安全绳时，绳的自然下垂度不应大于绳长的1/20，并应控制在100 mm以内。

钢结构安装施工宜在施工层搭设水平通道，水平通道两侧应设置防护栏杆。当利用钢梁作为水平通道时，应在钢梁一侧设置连续的安全绳，安全绳宜采用钢丝绳。

钢结构、管道等安装施工的安全防护设施宜采用标准化、定型化产品。严禁在未固定、无防护的构件及安装中的管道上作业或通行。

6.3.2.2 模板支撑与拆卸

进行模板支撑体系搭设和拆卸的悬空作业时，模板支撑应按规定的程序进行。不得在连接件和支撑件上攀登上下，不得在上下同一垂直面上装拆模板；在2 m以上高处搭设与拆除柱模板及悬挑式模板时，应设置操作平台；在进行高处拆模作业时，应配置登高用具或搭设支架。

6.3.2.3 钢筋绑扎和安装钢骨架

绑扎钢筋和预应力张拉时的悬空作业应符合下列规定：绑扎立柱和墙体钢筋时，作业人员不得站在钢筋骨架上或攀登骨架；在2 m以上的高处绑扎柱钢筋时，应搭设操作平台；在高处进行预应力张拉时，应搭设有防护挡板的操作平台。

6.3.2.4 混凝土浇筑

混凝土浇筑与结构施工时的悬空作业应符合下列规定：浇筑高度为2 m以上的混凝土结构构件时，应设置脚手架或操作平台；悬挑的混凝土梁、檐、外墙和边柱等结构施工时，应搭设脚手架或操作平台，并应设置防护栏杆，采用密目式安全立网封闭。

6.3.2.5 屋面作业

屋面作业应符合下列规定：在坡度大于1∶2.2的屋面上作业并无外脚手架时，应在屋檐边设置不低于1.5 m高的防护栏杆，并应采用密目式安全立网全封闭；在轻质型材等屋面上作业，应搭设临时走道板，不得在轻质型材上行走；安装压型板前，应采取在梁下支设安全平网或搭设脚手架等安全防护措施。

6.3.2.6 门窗作业

门窗作业应有防坠落措施，作业人员在无安全防护措施的情况下不得站立在樘子、阳台栏板上作业；高处安装不得使用座板式单人吊具。

6.4 操作平台作业安全技术与管理

在施工现场常搭设各种临时性的操作台或操作架，进行各种砌筑、装修和粉刷等作业。一般来说，可在一定时期内用于承载物料并在其中进行各种操作的构架式平台称为操作平台。操作平台制作前都要由专门的技术人员按所用的材料、依照现行的相应规范进行设计，计算书或图纸要编入施工组织设计，要在操作平台上显著地标明它所允许的荷载值。使用时，操作人员和物料总重量不得超过设计的允许荷载，且要配备专人监护。操作平台应具有必要的强度和稳定性，使用过程中不得晃动。施工现场的操作平台，根据用途可分为只用于施工操作的作业平台和进行施工作业亦进行施工材料转接用的接料平台（或称卸料平台、转料平台等），具体有移动式操作平台、落地式操作平台、悬挑式操作平台等。

6.4.1 操作平台的一般规定

操作平台应进行设计计算，架体构造与材质应符合相关现行国家、行业标准规定。面积、高度或荷载超过规范规定的，应编制专项施工方案。

操作平台面铺设的钢、木或竹胶合板等材质的脚手板应符合强度要求，并应平整满铺及可靠固定。

操作平台的临边应按规范规定设置防护栏杆，单独设置的操作平台应设置供人上下、踏板间距不大于400 mm的扶梯。

悬挑式操作平台的搁置点、拉结点、支撑点应设置在稳定的主体结构上，且应可靠连接，不得设置在脚手架等施工设备上。平台外侧应略高于内侧；悬挑梁应锚固固定，锚固点楼板厚度不宜小于120 mm。

钢丝绳绳夹数量应与钢丝绳直径匹配，且不得少于4个。建筑物锐角、利口周围系钢丝绳处应加衬软垫物。

上、下层的操作平台在建筑物的垂直方向上必须错开布置，避免相互影响。

操作平台使用中应有专人进行检查，发现钢丝绳有锈蚀损坏应及时调换，焊缝脱焊应及时修复。需要调换或者修复时严禁使用。

操作平台上人员和物料的总重严禁超过设计的容许荷载，且物料总高度不得超过围护结构的 1.2 倍高。钢管特别长时，钢管探出平台端部的长度不得超过 1.5 m。堆放材料时应轻拿轻放，严禁抛投。人员不得在操作平台吊运、安装时上下。

6.4.2 移动式操作平台

移动式操作平台具有独立的机构，可以搬移，常用于构件施工、装修工程等作业。

移动式操作平台的面积不应超过 10 m^2，为防止操作平台倾覆，高度不应超过 5 m；为保证操作平台整体稳定性，其高宽比不应大于 2∶1；为保证操作平台整体安全，其承受的施工荷载不应超过 1.5 kN/m^2。当面积、高度或荷载超过上述规定时，必须编制专项施工方案。

移动式操作平台的轮子与平台架体连接应牢固，立柱底端离地面不得超过 80 mm。为防止平台在作业人员施工时移动，应将立柱与地坪间垫实，行走轮和导向轮应配有制动器或刹车闸等固定措施。

单独设置的操作平台应设置供人上下、踏板间距不大于 400 mm 的扶梯；四周必须设置防护栏杆。

移动式操作平台在移动时，操作平台上不能站人。

移动式行走轮的承载力不应小于 5 kN，行走轮制动器的制动力矩不应小于 2.5 N·m。移动式操作平台架体应保持垂直，不得弯曲变形。行走轮的制动器除在移动情况外，均应保持制动状态。

6.4.3 落地式操作平台

落地式操作平台一般采用钢管脚手架搭设，主要由底座或垫板、立杆、水平杆、扫地杆、剪刀撑或斜撑、连墙件、台面板、防护栏杆等构成，其构造与满堂脚手架相似。落地式操作平台的面积不应超过 10 m^2，高度不应大于 15 m，高宽比不应大于 3∶1；施工平台的施工荷载不应超过 2.0 kN/m^2，接料平台的施工荷载不应超过 3.0 kN/m^2。

6.4.3.1 落地式操作平台的搭设和拆除

落地式操作平台的搭设应按专项施工方案进行，并应符合以下要求：

①地基必须牢固、平整，立杆下部应设置底座或垫板。如果在结构顶板上，需验算顶板承载力，考虑顶板下部是否需要加设顶撑。

②用脚手架搭设卸料平台时，其立杆间距和步距等结构要求应符合相关脚手架规范的规定，并应设置纵、横向扫地杆，在架体外立面设置剪刀撑或斜撑，在连墙件设置层加设水平剪刀撑。

③落地式操作平台应独立设置，并应与建筑物进行刚性连接或加设防倾措施，不得与脚手架连接；从底层第一步水平杆起应逐层设置连墙件，连墙件间隔应小于4 m，一次搭设高度不应超过相邻连墙件以上两步，连墙件应采用可承受拉力和压力的构造，并应与建筑结构可靠连接。

④用脚手架搭设落地式操作平台时，其结构构造应符合相关脚手架规范的规定，在立杆下部设置底座或垫板、纵向与横向扫地杆，在外立面设置剪刀撑或斜撑，落地式操作平台的搭设材料及搭设技术要求、允许偏差应符合相关脚手架规范的规定。落地式操作平台应按相关脚手架规范的规定计算受弯构件强度、连接扣件抗滑承载力、立杆稳定性、连墙杆件强度与稳定性及连接强度、立杆地基承载力等。

⑤平台应铺设符合承载力要求的脚手板，并应平整满铺及可靠固定。平台四周应设置防护栏杆，下部设置挡脚板，外侧挂密目式安全立网。架体中间应设置一道安全平网。

⑥落地式操作平台的拆除应由上而下逐层进行，严禁上下同时作业，连墙件应随工程施工进度逐层拆除。

⑦操作平台应在明显位置标明限载牌，搭设后应经验收合格。

6.4.3.2 落地式操作平台的检查与验收

落地式操作平台应符合有关脚手架规范的规定，检查与验收应符合下列规定：

①搭设操作平台的钢管和扣件应有产品合格证。

②搭设前应对基础进行检查验收，搭设中应随施工进度按结构层对操作平台进行检查验收。

③遇六级以上大风、雷雨、大雪等恶劣天气及停用超过一个月，恢复使用前应进行检查。

④操作平台使用中应定期进行检查。

6.4.4 悬挑式操作平台

悬挑式操作平台有斜拉式和支承式两种。悬挑式操作平台主要由主梁、次梁、吊环、平台板、斜拉钢丝绳（或斜撑）、防护栏杆及挡板、预埋锚环等组成。主梁和次梁应采用型钢（槽钢或工字钢）制作，并应按设计确定。

6.4.4.1 悬挑式操作平台的设置要求

悬挑式操作平台的搁置点、拉结点、支撑点应设置在主体结构上，且应可靠连接。未经专项设计的临时设施上不得设置悬挑式操作平台。悬挑式操作平台的结构应稳定可靠，且其承载力应符合使用要求。悬挑式操作平台的悬挑长度不宜大于5 m，承载力需经设计验收。采用斜拉方式的悬挑式操作平台应在平台两边各设置前后两道斜拉钢丝绳，每一道均应做单独受力计算和设置。采用支承方式的悬挑式操作平台应在钢平台的下方设置不少于两道的斜撑，斜撑的一端应支承在钢平台主结构钢梁下，另一端支承在建筑物主体结构上。

6.4.4.2 悬挑式操作平台的安装程序

①按照设计要求，在安装操作平台位置的建筑结构上预设悬挑梁锚环与锚固螺栓以及斜拉钢丝绳拉结吊环。

②对操作平台所有材料进行进场验收，合格后按要求进行加工组装。

③使用卡环将组装好的操作平台吊运至预定位置，先将平台主梁与预埋件固定，再将钢丝绳固定，紧固螺母及钢丝绳卡扣，固定牢固后方可松开吊钩。

④在平台通道两侧安装安全防护栏杆，在平台上悬挂限重标志牌。

⑤操作平台安装后经验收合格方可使用，之后每次移位均应进行验收。

6.4.5 高处作业吊篮

高处作业吊篮是悬挑机构架设于建筑物或构筑物上，利用提升机驱动悬吊平台，通过钢丝绳沿建筑物或构筑物立面上下运行的施工设施，也是为操作人员设置的作业平台。高处作业吊篮检查评定应符合《建筑施工工具式脚手架安全技术规范》（JGJ 202-2010）的规定。

6.4.5.1 检查评定的保证项目

检查评定的保证项目包括施工方案、安全装置、悬挂机构、钢丝绳、安装、升降操作。

（1）施工方案

吊篮安装、拆除作业应编制专项施工方案，悬挂吊篮的支撑结构承载力应经过验算；专项施工方案应按规定进行审批。

（2）安全装置

吊篮应安装防坠安全锁，并应灵敏有效；防坠安全锁不应超过标定限期；吊篮应设置作业人员专用的挂设安全带的安全绳或安全锁扣，安全绳应固定在建筑物的可靠位置上，不得与吊篮上的任何部位有连接；吊篮上应安装限位装置，并保证限位装置灵敏可靠。

（3）悬挂机构

悬挂机构前支架严禁支撑在女儿墙、女儿墙外或建筑物外挑沿边缘；悬挂机构前梁外伸长度应符合产品说明书规定；前支架应与支撑面垂直且脚轮不应受力；前支架调节杆应固定在上支架与悬挑梁连接的节点处；严禁使用破旧的配重件或其他替代物；配重件的重量应符合设计规定。

（4）钢丝绳

钢丝绳磨损、断丝、变形、锈蚀应在允许范围内；安全绳应单独设置，型号规格应与工作钢丝绳一致；吊篮运行时安全绳应张紧悬垂；利用吊篮进行电焊作业时应对钢丝绳采取保护措施。

（5）安装

吊篮应使用经检测合格的提升机；吊篮平台的组装长度应符合规范要求；吊篮所用的构配件应是同一厂家的产品。

（6）升降操作

吊篮升降操作必须由经过培训合格的持证人员操作完成；吊篮内的作业人员不应超过 2 人；吊篮内的作业人员应将安全带使用安全锁扣正确挂置在独立设置的专用安全绳上；吊篮正常工作时，人员应从地面进入吊篮内。

6.4.5.2 检查评定的一般项目

检查评定的一般项目包括交底与验收、防护、吊篮稳定性、荷载。

（1）交底与验收

吊篮安装完毕后应按规范要求进行验收，验收表应由责任人签字确认；每天班前、班后应对吊篮进行检查；吊篮安装、使用前应对作业人员进行安全技术交底。

（2）防护

吊篮平台周边的防护栏杆的设置应符合规范要求；多层吊篮作业时应设置顶部防护板。

（3）吊篮稳定性

吊篮作业时应采取防止摆动的措施；吊篮与作业面距离应在规定要求范围内。

（4）荷载

吊篮施工荷载应满足设计要求；荷载应均匀分布；严禁利用吊篮作为垂直运输设备。

6.5 交叉作业安全技术与管理

施工现场人员进出的通道门（包括施工升降机地面通道上方及物料提升机进料口）和处于起重机臂架回转范围内的通道，应搭设安全防护棚。施工现场进行交叉作业时，下层作业的位置应处于坠落半径之外，模板、脚手架等拆除作业应适当增大坠落半径。达不到规定时，坠落半径内应设置安全防护棚或安全防护网等安全隔离措施。常见的安全防护棚有人员进出通道、加工区防护棚、设备防护棚、电箱防护棚等。

交叉作业安全防护措施有设置安全防护棚、安全防护网等。

6.5.1 安全防护棚

施工现场人员进出的通道口应搭设安全防护棚。安全防护棚的架体常采用钢管脚手架搭设，棚顶采用具有抗冲击能力的材料，如木板、脚手板、混凝土板、钢板等。

人员通道安全防护棚的宽度应大于建筑物进出口两侧各 0.5 m。物料提升机安全防护棚宽度应大于吊笼宽度，安全防护棚的高度一般不应小于 3 m。当建筑物高度大于 24 m 时，安全防护棚的高度不应小于 4 m。采用木板搭设时，应搭设双层安全防护棚，两层安全防护棚的间距不应小于 700 mm。

处于起重设备的起重机臂回转范围之内的通道，顶部应搭设安全防护棚；操作平台内侧通道的上下方应设置阻挡物体坠落的隔离防护措施。

安全防护棚的顶棚使用竹笆或胶合板搭设时，应采用双层搭设，间距不应小于 700 mm；使用木板时可采用单层搭设，木板厚度不应小于 50 mm，或可采用与木板等强度的其他材料搭设。安全防护棚的长度不小于 3 m，并应满足坠落半径的要求。当坠落半径为 2~15 m 时，长度应大于等于 3 m；坠落半径为 15~30 m 时，长度应大于等于 4 m；坠落半径大于等于 30 m 时，长度应大于等于 5 m。

悬挑式安全防护棚悬挑杆的一端应与建筑物结构可靠连接；不得在安全防护棚棚顶堆放物料。

6.5.2 安全防护网

安全防护网，又称外挑式防护网。进行不搭设脚手架和设置安全防护棚的交叉作业时，应设置安全防护网。当在多层、高层建筑外立面施工时，应在二层及每隔四层设一道固定的安全防护网，同时设一道随施工高度提升的安全防护网。

安全防护网的搭设方法和要求如下：在建筑结构内侧搭设双排架，其立杆稳固地放置在地面上，上端与顶板顶紧，大横杆顶紧两侧墙体，然后把外挑水平杆和支撑杆用扣件固定到双排架上，并在外挑水平杆上架设安全防护网。安全防护网如图 6-8 所示，其中，1 为双排架，2 为建筑结构，3 为外挑水平杆，4 为斜撑杆，5 为安全防护网，6 为窗洞口。在楼层面上设置水平杆时，也可采用预埋钢筋环或在结构内外侧各设一道横杆的方式进行固定。

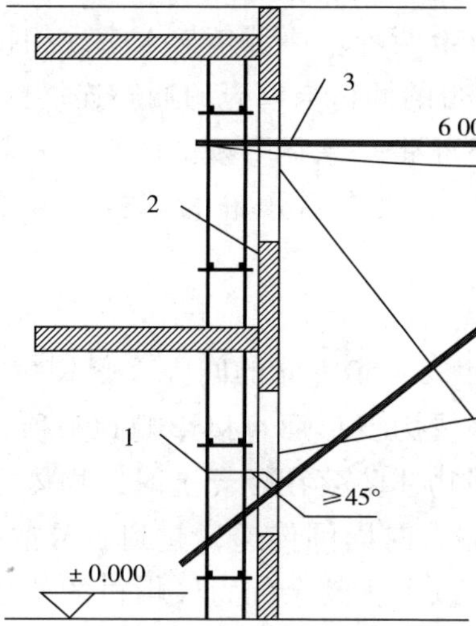

图 6-8　安全防护网

最底层安全防护网的外挑长度不应小于 6. 0 m，其他高度的安全防护网外挑长度不小于 3. 0 m。

安全防护网应外高里低，网与网之间应拼接严密。

6. 6　安全帽、安全带、安全网

安全帽、安全带和安全网被称为建筑工人的“三件宝”。进入施工现场必须戴安全帽；登高作业必须系安全带；在建建筑物四周必须用绿色的密目式安全应网全封闭。这三种防护用品都有产品标准，我们在使用时也应选择符合建筑施工要求的产品。

6. 6. 1　安全帽

安全帽是对人体头部起保护作用、避免坠落物及其他特定因素引起的伤害的帽子，由帽壳、帽衬和下颏带三部分组成。帽壳是安全帽的主要部件，一般采用椭圆形或半球形薄壳结构，这种结构在冲击压力下会产生一定的压力变形，材料的刚性性能吸收和分散受力，加上光滑的表面与圆形的曲线，易使冲击物滑走而减少冲击的时间。根据需要和安全帽外壳的强度，外壳可制成光顶、顶筋、有沿和无沿等多种类型。帽衬是帽壳内直接与佩戴者头顶接触部件的总称，其由帽箍环带、顶带、护带、托带、吸汗带、衬垫及拴绳等组成。帽衬的材料可用棉织带、合成纤维带和塑料衬带制成。帽箍环带，在佩戴时紧紧围绕人的头部，前额部分衬有吸汗材料，具有一定的吸汗作用。帽箍环带可分成固定带和可调节带两种。顶带是与人头顶相接触的衬带，顶带与帽壳可用铆钉连接，或用顶带的插口与帽壳的插座连接；顶带有十字形、六条形，相应设插口 4~6 个。下颏带是系在下颏上的带子，起固定安全帽的作用，下颏带由带和锁紧卡组成。没有后颈箍的帽衬，采用“Y”字形下颏带。

6.6.1.1 安全帽的防护机理

首先，在帽壳与帽衬之间有 25~50 mm 的间隙，起到缓冲减震的作用，当物体打击安全帽时，帽壳不因受力变形而直接影响到头顶。其次，帽壳为椭圆形或半球形，表面光滑，当物体坠落在帽壳上时，物体立即滑落，不能停留；而且帽壳被打击点承受的力向周围传递，起到了分散打击力的作用，通过帽衬缓冲减少的力可达 2/3 以上，其余的力经帽衬的整个面积传递给人的头盖骨，这样就把着力点变成了着力面，从而避免了打击力在帽壳上某点集中，减少了单位面积受力。最后，相关标准中规定安全帽必须能吸收 4 900 N 的力，这是生物学试验中人体颈椎在受力时最大的限值，超过此限值颈椎就会受到伤害，轻则引起瘫痪，重则危及生命。

6.6.1.2 安全帽的分类

安全帽按用途分为一般作业类（Y 类）安全帽和特殊作业类（T 类）安全帽两大类，其中 T 类又分成五类，具体如下：

T1 类适用于有火源的作业场所。

T2 类适用于井下、隧道、地下工程、采伐等作业场所。

T3 类适用于易燃易爆作业场所。

T4（绝缘）类适用于带电作业场所。

T5（低温）类适用于低温作业场所。

每种安全帽都具有一定的技术性能指标和适用范围，所以要根据应用的行业和作业环境选购相应的产品。例如，建筑行业一般选用 Y 类安全帽；电力行业因接触电网和电器设备，应选用 T4（绝缘）类安全帽；在易燃易爆的环境中作业，应选用T3类安全帽。安全帽颜色的选择随意性比较大，一般以浅色或醒目的颜色为宜，如白色、浅黄色等，也可以遵循安全心理学的原则选用，或按部门、作业场所和环境的相关规定来选用。

6.6.1.3 安全帽的安全使用

选择了适宜的合格的安全帽后还应正确地使用，这样才能发挥安全帽的功能，保障使用者的安全。

佩戴前，应检查安全帽各配件有无破损、装配是否牢固、帽衬调节部分是否卡紧、插口是否牢靠、绳带是否系紧等，若帽衬与帽壳之间的距离不在25至50 mm之间，应用顶绳调节到规定的范围内。确认各部件完好后方可使用。

安全帽必须戴正。如果戴歪了，就不能减轻打击力对头部的伤害。要根据使用者头的大小将帽箍长度调节到适宜位置（松紧适度），高空作业人员佩戴的安全帽要有下颏带和后颈箍并应拴牢，以防帽子滑落。不要为了透气而随意在帽壳上开孔，否则会使帽体强度显著减低。

安全帽要定期检查，发现帽体开裂、下凹和磨损等情况应及时更换。不得使用有缺陷的安全帽；安全帽在使用时受到较大冲击后，无论是否发现帽壳有明显的断裂纹或变形，都应停止使用；由于汗水浸湿而使帽衬损坏的帽子要立即更换。一般安全帽使用期限不超过3年。

安全帽不应储存在有酸碱、高温（50℃以上）、阳光直射、潮湿的环境中，避免重物挤压或尖物碰刺。帽壳与帽衬可用冷水、温水（低于50℃）洗涤，不可放在暖气片上烘烤，以防帽壳变形。

要选购经有关技术监督管理部门检验合格的产品，要有合格证及生产许可证，严禁选购无证产品、不合格产品。

进入施工现场的所有作业人员必须正确佩戴安全帽，包括技术管理人员、检查人员和参观人员。

6.6.2 安全带

进行高空作业时，必须使用安全带或采取其他可靠的安全防护措施。

6.6.2.1 安全带的分类

安全带主要由带、绳和金属配件组成。安全带的分类如下。

（1）按设计分类

①单挂点安全带。单挂点安全带适合于基本高处作业，如建筑工业作业等。

②双挂点安全带。双挂点安全带适合于攀爬作业，如石化作业、密闭空间作业和应急逃生等。

③带定位腰带的安全带。带定位腰带的安全带适合于攀爬作业以及工作定位等，如电力、石化、风电、救援、逃生等。

（2）按作业类型分类

①围杆作业安全带。围杆作业安全带是通过围绕在固定构造物上的绳或带将人体绑定在固定构造物附近，使作业人员的双手可以进行操作的安全带。此类安全带适合于需要工作定位的各高处作业工种，如电线杆作业工、建筑工等。

②区域限制安全带。区域限制安全带是用以限制作业人员的活动范围，避免其进入可能发生坠落区域的安全带。此类安全带应在没有坠落风险的前提下使用，可以是定位腰带，也可以是其他类型的安全带。

③坠落悬挂安全带。坠落悬挂安全带是高处作业或登高人员发生坠落时将作业人员安全悬挂的安全带。此类安全带必须是带腿带的全身式安全带，适合于石油石化巡线人员、密闭空间作业人员、高楼外立面清洁人员等。

6.6.2.2　安全带的使用

（1）勿拖曳于地

围杆作业安全带的围杆绳上有保护套，因此不允许在地面随意拖着绳行走，以免损伤绳套，影响主绳。

（2）勿低挂高用

坠落悬挂安全带不允许低挂高用（将安全带挂在低处，而人在高处作业），否则在发生坠落时实际冲击的距离会加大，对人体造成更大伤害。

（3）勿擅作他用

坠落悬挂安全带的坠落防护用连接器、安全绳不应用于悬吊作业、救援、非自主升降。

（4）勿胡乱共用

悬吊作业、救援、非自主升降系统不应和连接器或安全绳共用全身系带的 D 形环（半圆环）。

（5）专带要专用

围杆作业安全带和区域限制安全带不应用于悬吊作业、救援、非自主升降。

6.6.2.3　安全带的检查

安全带每次使用前都必须要检查，每隔 6 个月要定期检查；如果在恶劣的环境中使用，需要更频繁的检查，当地有具体法规规定的按法规执行。

安全带的检查要注意以下要点：

①检查所有的编织带面，检查缝线的磨损程度和断裂情况，尤其是硬件后侧的缝线。

②检查扣件的生锈或腐蚀迹象，检查编织带与代扣连接处的磨损情况，检查扣件有没有扭曲变形。

③检查系绳的整体情况，检查系绳接头和支撑环的情况，检查绳环与编织带环连接处没有损坏。

④保险闩必须活动自如，并能自动复位，弹簧必须完好无损，缓冲减震器没有展开过的迹象。

⑤检查腰带衬垫上的磨损和割裂情况，检查带环的变形情况。

6.6.3 安全网

安全网是高处作业时用来防止人和物坠落，或用来避免、减轻坠落及物击伤害的网具。

6.6.3.1 安全网的形式及性能

目前，建筑工地所使用的安全网按形式及其作用可分为平网和立网两种。由于这两种网使用中的受力情况不同，因此它们的规格、尺寸和强度要求等也有所不同。

平网的安装平面平行于水平面，主要用来承接人和物的坠落。

立网的安装平面垂直于水平面，主要用来阻止人和物的坠落。

6.6.3.2 安全网的构造和材料

安全网由网体、边绳、系绳和筋绳构成。网体由网绳编结而成，具有菱形或方形的网目。编结物相邻两个绳结之间的距离称为网目尺寸；网体四周边缘上的网绳称为边绳，安全网的尺寸（公称尺寸）即由边绳的尺寸而定；把安全网固定在支撑物上的绳称为系绳。此外，凡用于增加安全网强度的绳统称为筋绳。

安全网的材料，要求其比重小、强度高、耐磨性好、延伸率大和耐久性较强。此外，还应有一定的耐气候性能，受潮受湿后其强度下降不会太大。同一张安全网上所有的网绳都要采用同一材料，所有材料的湿干强力比不得低于75%。安全网以化学纤维为主要材料，多采用维纶和尼龙等合成化纤做网绳；丙纶由于性能不稳定，禁止使用。只要符合国际有关规定的要求，亦可采用棉、麻、棕等植物材料作原料。不论用何种材料，每张安全网的重量一般不会超过15 kg，并要能承受800 N的冲击力。

6.6.3.3 安全网使用规范

高处作业部位的下方必须挂安全网。当建筑物高度超过4 m时，必须设置一道随墙体逐渐上升的安全网，以后每隔 4 m 再设一道固定安全网；在外架、桥式架，上、下对孔处都必须设置安全网。安全网的架设应里低外高，支出部分的高低差一般在 50 cm 左右；支撑杆件无断裂、弯曲；网内缘与墙面间隙要小于 15 cm；网最低点与下方物体表面距离要大于 3 m。安全网架设所用的支撑，木杆的小头直径不得小于 7 cm，竹杆的小头直径不得小于 8 cm，撑杆间距不得大于 4 m。

使用前应检查安全网是否有腐蚀及损坏情况。施工中要保证安全网完整有效，支撑合理，受力均匀。搭接要严密牢靠，不得有缝隙。搭设的安全网不得在施工期间拆移、损坏，必须到无高处作业时再拆除。因施工需要暂拆除已架设的安全网时，施工单位必须在通知、征求搭设单位同意后再拆除。施工结束必须立即按规定要求由施工单位恢复安全网，并经搭设单位检查合格后使用。

要经常清理网内的杂物，在网的上方实施焊接作业时，应采取防止焊接火花落在网上的有效措施；网的周围不要有长时间严重的酸碱烟雾。

安全网在使用时必须经常检查，并有跟踪使用记录，不符合要求的安全网应及时处理。安全网在不使用时，必须妥善地存放、保管，防止受潮发霉。新网在使用前必须查看产品的铭牌：首先看是平网还是立网，立网和平网必须严格地区分开，立网绝不允许当平网使用；架设立网时，底边的系绳必须系结牢固。若是旧网，在使用前应做试验，并有试验报告书，试验合格的旧网才可以使用。

6.6.3.4　安全网使用注意事项

使用时，应避免发生以下现象：

①随便拆除安全网的构件。

②人跳进或把物品投入安全网内。

③大量焊接火星或其他火星落入安全网内。

④在安全网内或下方堆积物品。

⑤安全网周围有严重腐蚀性烟雾。

对使用中的安全网，应进行定期或不定期的检查，并及时清理网中落下的杂物，防止安全网的污染。当受到较大冲击时应及时更换安全网。

6.6.3.5　安全网的安装事项

安全网上的每根系绳都应与支架系结，四周边绳（边缘）应与支架贴紧，系结应符合打结方便、连接牢靠又容易解开、工作中受力后不会散脱的原则，有筋绳的安全网在安装时还应把筋绳连接在支架上。

平网网面不宜绷得过紧，当网面与作业面高度差大于 5 m 时，其伸出长度应大于 4 m；当网面与作业面高度差小于 5 m 时，其伸出长度应大于 3 m。平网与下方物体表面的最小距离应不小于 3 m，两层网间距不得超过 10 m。

立网网面应与水平垂直，并与作业面边缘最大间隙不超过 10 cm。

安装后的安全网经专人检验后方可使用。

思考题

1. 高处作业有几种类型？分别叙述。
2. 什么是坠落高度基准面？
3. 说明高处作业事故的主要原因。
4. 简述高处作业的高度规定。
5. 简述高处作业安全防护的基本规定。
6. 结合一个具体工程，尝试编制其高处作业施工专项方案。

7　建筑施工机械安全

内容提要：本章介绍了常用的建筑施工机械及事故类型；介绍了塔式起重机、施工升降机、物料提升机等起重机械的安全使用要点；介绍了土方施工机械、混凝土机械、钢筋加工机械的构造和安全使用要点；介绍了打孔机具、切割机具、加工机具、铆接紧固机具的安全使用要点。

7.1　常用建筑施工机械及事故类型

7.1.1　常用的建筑施工机械

常用的建筑施工机械包括起重机械、土方工程机械、混凝土机械、手持式电动工具、运输机械、桩工机械、压实机械、木工机械等。

7.1.1.1　起重机械

起重机械在建筑施工中担负着垂直运送材料设备和人员上下建筑物的工作，它是施工技术措施中很重要的设备。起重机械种类很多，下面介绍常用的几种。

（1）塔式起重机

塔式起重机是臂架安置在垂直的塔身顶部的可回转臂架型起重机，简称塔机。塔式起重机是现代工业和民用建筑中的重要起重设备，在高层、超高层的工业和民用建筑的施工中得到了非常广泛的应用。它在施工中的主要作用是重物的垂直运输和施工现场内的短距离水平运输。

塔式起重机由金属结构部分、机械传动部分、电气控制与安全保护部分以及外部支承设施组成。金属结构部分包括行走台车架、支腿、底架平台、塔身、套架、回转支承、转台、驾驶室、塔帽、起重臂架、平衡臂架及绳轮系统、支架等。机械传动部分包括起升机构、行走机构、变幅机构、回转机构、液压顶升机构、电梯卷扬机构以及电缆卷筒等。电器控制与安全保护部分包括电动机、控制器、动力线、照明灯、各安全保护装置以及中央集电环等。外部支承设施包括轨道基础及附着支撑等。图 7-1 是上回转自升式塔式起重机外形结构示意图，其中，1 为台车，2 为底架，3 为压重，4 为斜撑，5

为塔身基础节，6 为塔身标准节，7 为顶升套架，8 为承座，9 为转台，10 为平衡臂，11 为起升机构，12 为平衡重，13 为平衡臂拉索，14 为塔帽操作平台，15 为塔帽，16 为小车牵引机构，17 为起重臂拉索，18 为起重臂，19 为起重小车，20 为吊钩滑轮，21 为司机室，22 为回转机构，23 为引进轨道。

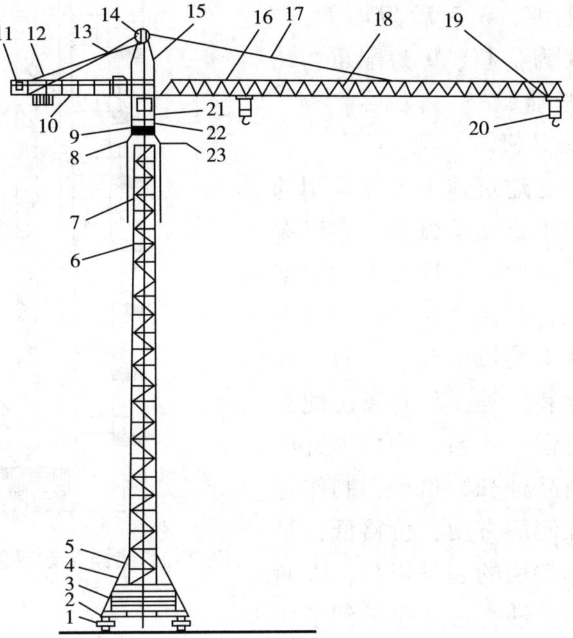

图 7-1　上回转自升式塔式起重机外形结构

（2）施工升降机

施工升降机（又称外用电梯、施工电梯、附壁式升降机）是一种使用吊笼沿导轨架做垂直（或倾斜）运动用来运送人员和物料的机械。

施工升降机可根据需要的高度到施工现场进行组装，一般架设可达 100 m，用于超高层建筑施工时可达 200 m。施工升降机可借助本身安装在顶部的电动吊杆组装，也可利用施工现场的塔吊等起重设备组装。另外，由于梯笼和平衡重的对称布置，倾覆力矩很小，立柱又通过附壁与建筑结构牢固连接（不需缆风绳），所以受力合理可靠。施工升降机为保证使用安全，本身设置了必要的安全装置，这些装置应该经常保持良好的状态，防止意外事故。由于施工升降机结构坚固，拆装方便，不用另设机房，因此被广泛应用于工业及民用高层建筑施工、桥梁、矿井、水塔的高层物料和人员的垂直运输。

施工升降机主要由金属结构、驱动机构、安全保护装置和电气控制系统等部分组成。金属结构由吊笼、底笼、导轨架、对（配）重、天轮架及小起重机构、附墙架等组成。图7-2是齿条传动双吊笼施工升降机示意图，其中，1为天轮架，2为吊杆，3为吊笼，4为导轨架，5为电缆，6为后附墙架，7为前附墙架，8为护栏，9为配重，10为吊笼，11为基础。

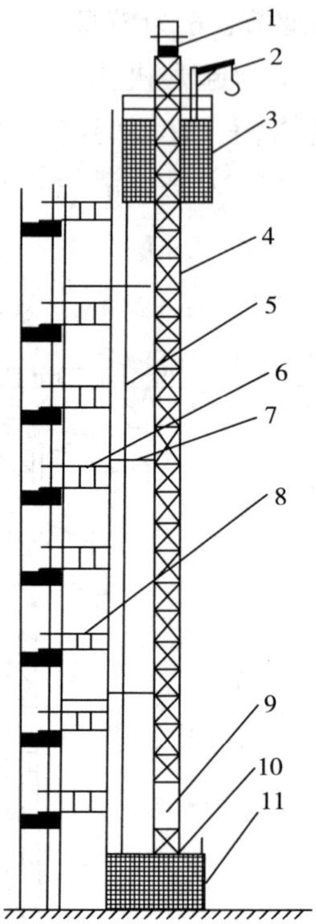

图7-2　齿条传动双吊笼施工升降机

（3）物料提升机

物料提升机是建筑施工现场常用的一种输送物料的垂直运输设备。它以卷扬机为动力，以底架、立柱及天梁为架体，以吊笼（吊篮）为工作装置，用钢丝绳传动。架体上装设滑轮、导轨、导靴、吊笼、安全装置等，与卷扬机配套构成完整的垂直运输体系。物料提升机构造简单，用料品种和数量少，制作容易，安装拆卸和使用方便，价格低，是一种投资少、见效快的装备机具，因而受到施工企业的欢迎，近几年得到了快速发展。

按结构形式的不同，物料提升机可分为龙门架式物料提升机和井架式物料提升机。龙门架式物料提升机以地面卷扬机为动力，由两根立柱与天梁构成门架式架体，吊笼（吊篮）在两立柱间沿轨道做垂直运动。井架式物料提升机以地面卷扬机为动力，由型钢组成井字形架体，吊笼（吊篮）在井孔内或架体外侧沿轨道做垂直运动。

物料提升机由架体、提升与传动机构、吊笼（吊篮）、稳定机构、安全保护装置和电气控制系统组成。如图7-3所示，左图为双笼井架式物料提升机，右图为双笼龙门架式物料提升机。其中，1为基础，2为吊笼（吊篮），3为防护围栏，4为立柱，5为天梁，6为滑轮，7为缆风绳，8为卷扬机钢丝绳。

7.1.1.2　土方工程机械

在建筑工程、道路工程和市政工程的基础施工中，土方工程数量大、费时费力。主要的土方作业有挖掘、铲装、运输、回填和平整等。常用的土方机械有推土机、铲运机、装载机、平地机。土方机械的特点是机型大、功率

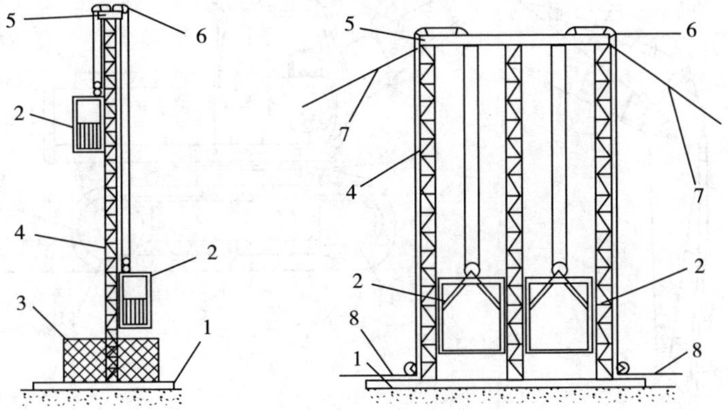

图 7-3 双笼物料提升机

大、生产率高和机型复杂。在施工作业时，机械承受负载重，外载变化大，工作场地条件差，环境恶劣。

(1) 挖掘机

挖掘机是以开挖土方为主的工程机械，被广泛用于各类建设工程的土方施工中，如开挖基坑、沟槽和取土等。

单斗挖掘机是土方工程中普遍使用的机械，有专用型和通用型之分，专用型供矿山采掘用，通用型主要用于各种建设工程施工。其特点是挖掘力大，可以挖Ⅵ级以下的土壤和爆破后的岩石。

单斗挖掘机可以将挖出的土石就近卸掉或配备一定数量的自卸车进行远距离的运送。此外，其工作装置根据建设工程的需要可换成起重、碎石、钻孔和抓斗等，扩大了挖掘机的使用范围。

单斗挖掘机的种类按传动的类型不同可分为机械式和液压式两类；按行走装置不同可分为履带式、轮胎式和步履式三类。

单斗挖掘机主要由工作装置、回转机构、回转平台、行走装置、动力装置、液压系统、电气系统和辅助系统等组成。工作装置是可更换的，可以根据作业对象和施工的要求进行选用。图 7-4 为履带式挖掘机机构示意图，其中 1 为铲斗，2 为连杆，3 为铲斗油缸，4 为斗杆，5 为斗杆油缸，6 为动臂，7 为动臂油缸，8 为驾驶室，9 为配重，10 为履带，11 为驱动轮，12 为支重轮，13 为拖链轮，14 为导向轮。

(2) 推土机

推土机是以履带式或轮胎式拖拉机牵引车为主机，再配置悬式铲刀的自行式铲土运输机械，主要进行短距离推运土方、石渣等作业。推土机作业时，

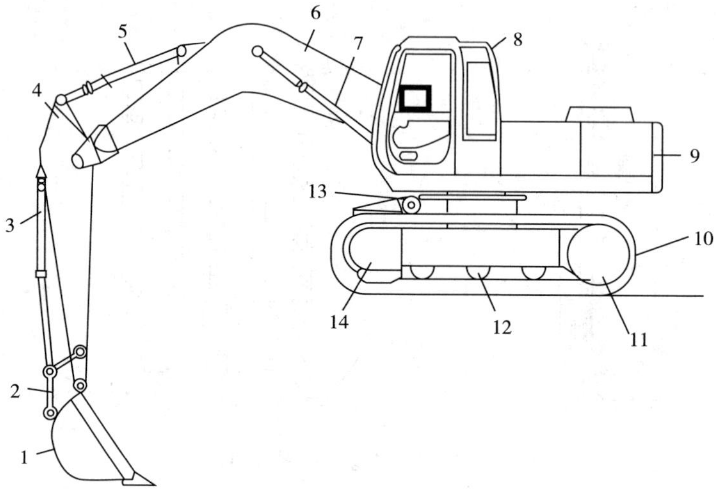

图 7-4　履带式挖掘机机构示意图

依靠机械的牵引力完成土壤的切割和推运。配置其他工作装置可完成铲土、运土、填土、平地、压实、松土、除根、清除石块杂物等作业，是土方工程中广泛使用的施工机械。

推土机按行走装置不同分为履带式推土机和轮式推土机。履带式推土机附着性能好，接地比压小，通过性好，爬坡能力强，但行驶速度低，适用于在条件较差的地带作业。轮式推土机行驶速度快，灵活性好，不破坏路面，但牵引力小，通过性差。

推土机按传动形式分为机械传动、液力机械传动和全液压传动三种。其中，液力机械传动应用最广。

推土机主要由发动机、底盘、液压系统、电气系统、工作装置和辅助设备等组成。

（3）铲运机

铲运机是一种挖土兼运土的机械设备，它可以在一个工作循环中独立完成挖土、装土、运输和卸土等工作，还有一定的压实和平地作用。铲运机运土距离较远，铲斗容量较大，是土方工程中应用最广泛的重要机种之一，主要用于大土方量的填挖和运输作业。铲运机按行走方式分为拖式和自行式两种；按卸土方式分为强制式、半强制式和自由式三种；按铲斗容量分为小型（6 m^3 以下）、中型（6~15 m^3）、大型（15~30 m^3）和特大型（30 m^3 以上）四种。

（4）装载机

装载机是一种作业效率较高的铲装机械，可用来装载松散物料，同时还能用于清理、刮平场地、短距离装运物料、牵引和配合运输车辆。更换相应的工作装置后，还可以完成推土、挖土、松土、起重等多种工作，且有较好的机动性，被广泛用于建筑、筑路、矿山、港口、水利及国防等各种建设中。

（5）压路机

在建设工程中，压路机主要用来完成公路、铁路、市政建设、机场跑道、堤坝等建筑物地基工程的压实作业，以提高土石方基础的强度，降低雨水的渗透性，保持基础稳定，防止沉陷，是基础工程和道路工程中不可缺少的施工机械。压路机按其压实原理可分为静作用压路机和振动压路机。静作用压路机是以其自身质量对被压实材料施加压力，消除材料颗粒的间隙，排除空气和水分，以提高土壤的密实度、强度、承载能力和防渗透性等的压实机械，可用来压实路基、路面、广场和其他各类工程的地基等。振动压路机利用自身重力和振动作用对压实材料施加静压力和振动压力，振动压力给予压实材料连续高频振动冲击波，使压实材料颗粒产生加速运动，颗粒间摩擦力大大降低，小颗粒填补孔隙，排出空气和水分，增加压实材料的密实度，提高其强度及防渗透性。与静作用压路机相比，振动压路机具有压实深度大、密实度高、压实遍数少、生产效率高等特点，其生产效率相当于静作用压路机的3~4倍。

7.1.1.3 混凝土机械

混凝土机械，是利用机器取代人工把水泥、河沙、碎石、水按照一定的配合比进行搅拌，生产出建筑工程等生产作业活动所需的混凝土的机械设备。常用的混凝土机械有混凝土搅拌机、混凝土搅拌输送车、混凝土泵及泵车、混凝土振动器、混凝土布料机等。

（1）混凝土搅拌机

混凝土搅拌机按生产过程的连续性可分为周期式和连续式两大类。建筑施工所用的都是周期式混凝土搅拌机。周期式混凝土搅拌机按搅拌原理可分为自落式和强制式两大类，其主要区别是：搅拌叶片和拌筒之间没有相对运动的为自落式；有相对运动的为强制式。强制式搅拌机分为立轴强制式和卧轴强制式两种，其中卧轴式又有单卧轴和双卧轴之分。

施工现场常用的搅拌机是锥形反转出料的搅拌机，搅拌站常用的搅拌机是双卧轴强制式搅拌机。

（2）混凝土搅拌输送车

混凝土搅拌输送车是运输混凝土的专用车辆，在载重汽车底盘上安装一套能慢速旋转的混凝土搅拌装置。在运输过程中，装载混凝土的搅拌筒可慢速旋转，有效地使混凝土不断受到搅动，防止产生分层离析现象，因而能保证混凝土的输送质量。混凝土搅拌输送车除载重汽车底盘外，主要由传动系统、搅拌装置、供水系统、操作系统等组成。

混凝土搅拌输送车的搅拌筒驱动装置有机械式和液压式两种，当前已普遍采用液压式。根据发动机动力引出形式的不同，可分为飞轮取力、前端取力、前端卸料以及搅拌装置专用发动机单独驱动等形式。

（3）混凝土泵及泵车

混凝土泵是将混凝土沿管道连续输送到浇筑工作面的一种混凝土输送机械。混凝土泵车是将混凝土泵安装在汽车底盘上，并用液压折叠式臂架（又称布料杆）管道来输送混凝土的机械。臂架具有变幅、曲折和回转三个动作，在其活动范围内可任意改变混凝土浇筑位置，在有效幅度内进行水平和垂直方向的混凝土输送，从而降低劳动强度，提高生产率，并能保证混凝土质量。混凝土泵车按其底盘结构可分为整体式、半挂式和全挂式，使用较多的是整体式。

（4）混凝土振动器

混凝土振动器是一种借助动力通过一定装置作为振源产生频繁的振动，并使这种振动传给混凝土，以振动捣实混凝土的设备。

混凝土振动器的种类繁多：按传递振动的方式可分为内部式（插入式）、外部式（附着式）、平台式等；按振源的振动子形式可分为行星式、偏心式、往复式等；按使用振源的动力可分为电动式、内燃式、风动式、液压式等；按振动频率可分为低频、中频、高频等。

（5）混凝土布料机

混凝土布料机是将混凝土进行分布和摊铺，以减轻工人劳动程度，提高工作效率的一种设备，主要由臂架、输送管、回转架、底座等组成。

7.1.1.4　手持式电动工具

手持式电动工具是运用小容量电动机，通过传动机构驱动工作装置的一种手提式或便携式小型机具。手持式电动工具种类繁多，按其用途可归纳为饰面机具、打孔机具、切割机具、加工机具、铆接紧固机具。

（1）饰面机具

饰面机具有电动弹涂机、气动剁斧机及各种喷枪等。电动弹涂机能将各种色浆弹在墙面上，适用于建筑物内外墙壁及顶棚的彩色装饰。气动剁斧机能代替人工剁斧，使混凝土饰面形成适度纹理的杂色碎石外饰面。

（2）打孔机具

常用的打孔机具有冲击电钻、电锤及各种电钻等。冲击电钻具有两种转速，以及旋转、旋转冲击两种不同用途，适用于大型砌块、砖墙等脆性板材钻孔。根据不同的钻孔直径，可选用高、低两种转速。电锤是将电动机的旋转运动转变为冲击运动或旋转带冲击的钻孔工具。它比冲击电钻有更大的冲击力，适合在砖、石、混凝土等脆性材料上进行打孔、开糟、粗糙表面、安装膨胀螺栓、固定管线等作业。双速冲击电钻由电动机、减速器、调节环、钻夹头、开关和电源线等组成。电锤由单相串激式电动机、减速器、偏心轴、连杆、活塞机构、钻杆、刀具、支架、离合器、手柄、开关等组成。

(3) 切割机具

常用的切割机具有瓷片切割机、石材切割机、混凝土切割机等。瓷片切割机由交直流两用双重绝缘单相串激式电动机、工作头、切割刀片、导尺、电源开关、电缆线等组成。石材切割机由交直流两用双重绝缘单相串激式电动机、减速器、机头壳、给水器、金刚石刀片、电源开关、电缆线等组成。瓷片切割机用于瓷片、瓷板嵌件及小型水磨石、大理石、玻璃等预制嵌件的装修切割。换上砂轮，还可进行小型型材的切割，被广泛用于建筑装修、水电装修工程。石材切割机用于各种石材、瓷制品及混凝土等块、板状件的切割与划线。混凝土切割机用于混凝土预制件、大理石、耐火砖的切割，换上砂轮片还可切割铸铁管。

(4) 加工机具

加工机具指磨、锯、剪机具，常用的有角向磨光机、曲线锯、电剪及电冲剪等。角向磨光机由交直流两用双重绝缘单相串激式电动机、锥齿轮、砂轮、防护罩等组成。曲线锯由交直流两用双重绝缘单相串激式电动机、齿轮机构、曲柄、导杆、锯条等组成。电剪由自行通风防护式交直流两用电动机、减速器、曲轴连杆机构、工作头等组成。

角向磨光机用于金属件的砂磨、清理、去毛刺、焊接前打坡口及型材切割等作业，更换工作头后，还可进行砂光、抛光、除锈等作业。曲线锯可按曲线锯割板材，更换不同的锯条后可锯割金属、塑料、木材等不同板料。电剪用于剪切各种形状的薄钢板、铝板等。电冲剪和电剪相似，只是工作头形式不同，除能冲剪一般金属板材外，还能冲剪波纹钢板、塑料板、层压板等。

(5) 铆接紧固机具

铆接紧固机具主要有拉铆枪、射钉枪等。拉铆枪用于各种结构件的铆接作业，对封闭构造或盲孔均可进行铆接。拉铆枪有电动和气动两种，电动因使用方便而被广泛采用。动拉铆枪由自行通风防护式交直流两用单相串激式电动机、传动装置、头部工作机构三部分组成。射钉枪没有动力装置，依靠弹膛里的火药燃烧释放出的能量推动发射管里的活塞，再由活塞推动射钉以 100 m/s 的速度射出。射钉射入固接件的深度，可通过射钉枪的活塞行程距离加以控制。射钉枪是进行直接紧固技术的先进工具，它能将射钉直接射入钢板、混凝土、砖石等基础材料里，而无须做任何准备工作（如钻孔、预埋等），使构件获得牢固固结。射钉枪按其结构可分高速、低速两种，建筑施工中使用低速射钉枪。

7.1.2 建筑施工中常见的机械伤害事故

在建筑施工中与施工机械相关的伤害事故很多，主要有起重伤害事故、车辆伤害事故、机械伤害事故等。

7.1.2.1 起重伤害事故

起重伤害事故的特点是事故大型化、群体化，一起事故有时涉及多人，并可能伴随大面积设备设施的损坏。事故后果严重，只要是伤及人，往往是恶性事故，一般不是重伤就是死亡。伤害涉及的人员可能是司机、司索工和作业范围内的其他人员，其中司索工被伤害的比例最高。在安装、维修和正常起重作业中都可能发生事故。其中，起重作业中发生的事故最多。起重伤害事故类别与机种有关，重物坠落是各种起重机共同的易发事故。此外，还有桥架式起重机的夹挤事故，汽车起重机的倾翻事故，塔式起重机的倒塌折臂事故，室外轨道起重机在风荷载作用下的脱轨翻倒事故以及大型起重机的安装事故等。

起重伤害事故的形式如下。

（1）重物坠落

吊具或吊装容器损坏、物件捆绑不牢、挂钩不当、电磁吸盘突然失电、起升机构的零件故障（特别是制动器失灵、钢丝绳断裂）等都会引发重物坠落。处于高位置的物体具有势能，当坠落时，势能迅速转化为动能，上吨重的吊载意外坠落，或起重机的金属结构件破坏、坠落，都可能造成严重后果。

（2）起重机失稳倾翻

起重机失稳倾翻有两种类型：一是操作不当（例如超载、臂架变幅或旋转过快等）、支腿未找平或地基沉陷等使倾翻力矩增大，导致起重机倾翻；二是坡度或风荷载作用使起重机沿路面或轨道滑动，导致脱轨翻倒。

（3）挤压

起重机轨道两侧缺乏良好的安全通道或与建筑结构之间缺少足够的安全距离，使运行或回转的金属结构机体对人员造成夹挤伤害；运行机构的操作失误或制动器失灵引起溜车，造成碾压伤害等。

（4）高处跌落

人员在离地面大于 2 m 的高度进行起重机的安装、拆卸、检查、维修或操作等作业时，从高处跌落造成伤害。

(5) 触电

起重机在输电线附近作业时，其任何组成部分或吊物与高压带电体距离过近，感应带电或触碰带电物体，都可以引发触电伤害。

(6) 其他伤害

其他伤害是指人体与运动零部件接触引起的绞、碾、戳等伤害，例如：液压起重机的液压元件破坏造成高压液体的喷射伤害；飞出物件的打击伤害；装卸高温液体金属和易燃、易爆、有毒、腐蚀等危险品时坠落或包装破损引起的伤害。

起重伤害事故的原因主要有以下几个方面。

第一，起重机的不安全状态。设计不规范、制造缺陷等，都会使带有隐患的设备投入使用。在使用环节，不及时更换报废零件、缺乏必要的安全防护、保养不良带病运转，也会造成运动失控、零件或结构破坏等。总之，设计、制造、安装、使用等任何环节的安全隐患都可能带来严重后果。起重机的安全状态是保证起重安全的重要前提。

第二，人的不安全行为。人的不安全行为是多种多样的，例如：操作技能不熟练，缺少必要的安全教育和培训；非司机操作，无证上岗；违章违纪蛮干，操作习惯不良；判断操作失误，指挥信号不明确，起重司机和起重工配合不协调。总之，安全意识差和安全技能低下是引发事故主要的人为原因。

第三，环境因素。超过安全极限或未达到卫生标准的不良环境会直接影响人的操作意识水平，使失误机会增多，身体健康受到损伤。另外，不良环境还会造成起重机系统功能降低甚至加速零部件的失效，造成安全隐患。

第四，安全卫生管理缺陷。安全卫生管理包括对起重设备的管理和检查、对人员的安全教育和培训、安全操作规章制度的建立等。管理上的任何疏忽，都会给起重安全埋下隐患。

起重机的不安全状态和操作人员的不安全行为是事故的直接原因，环境因素和安全卫生管理缺陷是事故发生的间接条件。事故的发生往往是多种因素综合作用的结果，只有加强对相关人员、起重机、环境及安全制度整个系统的综合管理，才能从根本上解决问题。

7.1.2.2 车辆伤害事故

建筑施工中的车辆伤害事故，实际上就是发生在施工现场的交通事故。从历年的事故统计来看，车辆伤害事故具有群体受伤害的事故特征。另外，工程机械类驾驶人员易受伤害，搭乘者较司机更易受到伤害。

导致车辆伤害的主要原因如下。

(1) 违章行为

违章行为包括：不良的驾驶习惯，如超速、忽视瞭望、取捷径、走反道、盲目倒车等；擅自让人搭车，造成驾驶条件困难，司机操作失误导致翻车或撞人等；超载或者装载不当，超载会增加车辆的惯性使车失控，装载不当会使车辆在刹车或者转弯时货物甩出伤人或者翻车。

(2) 施工现场管理问题

施工现场管理问题是导致车辆伤害事故的原因之一，例如：现场规划不当，场地拥挤，造成车辆相撞或撞坏施工现场的设施；安排无证人员驾驶车辆；检修车辆的接车验收制度不严、维修保养不良。车辆伤害事故常常反映出施工企业现场管理中的一些问题，涉及劳动组织不合理、基层领导违章指挥、执行规章制度不严、操作者违反操作规程、安全教育不到位、管理手段落后等。

7.1.2.3 机械伤害事故

机械伤害事故的发生很普遍，在使用机械设备的场所几乎都能遇到。一旦发生事故，轻则损伤皮肉，重则伤筋动骨、断肢致残，甚至危及生命。

机械伤害的形式主要有：咬入、挤压、碰撞或撞击、夹断、剪切、割伤或擦伤、卡住或缠住。当发现有人被机械伤害时，虽及时停止机械运作，但设备惯性作用仍可造成伤亡。

形成机械伤害事故的原因如下。

(1) 检修、检查机械时忽视安全措施

相关人员进入设备检修、检查作业后，不切断电源，未挂不准合闸警示牌，未设专人监护等，造成严重后果。虽然对设备断电，但因未等至设备惯性运转彻底停住就下手工作，同样会造成严重后果。

(2) 缺乏安全装置

有的机械传动带、齿机、接近地面的联轴节、投料口绞笼井等部位缺少护栏及盖板，无警示牌，人旦一误接触这些部位，就会造成事故。

(3) 电源开关布局不合理

电源开关布局不合理主要分为两种：一是有了紧急情况无法立即关闭机械；二是几台机械开关设在一起，极易造成误开机械引发严重后果。

(4) 错误操作

错误操作包括：自制或任意改造机械设备，不符合安全要求；在机械运行中进行清理、卡料、上皮带蜡等作业；任意进入机械运行危险作业区（采样、干活、借道、拣物等）；不具操作机械素质的人员上岗或其他人员乱动机械。

机械伤害人体最多的部位是手，因为手在劳动中与机械接触最为频繁。操作各种机械的人员必须经过专业培训，能掌握该设备性能的基础知识，经考试合格，持证上岗。上岗作业中，必须精心操作，严格执行有关规章制度，正确使用劳动防护用品，严禁无证人员开动机械设备。

7.1.3 建筑施工机械安全管理

7.1.3.1 建立健全规章制度

（1）了解国家规范标准和管理制度

现行和建筑施工机械相关的标准规范有：《建筑机械使用安全技术规程》（JGJ 33-2012）；《龙门架及井架物料提升机安全技术规范》（JGJ 88-2010）；《建筑施工起重吊装工程安全技术规范》（JGJ 276-2012）；《建筑施工塔式起重机安装、使用、拆卸安全技术规程》（JGJ 196-2010）；《建筑施工升降机安装、使用、拆卸安全技术规程》（JGJ 215-2010）；《中华人民共和国安全生产法》；《建筑工程安全生产管理条例》；《建筑起重机械安全监督管理规定》；等等。

此外，针对塔式起重机的还有《塔式起重机安全规程》（GB 5144-2006）、《塔式起重机设计规范》（GB/T 13752-2017）、《塔式起重机操作使用规程》（JG/T 100-1999）。

（2）确立施工管理制度及防范措施

建筑施工现场正式施工前要建立完善的机械设备安全管理制度，包括检查验收制度、维修保养制度、旁站制度、检测制度、交接班制度等。要明确责任人，进行管理文件交底。针对发生频率较高的事故还要编制应急预案（如图 7-5 所示）。还要针对一些特殊、复杂情况制定机械设备安全使用的防护措施，如多塔交叉作业的防撞措施、高大设备与输电线路的安全防护措施以及恶劣环境、天气条件下的设备安全使用措施等。

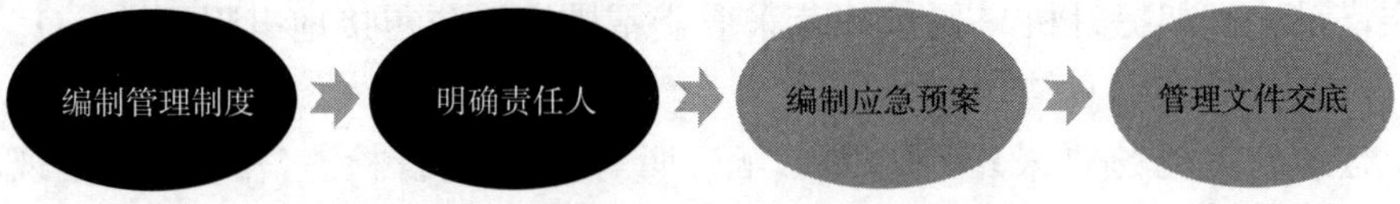

图 7-5 施工现场机械安全管理制度

以下为起重吊装“十不吊”规定：

①起重臂和吊起的重物下面有人停留或行走不准吊。

②起重指挥应由技术培训合格的专职人员担任，无指挥或信号不清不准吊。

③钢筋、型钢、管材等细长和多根物件必须捆扎牢靠，多点起吊。单头

“千斤”或捆扎不牢靠不准吊。

④多孔板、积灰斗、手推翻斗车不用四点吊或大模板外挂板不用卸甲不准吊。

⑤吊砌块必须使用安全可靠的砌块夹具，吊砖必须使用砖笼，并堆放整齐。木砖、预埋件等零星物件要盛器堆放稳妥，叠放不齐不准吊。

⑥楼板、大梁等吊物上站人不准吊。

⑦埋入地面的板桩、井点管等以及砖笼粘连、附着的物件不准吊。

⑧多机作业，应保证所吊重物距离不小于三米，在同一轨道上多机作业，无安全措施不准吊。

⑨六级以上强风区不准吊。

⑩斜拉重物或超过机械允许荷载不准吊。

7.1.3.2 执行验收管理，确保投产安全

（1）加强设备安装验收管理

对进入施工现场的机械设备要进行入场前验收，检查其技术性能是否满足施工需要，安全性能是否满足安全使用要求。要合理地安装机械设备，创造安全的作业环境，如悬挂“机械设备安全操作规程”标牌、搭设安全操作防护棚等。起重设备的安装、拆除、顶升、附壁等作业要有书面的安全和拆除方案、荷载计算、基础设计及隐蔽工程验收等资料。机械设备投入使用前要进行安装验收，起重设备还要有当地特种设备检测单位的检验报告。所有安全装置必须齐全、有效。

（2）加强设备安全用电管理

要采用TN-S接零保护系统，即三项五线制，要有可靠的接零、接地保护，同时注意同一供电网络内不要地线、零线混接。每台设备要有专用开关箱，保证“一机、一闸、一箱、一漏”，出线端必须使用漏电断路器。机械设备（如塔吊、高架提升机等）与架空线路的距离要满足规范要求，如不能满足要求，要按规范进行防护。超出相邻建筑物避雷保护范围的机械设备（如高层塔吊、高架提升机）要按规范采取避雷措施，防雷接地电阻要≤4 Ω。

（3）加强设备检查维护

建筑施工现场要采用看、闻、触、听等方法进行检查。例如，在现场，设备的垂直度、基础周边、螺栓紧固、油缸滴漏现象、附墙（角度、杆件长度、接长处理情况、与建筑物的连接方式等）、连接销的状态、安全保护措施的齐全性与灵敏度、齿条、钢丝绳、配重、制动系统、保养程度等都可以通过肉眼进行初步检查。设备如果有异常情况，线路、配电箱、刹车片、变速箱、油脂等会有异味，可以通过闻的方式判断；设备在正常运转和故障运转时的声音也会有差别，可以通过听来初步判断；还可以通过触摸的方式检查

安全装置的灵敏性、制动系统的制动、防护措施的稳固程度、供电电缆的表面热度、螺栓的紧固等。

项目部要对现场所有在用的设备进行定期检查、日常检查、特定检查以及极端天气后的检查；并且要督促相关人员对机械设备进行维护保养，消除安全隐患，遵循隐患“及时解决不过夜”的原则。

7.2 起重机械安全技术

7.2.1 塔式起重机

7.2.1.1 塔式起重机的安全装置

为了保证塔式起重机安全作业，防止发生各项意外事故，塔式起重机必须配备各类安全保护装置。

（1）起重力矩限制器

起重力矩限制器的主要作用是防止塔式起重机起重力矩超载，避免塔式起重机严重超载而引起倾覆等恶性事故。起重力矩限制器仅对塔式起重机臂架的纵垂直平面内的超载力矩起防护作用，不能防护风载和轨道的倾斜、陷落等引起的倾翻事故。对于起重力矩限制器，除了要求一定的精度外，还要有高可靠性。

当起重力矩大于相应工况额定值并小于额定值的110%时，应切断上升和幅度增大方向的电源，但机构可做下降和减小幅度方向的运动。对小车变幅的塔式起重机，起重力矩限制器应分别由起重量和幅度进行控制。起重力矩限制器是塔式起重机最重要的安全装置，它应始终处于正常工作状态。在现场条件不完全具备的情况下，至少应在最大工作幅度进行起重力矩限制器试验，可以使用现场重物经台秤标定后作为试验荷载使用，使起重力矩限制器的工作符合要求。

（2）起重量限制器

起重量限制器的作用是保护起吊物品的重量不超过塔式起重机允许的最大起重量，防止塔式起重机的吊物重量超过最大额定荷载而发生结构、机构及钢丝绳损坏事故。起重量限制器根据构造不同可安装在起重臂头部、根部等部位。当起重量大于相应挡位的额定值并小于额定值的110%时，应切断上升方向的电源，但机构可做下降方向的运动。具有多挡变速的起升机构，起重量限制器应对各挡位具有防止超载的作用。

（3）起升高度限位器

起升高度限位器是在起重钩接触到起重臂头部或载重小车之前，或在下降到最低点（地面或地面以下若干米）以前，使起升机构自动断电并停止工作，防止起重钩起升过度而碰坏起重臂的装置。常用的有两种形式：一是安装在起重臂端头附近，二是安装在起升卷筒附近。安装在起重臂端头的起升高度限位器以钢丝绳为中心，在起重臂端头悬挂重锤，当起重钩达到限定位置时托起重锤，在拉簧作用下，限位开关的杠杆转过一个角度，使起升机构的控制回路断开，切断电源，停止起重钩上升。安装在起升卷筒附近的起升高度限位器通过链轮、链条或齿轮带动丝杆转动，并通过丝杆的转动使控制块移动到一定位置时，限位开关断电。

（4）幅度限位器

幅度限位器是用来限制起重臂在俯仰时不超过极限位置的装置，在起重臂的俯仰到一定限度之前发出警报，当达到限定位置时自动切断电源。

（5）行程限位器

行程限位器分小车行程限位器和大车行程限位器。小车行程限位器设于小车变幅式起重臂的头部和根部，包括终点开关和缓冲器，用来切断小车牵引机构的电路，防止小车越位而造成安全事故。大车行程限位器包括设于轨道两端尽头的制动缓冲装置和制动钢轨以及装在塔式起重机行走台车上的终点开关，用来防止起重机脱轨。

（6）回转限位器

无集电器的塔式起重机应安装回转限位器。塔式起重机同转部分在非工作状态下应能自由旋转；对有自锁作用的回转机构，应安装安全极限力矩联轴器。

（7）夹轨钳

夹轨钳是装设于行走底架（或台车）的金属结构上，用来夹紧钢轨，防止塔式起重机在大风情况下被风力吹动而行走造成倾翻事故的装置。

（8）风速仪

风速仪的作用是自动记录风速，当超过六级风速以上时自动报警，使操作司机及时采取必要的防范措施，如停止作业、放下吊物等。

（9）障碍指示灯

塔顶高度大于 30 m 且高于周围建筑物的塔式起重机，必须在最高部位（臂架、塔帽或人字架顶端）安装红色障碍指示灯，并保证供电不受停机影响。

（10）钢丝绳防脱槽装置

钢丝绳防脱槽装置主要用于防止钢丝绳在传动过程中脱离滑轮槽而造成钢丝绳卡死和损伤。

（11）吊钩保险

吊钩保险安装在吊钩挂绳处，是一种防止起吊钢丝绳由于角度过大或挂钩不妥而脱钩造成吊物坠落事故的装置。吊钩保险一般采用机械卡环式，用弹簧来控制挡板，阻止钢丝绳的滑脱。

7.2.1.2 塔式起重机的安全管理

塔式起重机作为建筑工地的垂直运输设备，因其在生产中能够节省劳力、降低劳动强度、提高生产效率且作业半径大、覆盖面广而为建筑业广泛使用。近几年在一些建筑工地出现的塔吊安全事故，按其原因分析主要是管理人员和操作人员安全意识淡薄，未掌握安全技术要领，违反操作规程，冒险作业和无证上岗等造成的。建设行政主管部门和使用企业对塔式起重机等建筑设备负有法律意义上的管理责任，必须按照其安全管理的要求，重视安全管理工作。

（1）必须完善管理，多方监控

塔式起重机的安装涉及地基处理、基础混凝土的浇筑、轨道的敷设和机械电气装置的安装等，不但是机械、电气专业的事情，而且包括土建专业的问题，既要进行安全监控，也要有质量监控。因此，安装企业要发挥综合优势，不仅要关注安装队伍进行机电的装拆，也不能忽视设备基础的设计与施工。

具体做法是，应由土建技术部门实施对地基的处理或混凝土基础的浇筑的技术指导与管理，质量安全部门实施对装拆过程的质量和安全监控，机电部门实施对装拆的技术指导与管理。这样的多方管理和监控，可以避免基础问题及锚固点预埋件作业给特种设备安装、使用可能带来的安全隐患，防止安装过程中出现质量、安全、机电管理的疏忽。

对新、大及装拆难度大的特种设备，有必要派出各专业人员现场蹲点指导，加强管理，使装拆现场处于受控状态。

（2）必须编制方案，审批实施

根据事故致因理论可知，事故的发生是人、物两大轨迹交叉的结果。塔机装拆中的各个环节与人密切相关，大多数事故与人的不安全行为关系密切。

在设备装拆之前，应先由装拆单位编制装拆施工方案，要求方案具有针对性，根据装拆的特种设备的具体情况、位置及投入的设备、人力等制定具体的技术、安全、质量等措施，定人、定岗、明确职责，规范人的行为。装拆施工方案要经主管单位的机电、技术、质量、安全等部门审批。

这样，设备的装拆从一开始就从方案上纳入受控，机电、土建技术部门从安装技术上进行监控，安全、技术部门从安全技术和质量控制的措施上进行监控。经安装单位的安全技术交底，将措施落实到人，使作业人员明确要做什么、怎样做才安全，事先心中有数，防止习惯性违章。作业人员各司其职，形成有机的统一体，既分工又协作，克服麻痹大意思想，确保人的安全行为。

通过方案会审，各部门从各自的角度先行把关，使塔式起重机安装既充分符合工程的施工组织设计，满足工程需要，又避免出现干涉在建构筑物及周围构筑物的情况；既考虑到安装时的安全，又考虑到拆卸移场的顺利进行，避免孤立地看待工程现场特种设备装拆，有利于全过程的动态安全管理。

(3) 必须严格把关，检查验收

塔式起重机安装后、使用前，需经具备资质的检测机构进行检测验收，但安装单位仍应按规定要求进行企业自检，及时发现问题，避免让问题遗留。这对即将拆卸的特种设备同样需要，有利于拆卸时的安全。企业的自检，分别由企业内部有关安全、质量、机电、土建等专业的人员组成专门检验小组，主要检验人员需持有效检验员证。

设备基础的检验、轨道敷设后的检验、预埋件的检验，也要认真跟进，这些检验合格后，才能进入设备的安装。设备安装后企业自检未过关的，不得提交地方质量技术监督机构检验，一定要整改合格。在验收时要有针对性，及时发现问题，按“三定”落实整改。要及时复查隐患的整改情况，保证投入使用的塔式起重机符合安全技术要求，为该设备的全面系统管理提供安全技术资料，对以后的装拆也有好处。

(4) 必须对重点环节和过程工序实施过程监控

对重点环节和过程工序实施过程监控的主要方面如下。

①地面基础。塔式起重机基础处的地质耐力必须达到该塔式起重机使用技术要求，否则应采取打基础桩或其他技术措施，以满足塔式起重机安装和使用的稳定性要求。混凝土基础要保证外形尺寸、混凝土等级强度、配筋设置达到要求，还应保证预埋地脚螺栓、脚蹄等基础预埋件规格、定位正确，钢筋、塔吊地面定位铁板之间的施焊工艺符合要求。塔吊基础附近不能挖坑，否则必须打围护桩围护，以确保基础在塔吊使用过程中不移位、倾斜。

②塔式起重机安装和拆卸。塔式起重机的安装应严格按照使用说明书中各部件的安装顺序进行，特别要注意基础节、平衡臂、平衡重、起重臂的安装顺序，绝不能搞错。

塔式起重机的拆卸是塔式起重机安装顺序的逆序。要特别注意正确选定拆卸部件吊点的位置，尤其是起重臂、平衡臂的吊点位置，以确保拆卸时吊物的平衡。当起重臂、平衡臂与塔身铰点脱离时，要加上保险绳，预防吊物脱离时因反作用力而发生冲击现象。

③安全装置的配置和调试。对塔式起重机的各安全保护及限位装置要经

常进行检查，确保齐全、有效、灵敏。

7.2.1.3 塔式起重机的安全使用

塔式起重机司机必须身体健康，不得患有心脏病、高血压、贫血、癫痫、眩晕等疾病及妨碍起重作业的生理缺陷，不得患有色盲、听觉障碍。塔式起重机司机必须经有关部门培训合格，持证上岗。

塔式起重机的使用应遵照国家和主管部门颁发的安全技术标准、规范和规程，同时也要遵守使用说明书中的有关规定。

(1) 日常检查和使用前的检查

①基础。对于轨道式塔式起重机，应对轨道基础、轨道情况进行检查，对轨道基础技术状况做出评定，并消除其存在的问题。对于固定式塔式起重机，应检查其混凝土基础是否有不均匀的沉降。

②安装位置的检查。要检查架空线与塔式起重机的安全距离是否符合规定要求。塔式起重机的任何部位与输电线路的距离应符合表 7-1 的规定。如不符合要求，应采取有效安全措施，搭设隔离装置。

表 7-1 塔式起重机和输电线路之间的安全距离 单位：m

方向	电压				
	<1kV	1~15kV	20~40kV	60~110kV	220kV
沿垂直方向	1.5	3.0	4.0	5.0	6.0
沿水平方向	1.0	1.5	2.0	4.0	6.0

两台相邻塔式起重机的安全距离如果控制不当，很可能会造成重大安全事故。当多台塔式起重机在同一个施工现场交叉作业时，应编制专项方案，并采取防碰撞的安全措施。任意两台塔式起重机之间的最小架设距离要符合规定，一般低位塔式起重机的起重臂端部与另一台塔式起重机的塔身之间的距离不得小于 2 m；高位塔式起重机的最低位置的部件与低位塔式起重机中处于最高位置的部件之间的垂直距离不得小于 2 m。当相邻工地发生多台塔式起重机交叉作业情况时，应在协调相互作业关系的基础上，编制各自的专项使用方案。此外，还要检查塔式起重机是否存在在规定的独立高度条件下超高使用的情况；检查塔式起重机超过独立高度后的附墙固定是否符合要求。

③塔式起重机金属结构的检查。塔式起重机金属结构的检查包括：检查塔式起重机金属结构是否存在变形、锈蚀及裂纹；检查标准节安装是否正确，有无加强标准节与普通标准节颠倒安装、新旧标准节混装和将普通标准节作为基础节预埋等现象；检查各联结处是否正确联结，有无联结螺栓松动、开

口销漏装或用铁丝和焊条等替代的现象；检查平衡臂配重是否符合整机稳定性要求，配置块的相互联结及固定是否可靠。

④传动系统和液压系统的检查。传动系统的检查包括：检查卷扬机制动器摩擦片是否严重磨损；检查吊重制动时检查制动力矩是否足够，吊重物制动时是否有滑移现象；检查钢丝绳固定端部的绳夹规格、数量、固定方向是否正确；检查当吊钩位于最低位置时绳筒上剩余钢丝绳是否满足3圈的要求。

液压系统的检查包括：检查液压操作系统的灵敏度；检查油缸与平衡阀或液压锁之间的硬管是否被压扁，接头处是否漏油；检查油箱内的液压油的黏度是否失效或含有杂质；检查顶升横梁结构局部是否有裂纹、变形、焊缝开裂。

⑤安全装置及电气系统的检查。安全装置及电气系统的检查包括：检查各安全装置、限位装置和指示仪表是否齐全有效、灵敏；检查塔式起重机专用电箱是否做到一机、一闸、一漏；接地保护检查要求接头外露，固定可靠，不得采用钢筋做接地桩；电缆线应采用三相五线，检查时应注意电缆外层是否破损，电缆悬挂固定是否安全可靠。

⑥吊钩吊具的检查。吊钩吊具的检查包括：检查吊钩防脱绳装置是否有效，吊钩表面是否有裂纹或被焊接，吊钩磨损或钩身扭转变形是否超标；检查钢丝绳是否符合正常使用要求，吊索必须由整根钢丝绳制成，中间不得有接头；检查卸扣是否有明显变形、可见裂纹和弧焊痕迹，销轴螺纹是否有损伤现象。

吊钩禁止补焊，有下列情况之一的应报废：表面有裂纹；挂绳处截面磨损量超过原高度的10%；钩尾和螺纹部分等危险截面及钩筋有永久性变形；开口度比原尺寸增加15%；钩身的扭转角超过10°。

卸扣不得超负荷使用。在起重作业中，可按标准取卸扣号码及许用负荷直接选用卸扣；卸扣使用时必须注意其受力方向，要采取正确的安装方式，使力的作用点在卸扣本身的弯曲部分和横销上，否则容易使卸扣本体的卡口扩大，横销的螺纹可能会因此损坏；安装卸扣横销时，应在螺纹旋足后回转半扣螺距，防止螺纹旋得过紧而无法退出横销；卸扣使用完毕后，不允许将拆除的卸扣从高空向下抛掷，以防卸扣变形及内卡产生不易察觉的裂纹和损伤；不得敲击螺纹部位；不得使用其他材料的螺栓取代卸扣配套横销；当卸扣任何部位产生裂纹、塑性变形、螺纹脱扣、横销弯曲，以及销轴和扣体断面磨损达到原尺寸的3%~5%时，应报废；不用卸扣时，应在其横销的螺纹部分涂上润滑油，存放在干燥处，以防生锈。

钢丝绳的报废更新：钢丝绳在一个节距内的断丝数达到规定值时应报废；

钢丝径向磨损或腐蚀量超过原直径的40%时应报废；整条钢丝绳断裂或断股时应报废；钢丝绳直径减少达7%时，即使不断丝也应报废；钢丝绳外观出现麻芯外露、绳股挤出、绳径局部增大或减少、明显腐蚀、严重扭结、打死结、外层钢丝呈笼形或波浪形、局部被严重压扁、弯折，以及受热力、电弧的作用严重时，都应报废。

(2) 使用过程中应注意的事项

塔式起重机作业前应进行空运转，检查各工作机构、制动器、安全装置等是否正常；作业中任何安全装置报警，都应查明原因，不得随意拆除安全装置。

塔式起重机司机要与现场指挥人员配合好；同时，任何人均应服从司机发出的紧急停止信号；不得使用限位作为停止运行的开关；降下重物时不得使其自由下落；严禁拔桩、斜拉、斜吊和超负荷运转，严禁用吊钩直接挂吊物、用塔式起重机运送人员。当风速超过六级时应停止使用。

作业完毕，应将所有工作机构开关转至零位，切断总电源。在进行保养和检修时，应切断塔式起重机的电源，并在开关箱上挂警示标志。

7.2.2 施工升降机

施工升降机常见的事故主要有：安全保护装置失效或违章作业造成的冲顶、撞底、配重坠落、被配重或梯笼挤压、梯笼坠落，以及在等候电梯时楼层没有防护门或站位不对引起的高处坠落。

施工升降机的安装、拆除及作业人员的持证上岗等要求和塔式起重机是一样的。

7.2.2.1 施工升降机的安全保护装置

施工升降机的安全保护装置由防坠安全器，缓冲弹簧，上、下限位开关，上、下极限开关，安全钩，吊笼门、底笼门连锁装置，急停开关，楼层通道门等组成。

(1) 防坠安全器

防坠安全器是施工升降机主要的安全装置，它可以限制梯笼的运行速度，防止坠落。防坠安全器应能保证施工升降机吊笼出现不正常超速运行时及时启动，将吊笼制停。防坠安全器启动后，吊笼应不能运行。只有当故障排除、防坠安全器复位后，吊笼才能正常运行。

(2) 缓冲弹簧

在施工升降机的底架上有缓冲弹簧，当吊笼发生坠落事故时能够减轻吊笼的冲击。

(3) 上、下限位开关

上、下限位开关的设置是为了防止吊笼上、下超过需停位置时，因司机错误操作或电气故障等继续上升或下降而引发事故。上、下限位开关必须为自动复位型，上限位开关的安装位置应保证吊笼触发限位开关后留有的上部安全距离大于等于1.8 m，与上极限开关的越程距离为0.15 m。

(4) 上、下极限开关

上、下极限开关在上、下限位开关一旦不起作用，吊笼继续上行或下降到设计规定的最高极限或最低极限位置时能及时切断电源，以保证吊笼的安全。极限开关为非自动复位型，其动作后必须手动复位才能使吊笼重新启动。

(5) 安全钩

安全钩的设置是为了防止吊笼到达预先设定位置，上限位开关和上极限开关因各种原因不能及时动作、吊笼继续向上运行，导致吊笼冲击导轨架顶部而发生倾翻坠落事故。安全钩是安装在吊笼上部重要的也是最后一道安全装置，安全钩安装在传动系统齿轮与安全器齿轮之间，当传动系统齿轮脱离齿条后，安全钩防止吊笼脱离导轨架。吊笼上行到导轨架顶部的时候，安全钩钩住导轨架，保证吊笼不发生倾翻坠落事故。

(6) 吊笼门、底笼门连锁装置

施工升降机的吊笼门、底笼门均装有连锁装置，它们能有效地防止因吊笼门或底笼门未关闭就启动运行而造成的人员坠落和物料滚落，只有当吊笼门和底笼门完全关闭时才能启动运行。

(7) 急停开关

当吊笼在运行过程中发生各种紧急情况时，司机应能及时按下急停开关，使吊笼立即停止，防止事故的发生。急停开关必须是非自行复位的电气安全装置。

(8) 楼层通道门

施工升降机与各楼层均搭设了运料和人员进出的通道，在通道口与升降机结合部必须设置楼层通道门。此门在吊笼上下运行时处于常闭状态，只有在吊笼停靠时才能由吊笼内的人打开。应做到楼层内的人员无法打开此门，以确保通道口处在封闭的条件下不出现危险。

施工升降机的每个吊笼都有一套电气控制系统。施工升降机的电气控制系统由电源箱、电控箱、操作台和安全保护系统等组成。

7.2.2.2 施工升降机的安装与拆卸

(1) 安装前的准备工作

施工升降机在安装前必须编制专项施工方案，必须由有相应资质的队伍来施工。在安装施工升降机前需做以下几项准备工作：

①必须有熟悉施工升降机产品的钳工、电工等作业人员，作业人员应当具备熟练的操作技术和排除一般故障的能力，清楚了解升降机的安装工作。

②认真阅读全部技术文件。通过阅读技术文件清楚了解施工升降机的型号、主要参数尺寸，搞清安装平面布置图、电气安装接线图。

③按照施工方案，编制施工进度。

④清查或购置安装工具和必要的设备和材料。

（2）安装拆卸安全技术

安装与拆卸时应注意以下安全事项：

①操作人员必须按高处作业要求，在安装时戴好安全帽，系好安全带，并将安全带系在立柱节上。

②安装过程中必须由专人负责统一指挥。

③施工升降机在运行过程中，人员的头、手绝不能露出安全栏外；如果有人在导轨架上或附墙架上工作，绝对不允许开动施工升降机。

④每个吊笼顶平台作业人数不得超过 2 人，顶部承载总重量不得超过 650 kg。

⑤利用吊杆进行安装时不允许超载，并且只允许用来安装或拆卸施工升降机零部件，不得用作其他用途。

⑥遇有雨、雪、雾及风速超过 13 m/s 的恶劣天气，不得进行安装和拆卸作业。

7.2.2.3　施工升降机的安全使用和维修保养

施工升降机同其他机械设备一样，如果使用得当、维修及时、合理保养，不仅会延长使用寿命，而且能够降低故障率，提高运行效率。要收集和整理技术资料，建立健全施工升降机档案；建立施工升降机使用管理制度；操作人员必须了解施工升降机的性能，熟悉使用说明书；使用前，做好检查工作，确保各种安全保护装置和电气设备正常；操作过程中，司机要随时注意观察吊笼的运行通道有无异常情况，发现险情立即停车排除。

7.2.2.4　施工升降机的日常检查

（1）坠落试验

新安装的施工升降机在投入使用前必须经过坠落试验，使用中每隔 3 个月要进行一次坠落试验。吊笼坠落超过 1.2 m 的制动距离时，要由生产厂或指定认可的单位检修、调整防坠安全器。防坠安全器每发生一次防坠动作，都必须进行复位。

施工升降机在每班工作前要将吊笼升离地面 1～2 m，检查吊笼是否下滑，试验制动器的可靠性。

(2) 检查配重钢丝绳

检查每根钢丝绳的张力，使之受力均匀，相互差值不超过5%。钢丝绳严重磨损，达到钢丝绳报废标准时要及时更换新绳。

(3) 检查齿轮、齿条

应定期检查齿轮、齿条磨损程度，当齿轮、齿条损坏或超过允许磨损值范围时应予更换；检修限速制动器，制动器垫片磨损到一定程度须进行更换。

此外，还要检查其他部件、部位的润滑。

7.2.3 物料提升机

7.2.3.1 物料提升机的安全保护装置

物料提升机的安全保护装置主要包括安全停靠装置、断绳保护装置、载重量限制装置、上极限限位器、下极限限位器、吊笼安全门、缓冲器和通信信号装置等。

(1) 安全停靠装置

安全停靠装置是当吊笼停靠在某一层时能使吊笼稳妥地支靠在架体上的装置。它可以防止吊篮因钢丝绳突然断裂或卷扬机抱闸失灵而坠落。其装置有制动和手动两种，当吊笼运行到位后，由弹簧控制或人工搬动，使支承杆伸到架体的承托架上，其荷载全部由承托架负担，钢丝绳不受力。当吊笼装载125%额定载重量，运行至各楼层位置装卸荷载时，停靠装置应能将吊笼可靠定位。

(2) 断绳保护装置

当吊笼装载额定载重量，在悬挂或运行中发生断绳时，断绳保护装置必须可靠地把吊笼刹制在导轨上，最大制动滑落距离应不大于1 m，并且不应对结构件造成永久性损坏。

(3) 载重量限制装置

当提升机吊笼内荷载达到额定载重量的90%时，应发出报警信号；当吊笼内荷载达到额定载重量的100%~110%时，应切断物料提升机的工作电源。

(4) 上极限限位器

上极限限位器应安装在吊笼允许提升的最高工作位置，吊笼的越程（指从吊笼的最高位置与天梁最低处的距离）应不小于3 m。当吊笼上升达到限定高度时，上极限限位器立即切断电源。

(5) 下极限限位器

下极限限位器应能在吊笼碰到缓冲装置之前动作，当吊笼下降至下限位时，限位器应自动切断电源，使吊笼停止下降。

（6）吊笼安全门

吊笼的上料口处应装设吊笼安全门。吊笼安全门宜采用连锁开启装置。吊笼安全门连锁开启装置可为电气连锁，如果吊笼安全门未关，可造成断电，物料提升机不能工作；也可为机械连锁，吊笼上行时吊笼安全门自动关闭。

（7）缓冲器

缓冲器应装设在架体的底坑里，当吊笼以额定荷载和规定的速度作用到缓冲器上时，应能承受相应的冲击力。缓冲器的形式可采用弹簧或弹性实体。

（8）通信信号装置

通信信号装置是由司机控制的一种音响装置，其音量应能使各楼层装卸物料的人员清晰地听到。当司机不能清楚地看到操作者和信号指挥人员时，必须加装通信信号装置。通信信号装置必须是一个闭路的双向电气通信系统，司机和作业人员能够相互联系。

7.2.3.2 物料提升机的安装与拆卸

（1）安装前的准备

①根据施工要求和场地条件，并综合考虑发挥物料提升机的工作能力，合理确定安装位置。

②做好安装的组织工作，包括安装作业人员的配备，高处作业人员必须具备高处作业的业务素质和身体条件。

③按照说明书的基础图制作基础。

④基础养护期应不少于 7 天，基础周边 5 m 内不得挖排水沟。

（2）安装前的检查

①基础的尺寸是否正确，地脚螺栓的长度、结构、规格是否正确，混凝土的养护是否达到规定期，水平度是否达到要求（用水平仪进行验证）。

②提升卷扬机是否完好，地锚拉力是否达到要求，刹车开、闭是否可靠，电压是否在 380 V±5%之内，电机转向是否合乎要求。

③钢丝绳是否完好，与卷扬机的固定是否可靠，特别要检查全部架体达到规定高度时，在全部钢丝绳输出后，钢丝绳长度是否能在卷筒上保持至少 3 圈。

④各标准节是否完好，导轨、导轨螺栓是否齐全、完好，各种螺栓是否齐全、有效，特别是用于紧固标准节的高强度螺栓数量是否充足；各种滑轮是否齐备，有无破损。

⑤吊笼是否完整，焊缝是否有裂纹，底盘是否牢固，顶棚是否安全。

⑥断绳保护装置、载重量限制装置等安全防护装置应事先进行检查，确保安全、灵敏、可靠无误。

7.2.3.3　安全使用和维修保养

(1) 物料提升机的安全使用

物料提升机应有专职机构和专职人员管理。

物料提升机组装后应进行验收，并进行空载、动载和超载试验。空载试验，即不加荷载，只将吊篮按施工中各种动作反复进行，并试验限位灵敏程度。动载试验，即按说明书中规定的最大荷载进行动作运行。超载试验，一般只在第一次使用前，或经大修后按额定荷载的125%逐渐加荷进行。

物料提升机司机应经专门培训，人员要相对稳定，每班开机前，应对卷扬机、钢丝绳、地锚、缆风绳进行检验，并进行空车运行。司机在通信联络信号不明时不得开机，作业中如果有人发出紧急停车信号，司机应立即执行。司机离开时，应降下吊篮并切断电源。

在安全装置可靠的情况下，装卸料人员才能进入到吊篮作业，严禁各类人员乘吊篮升降。禁止攀登架体和从架体下面穿越。

缆风绳不得随意拆除。凡需临时拆除的，应先行加固，待恢复缆风绳后，方可使用物料提升机；如缆风绳改变位置，要重新埋设地锚，待新缆风绳拴好后，原来的缆风绳方可拆除。

(2) 物料提升机的维修保养

除定期检查外，必须做好物料提升机的日常检查工作。日常检查应由司机在每班前进行，主要内容有：附墙杆与建筑物连接有无松动，缆风绳与地锚的连接有无松动；空载提升吊篮做一次上下运行，查看运行是否正常，同时验证各限位器是否灵敏可靠及安全门是否灵敏完好；在额定荷载下，将吊篮提升至离地面1~2 m的高处停机，检查制动器的可靠性和架体的稳定性；卷扬机各传动部件的连接和紧固情况是否良好。

保养设备必须在停机后进行，禁止在设备运行中进行擦洗、注油等工作。如需重新在卷筒上缠绳，必须两人操作，一人开机一人扶绳，相互配合。

司机在操作中要经常注意传动机构的磨损，发现磨绳、滑轮磨偏等问题，要及时向有关人员报告并及时解决。架体及轨道发生变形必须及时维修。

7.3　其他建筑施工机械安全技术

7.3.1　土方施工机械

土方施工机械在城市建设、交通运输、农田水利和国防建设中起着十分重要的作用，是国民经济建设不可缺少的技术装备。土方施工机械种类较多，本节选择推土机、铲运机、装载机、挖掘机等机种进行简单的介绍。这些机械各有一定的技术性能和合理的作业范围，施工组织者和有关专职管理人员都应熟悉它们的类型、性能和构造特点以及安全使用要求，合理选择施工机械和施工方法。

7.3.1.1 推土机

推土机按行走装置分为履带式推土机和轮式推土机。履带式推土机附着性能好，接地比压小，通过性好，爬坡能力强，但行驶速度低，适用于在条件较差的地带作业。轮式推土机行驶速度快，灵活性好，不破坏路面，但牵引力小，通过性差。推土机按传动形式分为机械传动、液力机械传动和全液压传动三种。其中，液力机械传动应用最广。

（1）推土机的基本构造

推土机主要由发动机、底盘、液压系统、电气系统、工作装置和辅助设备等组成。有些推土机后部装有松土器，遇到坚硬土质时，先用松土器松土，然后再推土。履带式推土机以履带式拖拉机配置推土铲刀而成，轮式推土机以轮式牵引车配置推土铲刀而成。

（2）推土机的安全使用要点

①推土机在Ⅲ~Ⅳ级土或多石土壤地带作业时，应先进行爆破或用松土器翻松。在沼泽地带作业时，应使用有湿地专用履带板的推土机。

②不得用推土机推石灰、烟灰等粉尘物料，不得用推土机进行碾碎石块的工作。

③牵引其他机械设备时，应有专人负责指挥。钢丝绳的连接应牢固可靠。在坡道上或长距离牵引时，应采用牵引杆连接。

④填沟作业驶近边坡时，铲刀不得越出边缘。后退时，应先换挡，方可提升铲刀进行倒车。

⑤在深沟、基坑或陡坡地区作业时，应有专人指挥，其垂直边坡深度一般不超过 2 m，否则应放出安全边坡。

⑥推土机上下坡应用低速挡行驶，上坡不得换挡，下坡不得脱挡滑行。下陡坡时可将铲刀放下接触地面，并倒车行驶。横向行驶的坡度不得超过 10°，如需在陡坡上推土时应先进行挖填，机身保持平衡后方可作业。

⑦推房屋的围墙或旧房墙面时，其高度一般不超过 2.5 m。严禁推带有钢筋或与地基基础联结的混凝土桩等建筑物。

⑧在电杆附近推土时，应保持一定的土堆，其大小可根据电杆结构、土质、埋入深度等情况确定。用推土机推倒树干时，应注意树干倒向和高空架物。

⑨两台以上推土机在同一地区作业时，前后距离应大于 8 m，左右相距应大于 1.5 m。

7.3.1.2 铲运机

(1) 铲运机的基本构造

铲运机按行走方式分为拖式和自行式两种。

拖式铲运机本身不带动力，工作时由履带式或轮式拖拉机牵引。拖式铲运机由拖把、辕架、工作液压缸、机架、前轮、后车轮和铲斗等组成。铲斗由斗体、斗门和卸土板组成。斗体底部的前面装有刀片，用于切土。斗体可以升降，斗门可以相对斗体转动，即打开或关闭斗门，以适应铲土、运土和卸土等不同作业的要求。

自行式铲运机多为轮胎式，一般由单轴牵引车和单轴铲斗两部分组成。有的在单轴铲斗后还装有一台发动机，铲土工作时可采用两台发动机同时驱动。采用单轴牵引车驱动铲土工作时，有时需要推土机助铲。轮胎式自行铲运机均采用低压宽基轮胎，以改善机器的通过性能。自行式铲运机本身具有动力，结构紧凑，附着力大，行驶速度快，机动性好，通过性好，在中距离土方转移施工中应用较多，效率比拖式铲运机高。

(2) 铲运机的安全使用要点

①作业前应检查钢丝绳、轮胎气压、铲土斗及卸土板回位弹簧、拖杆方向接头、撑架和固定钢丝绳部分以及各部滑轮等；液压式铲运机铲斗与拖拉机连接的叉座与牵引连接块应锁定，液压管路连接应可靠，确认正常后方可启动。

②作业中严禁任何人上、下机械，传递物件，以及在铲斗内、拖把或机架上坐、立。

③多台铲运机联合作业时，各机之间前后距离不得小于 10 m（铲土时不得小于 5 m），左右距离不得小于 2 m。行驶中，应遵守下坡让上坡、空载让重载、支线让干线的原则。

④铲运机上、下坡道时，应低速行驶，不得中途换挡，下坡时不得空挡滑行。行驶横向坡度不得超过 6°，坡宽应大于机身 2 m 以上。

⑤在新填筑的土堤上作业时，铲运机离堤坡边缘不得小于 1 m，需要在斜坡横向作业时，应先将斜坡挖填，使机身保持平衡。

⑥在坡道上不得进行检修作业。在陡坡上严禁转弯、倒车或停车。在坡上熄火时，应将铲斗落地、制动牢靠后再行启动。下陡坡时，应将铲斗触地行驶，帮助制动。

⑦铲土时应直线行驶，助铲时应有助铲装置。助铲推土机应与铲运机密切配合，尽量做到平稳接触、等速助铲，助铲时不得硬推。

7.3.1.3 装载机

(1) 装载机的基本构造

装载机按行走方式分为轮式和履带式两种。轮式装载机以轮胎式底盘为基础，由工作装置和操纵系统组成。轮式装载机的优点是重量轻，运行速度快，机动灵活，作业效率高，行走时不破坏路面。在作业点较分散、转移频繁的情况下，其生产率要比履带式高得多。轮式装载机的缺点是轮胎接地比压大、重心高、通过性和稳定性差。

(2) 装载机的安全使用要点

①作业前应检查各部管路的密封性，制动器的可靠性，检视各仪表指示是否正常，轮胎气压是否符合规定。

②当操纵动臂与转斗达到需要位置后，应将操纵阀杆置于中间位置。

③装料时，铲斗应从正面铲料，严禁单边受力。卸料时，铲斗翻转、举臂应低速缓慢动作。

④不得将铲斗提升到最高位置运输物料。运载物料时，应保持动臂下铰点离地 400 mm，以保证稳定行驶。

⑤无论铲装或挖掘，都要避免铲斗偏载。不得在收斗或半收斗而未举臂时就前进。铲斗装满后应举臂到距地面约 500 mm 后，再后退、转向、卸料。

⑥行驶中，铲斗里不准载人。

⑦铲装物料时，前后车架要对正，铲斗以放平为好。如遇较大阻力或障碍物，应立即放松油门，不得硬铲。

⑧在运送物料时，要用喇叭信号与车辆配合协调工作。

⑨装车间断时，不要将铲斗长时间悬空等待。

⑩铲斗举起后，铲斗、动臂下严禁有人。若维修时需举起铲斗，必须用其他物体可靠地支持住动臂，以防万一。

⑪铲斗装有货物行驶时，铲斗应尽量放低，转向时速度应放慢，以防失稳。

7.3.1.4 挖掘机

(1) 挖掘机的基本构造

挖掘机主要由工作装置、回转机构、行走装置、动力装置、操纵机构、传动机构和辅助系统等组成。工作装置是可更换的，可以根据作业对象和施工的要求进行选用。

(2) 挖掘机的安全使用要点

①在挖掘作业前注意拔去防止上部平台回转的锁销，在行驶中则要注意插上锁销。

②作业前应先空载提升、回转铲斗，观察转盘及液压马达是否有不正常

的响声或颤动，制动是否灵敏有效，确认正常后方可工作。

③作业周围应无行人和障碍物，挖掘前先鸣笛并试挖数次，确认正常后方可开始作业。

④作业时，挖掘机应保持水平位置，将行走机构制动住。

⑤严禁挖掘机在未经爆破的五级以上岩石或冻土地区作业。

⑥作业中遇较大的紧硬石块或障碍物时，须经清除后方可开挖，不得用铲斗破碎石块和冻土，也不得用单边斗齿硬啃。

⑦挖掘悬崖时要采取防护措施，作业面不得留有伞沿及摆动的大石块，如发现有塌方的危险，应立即处理或将挖掘机撤离至安全地带。

⑧装车时，铲斗应尽量放低，不得撞碰汽车，在汽车未停稳或铲斗必须越过驾驶室而司机未离开前，不得装车。汽车装满后，要鸣喇叭通知驾驶员。

⑨作业时，必须待机身停稳后再挖土，不允许在倾斜的坡上工作。当铲斗未离开作业面时，不得做回转行走等动作。

⑩作业时，铲斗起落不得过猛，下落时不得冲击车架或履带。

⑪在作业或行走时，挖掘机严禁靠近输电线路，机体与架空输电线路必须保持安全距离。表 7-2 列出了挖掘机与架空输电线路的安全距离。如不能保持安全距离，应待停电后方可工作。

⑫挖掘机停放时要注意关闭电源开关，禁止在斜坡上停放。操作人员离开驾驶室时，不论时间长短，必须将铲斗落地。

表 7-2　挖掘机与架空线路的安全距离

线路电压（kV）	广播通信	0.22~0.38	6.6~10.5	20~25	60~110	154	220
在最大弧垂时垂直距离（m）	2.0	2.5	3	4	5	6	6
在最大风偏时水平距离（m）	1.0	1.0	1.5	2	4	5	6

⑬作业完毕后，挖掘机应离开作业面，停放在平整坚实的场地上，将机身转正，铲斗落地，所用操纵杆放到空挡位置，制动各部制动器，及时进行清洁工作。

7.3.2　混凝土机械

7.3.2.1　混凝土搅拌机的安全使用要点

①新机使用前应按使用说明书的要求，对系统和部件进行检验及必要的

试运转。

②移动式搅拌机必须选择平整坚实的场地进行停放，周围应有良好的排水措施。

③搅拌机就位后应放下支腿将机架顶起，使轮胎离地。在作业时期较长的地区使用时，应用垫木将机器架起，卸下轮胎和牵引杆，并将机器调平。

④料斗放到最低位置时，在料斗与地面之间应加一层缓冲垫木。

⑤接线前检查电源电压，电压升降幅度不得超过搅拌机电气设备规定的5%。

⑥作业前应先进行空载试验，观察搅拌筒式叶片旋转方向是否与箭头所示方向一致。如方向相反，则应改变电机接线。反转出料的搅拌机，应按搅拌筒正反转运转数分钟，查看有无冲击抖动现象。如有异常噪声，应停机检查。

⑦搅拌筒或叶片运转正常后应进行料斗提升试验，观察离合器、制动器是否灵活可靠。

⑧检查和校正供水系统的指示水量与实际水量是否一致，如误差超过2%，应检查管路是否漏水，必要时调整节流阀。

⑨每次加入的混合料不得超过搅拌机规定值的10%。为减少粘罐，加料的次序应为粗骨料—水泥—砂子，或砂子—水泥—粗骨料。

⑩料斗提升时，严禁任何人在料斗下停留或通过。如必须在料斗下检修，应将料斗提升后用铁链锁住。

⑪作业中不得进行检修、调整和加油。勿使砂、石等物料落入机器的传动系统内。

⑫搅拌过程中不宜停车，如因故必须停车，在再次启动前应卸除荷载，不得带载启动。

⑬以内燃机为动力的搅拌机，在停机前先脱开离合器，停机后应合上离合器。

⑭如遇冰冻气候，停机后应将供水系统中的积水放尽。内燃机的冷却水也应放尽。

⑮搅拌机在场内移动或远距离运输时，应将进料斗提升到上止点，用保险铁链锁住。

⑯固定式搅拌机安装时，主机与辅机都应用水平尺校正水平。有气动装置的，风源气压应稳定在0.6 MPa左右。作业时不得打开检修孔、人孔，检修时先把空气开关关闭，并派人监护。

7.3.2.2 混凝土泵及泵车的使用要点

①泵机必须放置在坚固平整的地面上，如必须在倾斜地面停放，可用轮

胎制动器卡住车轮，倾斜度不得超过 3°。

②泵送作业中，料斗中的混凝土平面应保持在搅拌轴轴线以上，供料跟不上时要停止泵送。

③料斗网格上不得堆满混凝土，要控制供料流量，及时清除超粒径的骨料及异物。

④搅拌轴卡住不转时，要暂停泵送，及时排除故障。

⑤供料中断时间一般不宜超过 1 h。停泵后应每隔 10 分钟做 2~3 个冲程反泵—正泵运动，再次投入泵送前应先搅拌。

⑥在管路末端装安全盖时，其孔口朝下。若管路末端已是垂直向下或装有向下 90°弯管，可不装安全盖。

⑦当管路中混凝土即将排尽时，应徐徐打开放气阀，以免清洗球飞出时对管路产生冲击。

⑧洗泵时，应打开分配阀阀窗，开动料斗搅拌装置，做空载推送动作。同时，在料斗和阀箱中冲水，直至料斗、阀箱、混凝土缸全部洗净，然后清洗泵的外部。若泵机几天内不用，则应拆开工作缸橡胶活塞，把水放净。如果水质浑浊，还要清洗水系统。

7. 3. 2. 3　混凝土振动器

（1）插入式振动器的安全使用要点

①插入式振动器在使用前应检查各部件是否完好，各连接处是否紧固，电动机绝缘是否良好，电源电压和频率是否符合铭牌规定，检查合格后，方可接通电源进行试运转。

②作业时，要使振动棒自然沉入混凝土，不可用力猛往下推。一般应垂直插入，并插到下层尚未初凝层中 50~100 mm，以促使上下层相互结合。

③振动棒各插点间距应均匀，一般间距不应超过振动棒抽出有效作用半径的 1. 5 倍。

④应配开关箱安装漏电保护装置，熔断器选配应符合要求。

⑤振动器操作人员应掌握一般安全用电知识，作业时应穿戴好胶鞋和绝缘手套。

⑥工作停止，移动振动器时，应立即停止电动机转动；搬动振动器时，应切断电源。不得用软管和电缆线拖拉、扯动电动机。

⑦电缆上不得有裸露之处，电缆线必须放置在干燥、明亮处；不允许在电缆线上堆放其他物品，以及车辆在其上面直接通过；更不能用电缆线吊挂振动器等物。

(2) 附着式振动器的安全使用要点

在一个模板上同时使用多台附着式振动器时，各振动器的频率应保持一致，相对面的振动器应错开安装。

使用时，引出电缆线不得拉得过紧，以防断裂。作业时，必须随时注意电气设备的安全，熔断器和接地（接零）装置必须合格。

7.3.2.4 混凝土布料机的安全使用要点

①布料机配重量必须按使用说明要求配置。

②布料机必须安装在坚固平整的场地上，四只脚的水平误差不得大于3 mm，且四只脚必须最大跨距锁定，多方向拉结（支撑）固定牢固后方可投入使用。

③布料机在安装配重后方可展开或旋转悬臂泵管。

④布料机应在五级风以下使用。

⑤布料机在整体移动时，必须先将悬臂泵管回转至主梁下部并用绳索固定。

⑥布料机的布料杆在悬臂动作范围内无障碍物影响，无高压线。

7.3.3 钢筋加工机械

钢筋加工机械是用于完成各种混凝土结构物或钢筋混凝土预制件所用的钢筋和钢筋骨架等作业的机械。钢筋加工机械按作业方式可分为钢筋强化机械、钢筋成形机械、钢筋焊接机械、钢筋预应力机械。

7.3.3.1 钢筋强化机械的安全使用要点

(1) 钢筋冷拉机的安全使用要点

①进行钢筋冷拉工作前，应先检查冷拉设备能力和钢筋的机械性能是否相适应，不允许超载冷拉。

②开机前，应对设备各连接部位和安全装置以及冷拉夹具、钢丝绳等进行全面检查，确认符合要求后方可作业。

③冷拉钢筋运行方向的端头应设防护装置，防止在钢筋拉断或夹具失灵时钢筋弹出伤人。

④冷拉钢筋时，操作人员要站在冷拉线的侧向，并设联络信号，使操作人员在统一指挥下进行作业。在作业过程中，严禁横向跨越钢丝绳或冷拉线。

⑤钢筋冷拉前，应对测力器和各项冷拉数据进行校核，冷拉值（伸长值）计算后应经技术人员复核，以确保冷拉钢筋质量，并随时做好记录。

⑥钢筋冷拉时如遇接头被拉断，可重新焊接后再拉，但这种情况不应超过两次。

⑦用延伸率控制的装置，必须装设明显的限位装置。

⑧电气设备、液压元件必须完好，导线绝缘必须良好，接头处要连接牢固，电动机和启动器的外壳必须接地。

（2）钢筋冷拔机的安全使用要点

①操作前，要检查机器各传动部位是否正常，电气系统有无故障，卡具及保护装置等是否良好。

②开机前，应检查拔丝模的规格是否符合规定，在拔丝模盒中放入适量的润滑剂，并在工作中根据情况随时添加。在钢筋头通过拔丝模以前也应抹少量润滑剂。

③拔丝机运转时，严禁任何人在沿线材拉拔方向站立或停留。拔丝卷筒用链条挂料时，操作人员必须离开链条甩动的区域，出现断丝应立即停车，待车停稳后方可接料和采取其他措施。不允许在机器运转中用手取拔丝筒周围的物品。

④拔丝过程中，如发现盘圆钢筋打结成乱盘，应立即停车，以免损坏设备。如果不是连续拔丝，要防止钢筋拉拔到最后端头时弹出伤人。

（3）钢丝轧扭机的安全使用要点

①开机前要检查机器各部有无异常现象，并充分润滑各运动件。

②在控制台上的操作人员必须集中注意力，发现钢筋乱盘或打结时要立即停机，待处理完毕后方可开机。

③在轧扭过程中如有失稳堆钢现象发生，要立即停机，以免损坏轧辊。

④运转过程中，任何人不得靠近旋转部件。机器周围不准乱堆异物，以防意外。

7.3.3.2 钢筋焊接机械的安全使用要点

（1）对焊机的安全使用要点

①严禁对焊超过规定直径的钢筋，主筋对焊必须先焊后拉，以便检查焊接质量。

②使用前应调整断路限位开关，使其在焊接到达预定挤压量时能自动切断电源。

（2）点焊机的安全使用要点

①点焊机通电后，应检查电气设备、操作机构、冷却系统、气路系统及机体外壳有无漏电等现象。

②点焊机工作时，气路系统、水冷却系统应畅通。气体必须保持干燥，排水温度不应超过40℃，排水量可根据季节调整。

③上电极的工作行程调节完后，调节气缸下面的两个螺母必须拧紧，电

极压力可通过旋转减压阀手柄来调节。

(3) 交流弧焊机的安全使用要点

①使用前，应注意初、次级线不得接错，输入电压必须符合电焊机的铭牌规定。接通电源后，严禁接触初线级线路的带电部分。

②多台电焊机集中使用时，应分接在三相电源网络上，使三相负载平衡。多台焊机的接地装置，应分别由接地极处引接，不得串联。

③移动电焊机时应切断电源，不得用拖拉电缆的方法移动焊机。如焊接中突然停电，应立即切断电源。

(4) 直流弧焊机的安全使用要点

①启动时，检查转子的旋转方向是否符合焊机标志的箭头方向。

②数台直流弧焊机在同一场地作业时，应逐台启动，避免启动电流过大，引起电源开关掉闸。

③运行中，如需调节焊接电流和极性开关，不得在负荷时进行。调节时，不得过快、过猛。

④油泵停止工作时，应先将回油阀缓缓松开，待压力表指针退回零位后，方可卸开千斤顶的油管接头螺母。严禁在荷载时拆换油管式压力表。

7.4 手持机具的安全使用要点

7.4.1 打孔机具的安全使用要点

7.4.1.1 电钻

电钻旋转正常后方可作业。钻孔时不应用力过猛，遇到转速急剧下降时应立即减小用力，以防电机过载。使用中如电钻突然卡住不转，应立即断电检查。在钻金属、木材、塑料等时，调节环应位于“钻头”的位置；在钻砌块、砖墙等脆性材料时，调节环应位于“锤”的位置，并采用镶有硬质合金的麻花钻进行冲钻孔。

7.4.1.2 电锤

操作者立足要稳，打孔时先将钻头抵住工作表面，操作时适当用力，尽量避免工具在孔内左右摆动。遇到钢筋时，应立即停钻并设法避开，以免扭坏机具。电锤为40%断续工作制，切勿长期连续使用。严禁用木杠加压。

7.4.2 切割机具的安全使用要点

7.4.2.1 瓷片切割机

使用前应先空转片刻，检查有无异常振动、气味和响声，确认正常后方可作业。使用过程中，要防止杂物、泥尘混入电机，并随时注意机壳温度和炭刷火花等情况。切割过程中，用力要均匀适当，推进刀片时不可施力过猛。刀片卡死时应立即停机，重新对正后再切割。

7.4.2.2 石材切割机

切割深度调节如超过 20 mm，必须分两次切割，以防止电动机超载；切割过程中，如发生刀片停转或有异响，应立即停机检查，排除故障后方可继续使用；不得在刀片停止旋转之前将机具放在地上或移动机具。

7.4.3 加工机具的安全使用要点

7.4.3.1 角向磨光机

角向磨光机使用的砂轮必须是增强纤维树脂砂轮，其安全线速度不得小于 80 m/s。使用的电缆线与插头具有加强绝缘性能，不能任意用其他导线插头更换或接长导线。作业中注意防止砂轮受到撞击。使用切割砂轮时不得横向摆动，以免砂轮碎裂。在坡口或切割作业时不能用力过猛，遇到转速急剧下降时，应立即减小用力，防止过载。如发生突然卡住，应立即切断电源。

7.4.3.2 曲线锯

直线锯割时要装好宽度定位装置，调节好与锯条之间的距离；曲线锯割时，要沿着划好的曲线缓慢推动曲线锯切割。锯条要根据锯割的材料进行选用：锯木材时，要用粗牙锯条；锯金属材料时，要用细牙锯条。

7.4.4 铆接紧固机具的安全使用要点

7.4.4.1 拉铆枪

被铆接物体上的铆钉要与铆钉配合，不得太松，否则会影响铆接强度和质量。进行铆接时，如遇铆钉轴未拉断，可重复扣动扳机，直到铆钉轴拉断为止。切忌强行扭撬，以免损伤机件。

7.4.4.2 射钉枪

未经培训的工人不应使用射钉枪。使用钉枪或在钉枪附近工作时，一定要穿戴适当的个人防护装备。

操作前应检查工具整体状况，外壳、手柄不出现裂缝、破损；电缆软线及插头等完好无损，开关动作正常，保护零线连接正确、牢固可靠；防护罩等安全装置、电气保护装置正常。

在任何情况下，都不要将钉枪对准人。使用钉枪时，要保持工作区域整洁。击发时，应将射钉枪垂直压紧在工作面上。严禁超载使用，注意响声及温升，发现异常立即停机检查。

思考题

1. 建筑施工机械有几种类型？分别是什么？
2. 塔式起重机在使用过程中有哪些注意事项？
3. 起重机械的主要安全装置有哪些？
4. 简述木工机械的安全使用要求。
5. 钢筋焊接机械的安全使用要点有哪些？
6. 收集并阅读现行建筑施工机械安全技术规程。

8 施工现场电气安全

内容提要：本章分析了施工现场电气安全事故发生的原因；介绍了施工现场临时用电管理的原则和内容；介绍了供配电系统，包括配电系统、TN-S接零保护系统；介绍了电动建筑机械、手持式电动工具、照明器等用电设备的选择和使用及外电防护；介绍了安全用电措施和电器防火措施。

8.1 施工现场电气安全事故分析

随着经济的发展，建筑工程的规模也在逐渐增加。在建筑工程中电气施工占有非常重要的地位，做好建筑施工现场电气的安全管理是非常关键的。电气施工中施工人员的操作失误或者疏忽极易引发安全事故，从而影响到建筑工程的质量，甚至造成人员伤亡。此外，建筑工程电气设备一旦出现安全问题，还会给周边的单位或居民带来一定的损害。

8.1.1 施工现场电气安全的特点

电气工程是建筑施工中必不可少的项目之一，电气工程的质量将直接影响建筑物的使用。施工现场电气安全的特点主要体现在以下几个方面：

①施工现场环境较为复杂，电气设备容易受到外界环境的影响，从而产生不同程度的腐蚀。配电线路也会产生机械性损伤，使线路外露，从而引发安全事故。

②施工现场相对开放，机械具有很强的流动性和周转性，而且电力设备还具有很强的通用性。

③在施工现场容易出现交叉操作的情况，经常出现非电气专业人员操作电气设备的情况。非电气专业人员不具备熟练的专业技能和经验，在使用过程中经常会因操作失误而造成人体触电伤害。

8.1.2 施工现场电气安全管理问题分析

8.1.2.1 安全管理制度

建筑施工中涉及的单位较多，然而在安全管理制度中没有明确规范各单位和部门的责任，导致各单位的安全管理意识淡薄，不重视安全管理工作。

此外，在施工现场安全管理中也缺乏相应的监督制度，监管工作没有落实到位。施工现场中更多的是对施工质量和施工时间的监管，而对安全监管的重视程度不够，安全监管往往流于形式，并没有落实到具体的行动中，从而导致安全事故的发生。

8.1.2.2 施工现场的安全防护

电气施工中必须做好相应的安全防护工作，否则很容易引发安全事故。然而从实际的电气施工现场来看，安全防护措施并没有做到位，施工现场没有严格按照安全防护的要求来进行防护，在施工中存在作业面边防不到位的问题。同时，对于楼梯口、电梯井口、通道口都没有按照要求设置防护措施。部分施工现场的施工环境较差，光照明显不足，各种电气设备、材料工具乱堆乱放，也没有设置安全标志。

8.1.2.3 施工人员的安全意识

施工人员的安全意识对施工安全起着很重要的作用，然而建筑工程中大部分施工人员缺乏安全意识。施工企业未按照国家的规定对施工人员进行岗前、岗中的安全生产教育，导致施工人员安全施工意识不强。施工企业需要对施工人员进行培训，施工人员在达到相应的技能水平之后才能上岗。对于一些特殊岗位，还必须要求施工人员持证上岗。

8.1.2.4 安全生产的费用投入

部分施工企业为了使工程中标，在招投标阶段往往会采用低价中标的方式，在这种情况下，企业为了保证自身的经济利益，通常会压低安全生产方面的费用。由于安全生产费用不足，采购人员采购物品时往往会降低标准。质量不达标的物品应用到建筑工程中很容易会引发安全事故，而有缺陷的安全防护用品在施工中不仅无法起到安全防护的作用，还有可能会造成二次伤害，或者引发更严重的事故。

8.1.3 加强施工现场电气安全的措施

为了加强施工现场电气安全管理，可采取以下措施。

8.1.3.1 落实安全管理制度

建筑电气工程不同于其他的建筑工程，对于安全生产目标和责任也无法照搬其他的工程，而是需要结合建筑电气工程的实际情况来制定相应的安全管理制度，这样才能保证建筑电气工程的安全性。

为此，要将安全管理制度落实到位。要根据建筑电气工程的实际情况建立完善的安全管理制度，做到科学化、合理化。在安全管理制度中还需要明确安全生产目标和责任，将安全责任落实到每一个施工人员身上，同时还需要建立相关的监督检查制度，利用制度来督促工作人员严格按照安全生产的要求进行工作。加强对施工现场的监督检查，及时发现施工现场存在的问题，并采取相应的措施，将施工现场中的安全隐患扼杀在源头上。并且要加强日常监督和检查，将安全管理工作落实到位。

8.1.3.2 加强施工现场电气设备管理

施工现场管理工作较为复杂，且涉及的部门较多，会存在一定的交叉，尤其是电气设备的使用存在共享的情况。通常情况下，在高温、潮湿等恶劣的环境下不宜使用电气设备，否则不仅会使电气设备的运行效率较低，而且还容易引发安全事故。施工现场的环境质量较差，电气设备发生故障的概率较高。因此，需要加强对施工现场电气设备的管理，在使用电气设备时要远离易燃易爆品。此外，在应用前必须严格检查电气设备的质量，确保达标之后才能进入施工现场。施工现场中的电气设备需要进行定期的维护和检查，详细记录电气设备的使用情况，有效防止电气设备出现漏电的情况。

8.1.3.3 提升电气施工人员的综合素质

施工企业在招聘电力施工人员时要提高相应的标准，不仅要求电力施工人员具备专业的技能水平，还需要有一定的经验，且安全管理意识较强。在电气施工中，施工人员还需要做好技术交底。企业对所有的施工人员要进行统一的培训，保证每位施工人员在上岗之前能够熟练掌握安全生产的知识，提升安全管理水平。

8.1.3.4 加强施工现场临时用电管理

为了确保电力工程的安全，需要关注电气工程开展的整个流程，加强施工现场临时用电管理。我们会在下一节具体展开。

8.2 施工现场临时用电管理

8.2.1 施工现场临时用电的原则

临时用电是指施工过程中使用电动设备和照明等进行的线路敷设、电气安装以及对电气设备和线路的使用、维护工作。施工现场临时用电的三项基本原则是：其一，必须采用TN-S接零保护系统；其二，必须采用三级配电系统；其三，必须采用二级漏电保护系统。

8.2.1.1 采用TN-S接零保护系统

TN-S接零保护系统（简称TN-S系统）是指在施工现场临时用电工程专用的电源中性点直接接地的220/380V三相四线制的低压电力系统中增加一条

专用保护零线，也就是PE线。该系统的主要技术特点是：

第一，电力变压器低压侧或自备发电机组的中性点直接接地，接地电阻值一般不大于4Ω。

第二，电力变压器低压侧或自备发电机共引出五条线：三条相线L1、L2、L3，中性线（N线）及PE线。其中，中性线（N线）与相线（L1、L2、L3）一起作为三相四线制电源线路使用；PE线只作电气设备接地保护使用，即只用于连接电气设备正常情况下不带电的外露可导电部分（金属外壳、基座等）。中性线和PE线不得混用。同时，为保证接地、接零保护系统可靠，在整个施工现场的PE线上还应做不少于3处的重复接地，且每处接地电阻值不得大于10Ω。

8.2.1.2 采用三级配电系统

三级配电是指施工现场从电源进线开始至用电设备中间应经过三级配电装置配送电力，即由总配电箱（配电室内的配电柜）、分配电箱、开关箱到用电设备处分三个层次逐级配送电力。而开关箱作为末级配电装置，与用电设备之间必须实行“一机一闸”制，即每一台用电设备必须有专用的配电开关箱，而每一个开关箱只能给一台用电设备配电。总配电箱、分配电箱内可设若干分路，且动力与照明宜分路设置，但开关箱内只能设一路。

8.2.1.3 采用二级漏电保护系统

二级漏电保护是指在整个施工现场临时用电工程中，总配电箱中必须装设漏电保护器，开关箱中也必须装设漏电保护器。这种由总配电箱和所有开关箱中的漏电保护器所构成的漏电保护系统称为二级漏电保护系统。

在施工现场临时用电工程中采用TN-S接零保护系统时，由于设置了一条专用保护零线，所以在任何正常情况下，不论负荷是否平衡，PE线上都不会有电流通过，不会变为带电体，因此与其相连接的电气设备外露可导电部分（金属外壳、基座等）始终与大地保持等电位，这是TN-S接零保护系统的一个突出优点。但是，对于防止因电气设备非正常漏电而发生的间接接触触电来说，仅仅采用TN-S接零保护系统并不可靠，这是因为电气设备发生漏电时，PE线上就会有电流通过，此时与其相连接的电气设备外露可导电部分（金属外壳、基座等）即变为带电部分。如果同时采用二级漏电保护系统，则当任何电气设备发生非正常漏电时，PE线上的漏电流即同时通过漏电保护器，当漏电流值达到漏电保护器额定漏电动作电流值时，漏电保护器就会在其额定漏电动作时间内分闸断电，使电气设备外露可导电部分（金属外壳、基座等）恢复不带电状态，从而防止可能发生的间接接触触电事故。上述分析表明，只有同时采用TN-S接零保护系统和二级漏电保护系统，才能有效地形成完备、可靠的防间接接触触电保护系统，所以 TN-S 接零保护系统和二级漏电保护系统是施工现场防间接接触触电不可或缺的两道防线。

8.2.2 施工现场临时用电管理的内容

施工现场临时用电应实行规范化管理。主要内容包括：建立和实行临时用电组织设计制度；建立和实行电工及用电人员管理制度；建立和实行安全技术档案管理制度。

8.2.2.1 临时用电组织设计

按照《建筑与市政工程施工现场临时用电安全技术标准》（JGJ/T 46-2024），施工现场临时用电设备在 5 台及以上或设备总容量在 50kW 及以上者，应编制临时用电工程组织设计（施工现场临时用电工程方案）。临时用电工程组织设计应在现场勘测和确定电源进线、变电所或配电室位置及线路走向后进行，并应包括下列主要内容：

①工程概况。

②编制依据。

③施工现场用电容量统计。

④负荷计算。

⑤选择变压器。

⑥设计配电系统和装置，包括：设计配电线路，选择电线或电缆；设计配电装置，选择电器；设计接地装置；设计防雷装置；绘制临时用电工程图纸，主要包括临时用电工程总平面图、配电装置布置图、配电系统接线图、接地装置设计图。

⑦确定防护措施。

⑧制定安全用电措施和电气防火措施。

⑨制定临时用电设施拆除措施。

⑩制定应急预案，并开展应急演练。

临时用电工程图纸应单独绘制，临时用电工程应按图施工。临时用电工程组织设计编制及变更时，应按照《危险性较大的分部分项工程安全管理规定》的要求，履行“编制、审 核、审批”程序。变更临时用电工程组织设计时，应补充有关图纸资料。临时用电工程应经总承包单位和分包单位共同验收，合格后方可使用。

施工现场临时用电设备在 5 台以下或设备总容量在 50kW 以下的，应制定安全用电和电气防火措施，但编制、变更和验收的程序及要求同上。

8.2.2.2 电工及用电人员

(1) 电工

电工应经职业资格考试合格后，持证上岗工作；安装、巡检、维修临时用电设备和线路，应由电工完成，并应设专人监护。电工的专业等级水平应同工程的难易程度和技术复杂性相适应。

(2) 用电人员

用电人员是指施工现场操作用电设备的人员，如各种电动建筑机械和手持电动工具的操作者。各类用电人员应通过相关安全教育培训和技术交底，考核合格后方可上岗作业。用电人员应掌握安全用电基本知识和所用设备的性能，并应符合下列规定：

①使用电气设备前，应按规定穿戴、配备好相应的安全防护用品，并应检查电气装置和保护设施，不得使设备带“缺陷”运转。

②保管和维护所用设备，发现隐患应及时报告解决。

③暂时停用设备的开关箱，应分断电源隔离开关，并关门上锁。

④移动电气设备，应在电工切断电源并做妥善处理后进行。

8.2.2.3 安全技术档案

按照《建筑与市政工程施工现场临时用电安全技术标准》的规定，施工现场临时用电工程应建立安全技术档案，并应包括下列内容：

①临时用电工程组织设计编制、修改、审核和审查的全部资料。

②施工现场临时用电工程主要设备、材料的产品合格证、相关认证报告、检测报告等。

③临时用电工程技术交底资料。

④临时用电工程检查验收表。

⑤电气设备的试验、检验凭单和调试记录。

⑥接地电阻、绝缘电阻和剩余电流动作保护器的剩余电流 动作参数测定记录表。

⑦定期检（复）查表。

⑧电工安装、巡检、维修、拆除工作记录。

⑨施工现场临时用电工程管理制度、分包单位临时用电安全生产协议、电工特种作业操作资格证等。

安全技术资料应由项目经理部电气专业技术负责人建立与管理，每周由项目经理组织对施工现场临时用电工程的实体安全、内业资料进行检查，并应在临时用电工程拆除后统一归档管理。

8.3 供配电系统

8.3.1 配电系统

8.3.1.1 配电系统基本结构

施工现场用电工程的基本配电系统应当按三级设置，即采用三级配电，它的基本结构如图 8-1 所示。

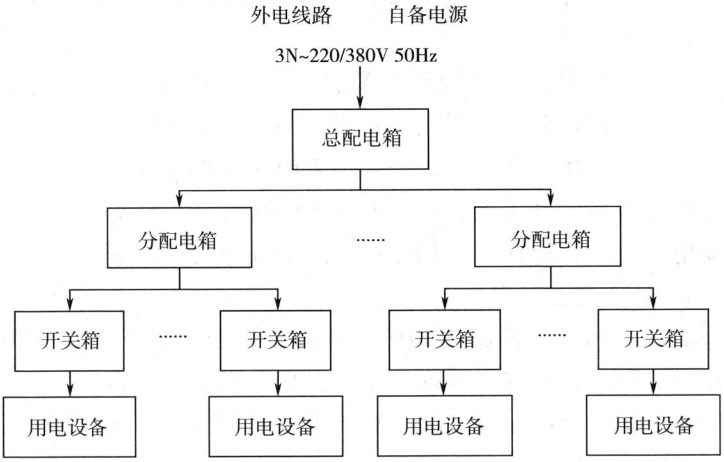

图 8-1　配电系统的基本结构

从一级总配电箱（配电柜）向二级分配电箱配电可以分路，从二级分配电箱向三级分配电箱配电同样也可以分路。但是，从开关箱向用电设备配电实行所谓的“一机一闸”制，不存在分路问题，即每一开关箱只能配电连接一台与其相关的用电设备（含插座），包括配电集中办公区、道路及加工车间一组不超过 30 A 负荷的照明器。

动力配电箱与照明配电箱宜分箱设置；若动力与照明合置于同一配电箱内共箱配电，则动力照明应分路配电。动力开关箱与照明开关箱必须分箱设置，不存在共箱分路设置问题。

分配电箱应设在用电设备或负荷相对集中的场所；分配电箱与开关箱的距离不得超过 30 m；开关箱与其供电的固定式用电设备的水平距离不宜超过 3 m。

8.3.1.2 配电室及自备电源

（1）配电室的位置

配电室的位置应根据现场负荷的类型、大小、分布特点、环境特征等全面考虑。应符合以下原则：靠近电源；靠近负荷中心；进、出线方便；周边道路畅通；周围环境灰尘少、潮气少、振动少，无腐蚀介质，无易燃易爆物，无积水；避开污染源的下风侧和易积水场所的正下方。

（2）配电室的布置

配电室的布置主要是指配电室内配电柜的空间排列。为了保障其运行安全和检查、维修安全，配电室的布置要考虑操作通道、维护通道的宽度，以及与顶棚、墙壁、地面之间保持电气安全距离。

配电室需要保持整洁，无杂物，耐火等级不低于二级，室内不得存放易燃易爆物品，并且要配备沙箱、可灭电气火灾的灭火器等绝缘灭火器材。

（3）自备柴油发电机组的设置

建筑施工现场临时用电工程一般都是由外电线路供电。外电线路常因电力供应不足或其他原因而停止供电，使施工受到影响。为了保证施工不因停电而中断，有的施工现场拥有自备采油发电机组，作为外电线路停止供电时的后备接续供电电源。发电机组应采用电源中性点直接接地的三相四线制供电系统和独立设置 TN-S 系统；发电机组电源不得与市政线路电源并列运行。发电机组的排烟管道应伸出室外，发电机组及其控制、配电室内应配置可用于扑灭电气火灾的灭火器，不得存放储油桶。

8.3.1.3 配电装置

（1）配电装置的箱体结构

施工现场配电装置（配电箱、开关箱）的箱体结构由箱体、配置电器安装板、接线端子板组成。

配电箱、开关箱的箱体应采用冷轧钢板或阻燃绝缘材料制作，不得采用木板制作，箱体表面应做防腐处理。

配电箱、开关箱内应配置电器安装板，用以安装所配置的电器和接线端子板等，钢质电器安装板与钢板箱体之间应做金属性连接。当钢质电器安装板与钢板箱体之间采用折页做活动连接时，必须在二者之间跨接编织软铜线。

配电箱、开关箱中应设置 N 线和 PE 线接线端子板，具体要求包括：

①N、PE 端子板必须分别设置，固定安装在电器安装板上，并分别做（N、PE）符号标记，严禁合设在一起。其中，N 端子板与钢质电器安装板之间必须保持绝缘，而 PE 端子板与钢质电器安装板之间必须保持与电气连接。当钢板箱配装绝缘电器安装板时，PE 端子板应与钢板箱体做电气连接。

②N、PE 端子板的接线端子数应与箱的进、出线路数保持一致。配电箱、开关箱的箱体尺寸和电器安装板尺寸应与箱内电器的数量和尺寸相适应。

③配电箱、开关箱的进出线口应设置于箱体正常安装位置的下底面，并设固定线卡。配电箱、开关箱应设门配锁，箱门与箱内 PE 端子板间应跨接编织软铜线。

④配电箱、开关箱的外形结构应能防雨、防尘。

（2）配电装置电器的功能

配电装置配置的电器必须具备三种基本功能：电源隔离功能，正常接通与分断电路功能，以及过载、短路、漏电保护功能。

①电源隔离功能，是指所选配的电器分断时具有可见分断点，并能够断开电源所有极，因此这类电器称为隔离开关。用作隔离开关的电器有刀型开关、刀熔开关，以及分断时具有可见分断点的断路器。隔离开关可用于空载接通与分断电路。

②正常接通与分断电路功能，是指所选配的电器能够在配电系统空载或正常负载情况下可靠、有效地接通与分断电路（非频繁操作）。具有这种功能的电器有各种断路器。

③所谓过载、短路、漏电保护功能，是指所选配的电器在配电系统发生过载、短路、漏电故障时，能按其动作特性有效地分断电路。具有这种功能的电器就是各种断路器和漏电保护器的组合、漏电断路器或刀熔开关和漏电保护器的组合。

（3）总配电箱的电器配置与接线

①总配电箱的电器配置。总配电箱应设置电源隔离开关、断路器（或熔断器）、漏电保护器。

当总路设置总漏电保护器时，还应装设总隔离开关、分路隔离开关以及总断路器（或总熔断器）、分路断路器（或分路熔断器）。

当各分路设置分路漏电保护器时，还应装设总隔离开关、分路隔离开关以及总断路器（或总熔断器）、分路断路器（或分路熔断器）。隔离开关应设置于电源进线端，应采用具有可见分断点并能同时断开电源所有极或彼此靠近的单极的隔离电器，不得采用不具有可见分断点的电器。

②总配电箱的电器接线。采用 TN-S 接零保护系统时，总配电箱的典型电器配置与接线可有两种基本形式，分别如图 8-2 和图 8-3 所示。

如图 8-2 所示，配电采用一总路、二分路形式。总电源进线为三相五线形式。L1、L2、L3 直接进入总电源隔离开关 DK，N 线直接进入总漏电断路器 RCD 电源侧 N 端，PE 线进入 PE 端子板，PE 端子板接地（PE 线重复接地）。配出二分路均为三相五线形式。其中，N 线均由 N 端子板引出；PE 线均由 PE 端子板引出。DK 为总电源隔离开关，采用三极刀型开关，设于总电

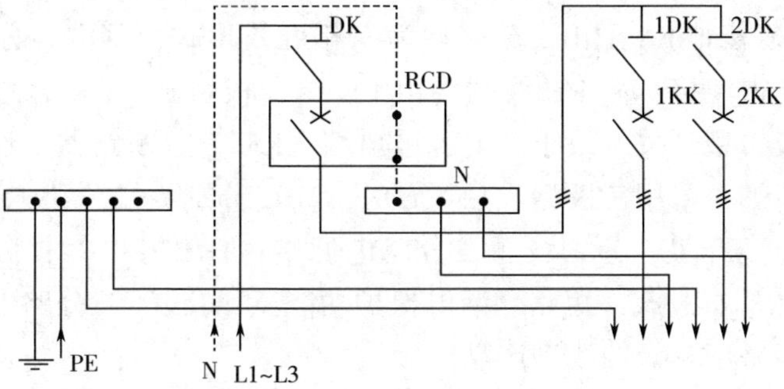

图 8-2 总配电箱电气配置接线图①

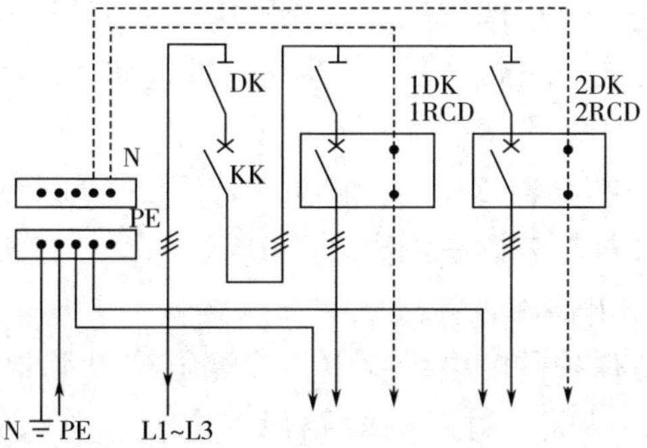

图 8-3 总配电箱电气配置接线图②

源进户端；RCD 为总漏电断路器（具有过载、短路、漏电保护功能），设于总电源隔离开关负荷侧，采用三极四线型产品；1DK、2DK 分别为二分路电源隔离开关，均采用三极刀型开关，设于二分路电源端；1KK、2KK 分别为二分路断路器，设于 1DK、2DK 的负荷侧，均为三极型产品。如果 1KK、2KK 为分断时具有可见分断点的断路器，则可兼作隔离开关，可不另设隔离开关 1DK、2DK。

图 8-2 的总配电箱电器配制接线是针对采用三相五线进线、TN-S 接零保护系统设计的。但它对采用其他进线方式和其他接地保护系统仍然具有适用性。例如，当用于三相四线进户，且采用局部 TN-S 接零保护系统时，因为无专用 PE 线进户，所以图中电源进户端的 PE 线应撤掉，而代之以电源进户端的 N（实际是 NPE）线，总漏电断路器 RCD 电源端的 N 线则可从 PE 端子板引入，其余不变。

如图 8-3 所示，配电采用一总路、二分路，总电源进线为三相五线形式。L1、L2、L3 直接进入总电源隔离开关 DK，N 线经 N 端子板分线接二分路漏电断路器1RCD、2RCD的电源侧N端，PE线进入PE端子板，PE端子板接地（PE线重复接地）。配出二分路均为三相五线形式，其中各分路N线为各分路专用，不得混接；而PE线则均由PE端子板引出。DK为总电源隔离开关，采用三极刀型开关，设于总电源进户端。KK为总断路器，设于总电源隔离开关的负荷侧，采用三极型产品。1DK、2DK分别为二分路电源隔离开关，均采用三极刀型开关，分别设于二分路电源端；1RCD、2RCD分别为二分路漏电断路器（具有过载、短路、漏电保护功能），分设于二分路电源隔离开关的负荷侧，均采用三极四线型产品。

图8-3的总配电箱电器配置接线图也是针对采用三相五线进线、TN-S接零保护系统设计的。但它对采用其他进线方式和其他接地保护系统同样具有适用性。例如，当用于三相四线进户，且采用局部TN-S接零保护系统时，只需将图中进户PE线撤掉，N（实际为NPE）线改进PE端子板，N、PE端子板做电气连接即可，其余不变。

图8-3中，如总断路器KK为分断时具有可见分断点的断路器，则可兼作隔离开关，而不必重复装设总隔离开关DK。

（4）分配电箱的电器配置与接线

在采用二级漏电保护的配电系统中，分配电箱中不要求设置漏电保护器，但必须设置电源隔离开关、过载与短路保护电器。总路应设置总隔离开关，以及总断路器（或总熔断器）；分路应设置分路隔离开关，以及分路断路器（或分路熔断器）；隔离开关应设置于电源进线端，并选用分断时具有可见分断点的电器，如刀型开关等；断路器或熔断器应设置于隔离开关的负荷侧。断路器和熔断器应具有可靠的过载与短路保护功能。

在分配电箱中，如果总路和分路均选用分断时具有可见分断点的断路器，则总路和分路均可不设隔离开关。另外，在分配电箱中刀型隔离开关与普通断路器的组合也可用刀熔开关替代。

（5）开关箱的电器配置与接线

开关箱的电器配置与接线要与用电设备负荷类别相适应。以下介绍几种典型开关箱的电器配置与接线。

①三相动力开关箱。一般三相动力开关箱的电器配置与接线如图8-4所示。DK为电源隔离开关，采用三极刀型开关，设于电源进线端；RCD为漏电断路器，采用三极三线型产品。进线为L1～L3和PE，出线为L1～L3和PE；DK可用刀熔开关或分断时具有可见分断点的断路器替代；如PE线要做重复接地，则只需将PE端子板接地即可。此箱可用作混凝土搅拌机、物料提升机、钢筋机械、木工机械、水泵、桩工机械等设备的开关箱。

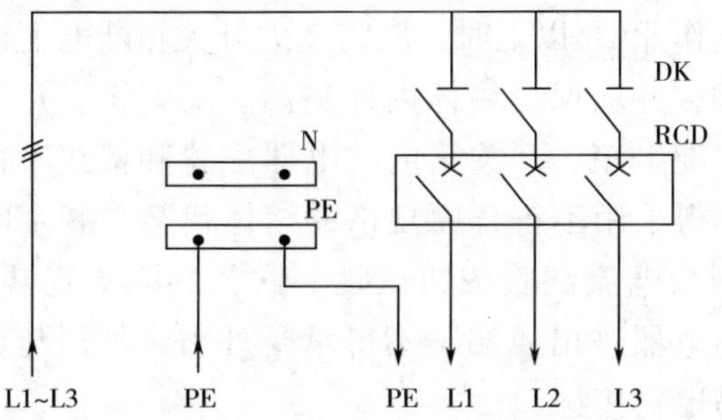

图 8-4 一般三相动力开关箱电器配置接线图

②单相照明开关箱。单相照明开关箱的电器配置与接线如图 8-5 所示。DK 为电源隔离开关，采用二极刀型开关，设于电源进线端；RCD 为漏电断路器，采用一极二线型产品；进线为 L（L1~L3）、N、PE，出线为 L、N、PE；DK 可用刀熔开关或分断时具有可见分断点的断路器替代；如 PE 线要做重复接地，则只需将 PE 端子板接地即可。此开关箱可用作照明器和单相手持式电动工具的开关箱。

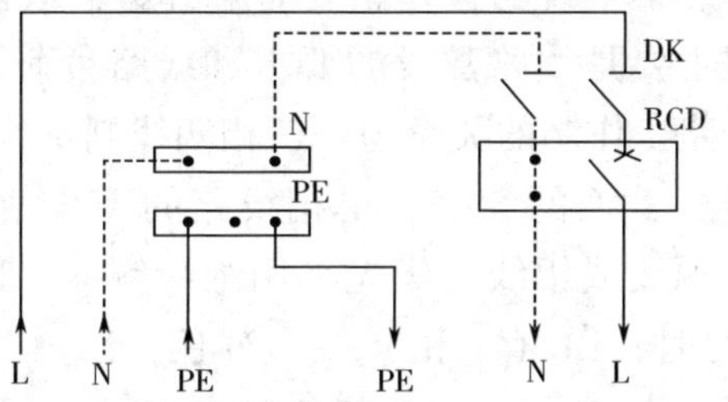

图 8-5 单相照明开关箱电器配置接线图

（6）配电装置的使用

配电箱、开关箱应有名称、用途、分路标识及系统接线图。配电箱箱门应配锁，并应设专人负责管理。配电箱、开关箱应定期检查、维修。检查、维修人员应是专业电工；检查、维修时应按规定穿戴绝缘鞋、绝缘手套，使用电工绝缘工具，并应做检查、维修工作记录。

对配电箱、开关箱进行定期维修、检查时，应将其前一级相应的电源隔离开关分闸断电，设置专人监护，并悬挂“禁止合闸、有人工作”的停电标识牌，不得带电作业。一般情况下，配电箱、开关箱的操作顺序应符合下列规定：

①送电操作顺序应为：总配电箱→分配电箱→开关箱。

②停电操作顺序应为：开关箱→分配电箱→总配电箱。

施工现场停止作业1h以上时，应将动力开关箱断电上锁 。配电箱、开关箱内不得放置杂物，并应保持箱体内外整洁。配电箱、开关箱内不得随意拉接其他用电设备。配电箱、开关箱内的电器配置和接线不得随意改动。熔断器熔体更换时，不得采用不符合原规格的熔体代替。剩余电流动作保护器每天使用前应启动剩余电流试验按钮试跳一次，试跳不正常时不得继续使用。配电箱、开关箱的电器进出线端子不得承受外力，不得与金属尖锐断口、强腐蚀介质和易燃易爆物接触。

8.3.1.4　配电线路

在供配电系统中，除了有配电装置作为配电枢纽以外，还必须有联结配电装置和用电设备，负责传输、分配电能的电力线路，这就是配电线路。施工现场的配电线路，按其敷设方式和场所不同，主要有架空线路、电缆线路、室内配线三种。设有配电室时，还应包括配电母线。

（1）配电线的选择

配电线的选择，实际上就是架空线路导线、电缆线路电缆、室内线路导线或电缆以及配电母线的选择。

①架空线的选择。架空线的选择主要是选择架空线路导线的种类和导线的截面，其选择依据主要是线路敷设的要求和线路负荷计算的电流值。架空线中各导线截面与线路工作制的关系为：三相四线制工作时，N线和PE线截面不小于相线（L线）截面的50%；单相线路的零线截面与相线截面相同。架空线的材质为绝缘铜线或铝线，优先采用绝缘铜线。架空线的绝缘色标准为：当考虑相序排列时，L1（A相）——黄色，L2（B相）——绿色，L3（C相）——红色；另外，N线——淡蓝色；PE线——绿/黄双色。

②电缆的选择。电缆的选择主要包括选择电缆的类型、截面和芯线配置，其选择依据主要是线路敷设的要求和线路负荷计算的电流值。

施工现场临时用电宜采用电缆线路。电缆线路应符合下列规定：电缆芯线应包含全部工作导体和保护接地导体（PE）；TN-S系统采用三相四线供电时应选择五芯电缆，采用单相供电时应选择三芯电缆；中性导体（N）绝缘层的颜色应是淡蓝色，保护接地导体（PE）绝缘层的颜色应是黄/绿组合颜色，不得混用。

③室内配线的选择。室内配线必须采用绝缘导线或电缆。其选择要求基本与架空线路或电缆线路相同。

除以上三种配线方式以外，还有一个配电母线问题。由于施工现场配电母线常常采用裸扁铜板或裸扁铝板制作成裸母线，因此其安装时，必须用绝缘子支撑固定在配电柜上，以保持对地绝缘和电磁（力）稳定性。母线规格主要由总负荷计算电流确定。考虑到母线敷设有相序规定，母线表面应涂刷有色油漆，三相母线的相序和色标依次为：L1（A 相）——黄色；L2（B 相）——绿色；L3（C 相）——红色。

（2）配电线的敷设

①架空线路的敷设。架空线路的组成一般包括四部分，即电杆、横担、绝缘子和绝缘导线。

当动力、照明线在同一横担上架设时，导线相序排列顺序是：面向负荷从左侧起依次为 L1、N、L2、L3、PE。动力、照明线在二层横担上分别架设时，导线相序排列顺序是：上层横担面向负荷从左侧起依次为 L1、L2、L3；下层横担面向负荷从左侧起依次为 L（L1 或 L2 或 L3）、N、PE。

架空线路电杆、横担、绝缘子、导线的选择和敷设方法应符合《建筑与市政工程施工现场临时用电安全技术标准》的规定：严禁集束缠绕，严禁架设在树木、脚手架及其他设施上或从其中穿越；架空线路与邻近线路或固定物的防护距离应符合规定。

②电缆线路的敷设。电缆线路的敷设应采用埋地或架空两种方式，严禁沿地面明设，以防机械损伤和介质腐蚀。架空电缆应沿电杆、支架、墙壁敷设，并用绝缘子固定，绝缘线绑扎。严禁沿树木、脚手架及其他设施敷设或从其中穿越。电缆埋地宜采用直埋方式，埋设深度不应小于 0.7 m，埋设方法应符合《建筑与市政工程施工现场临时用电安全技术标准》的规定。直埋电缆在穿越建筑物、构筑物、道路、易受机械损伤的场所、介质腐蚀场所及引出地面从 2 m 高到地下 0.2 m 处必须加设防护套管，防护套管内径不应小于电缆外径的 1.5 倍。埋地电缆的接头应设在地面以上的接线盒内，电缆接线盒应能防水、防尘、防机械损伤，并远离易燃、易爆、易腐蚀场所。

③室内配线的敷设。安装在现场办公室、生活用房、加工厂房等暂设建筑内的配电线路，通常称为室内配电线路，简称室内配线。室内配线分为明敷设和暗敷设两种。

明敷设可采用瓷瓶、瓷（塑料）夹配线，嵌绝缘槽配线和钢索配线三种方式，不得悬空乱拉。明敷主干线的距地高度不得小于 2.5 m。

暗敷设可采用绝缘导线穿管埋墙或埋地方式和电缆直埋墙或直埋地方式。暗敷设线路部分不得有接头；暗敷设金属穿管应做等电位连接，并与 PE 线相连接；潮湿场所或埋地非电缆（绝缘导线）配线必须穿管敷设，管口和管接头应密封。严禁将绝缘导线直埋墙内或地下。

8.3.2 TN-S 接零保护系统

TN 系统是指变压器中性点接地、设备外壳接零保护的系统。TN-S 系统中 PE 线和 N 线自电源接地点分开后不能再有任何电气连接，如图 8-6 所示，R_N 为接地电阻。

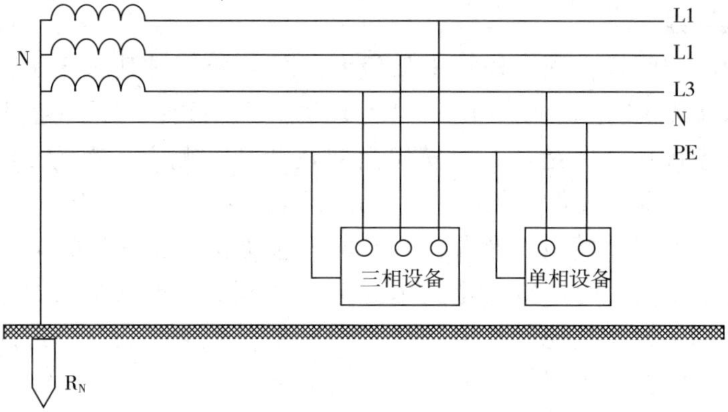

图 8-6 TN-S 系统

8.3.2.1 TN-S 接零保护系统的设置规则

在施工现场临时用电工程专用的电源中性点直接接地的 220/380 V 三相四线制低压电力系统中，必须采用 TN-S 接零保护系统，严禁采用 TN-C 接零保护系统。

（1）当施工现场与外电线路共用同一供电系统时

电气设置的接地形式应与原系统保持一致。不得一部分设备做保护接零，另一部分设备做保护接地。当采用 TN 系统做保护接零时，现场工作零线（N 线）必须由电源进线零线通过总漏电保护器后引出，保护零线（PE 线）必须由电源进线零线重复接地处或总漏电保护器电源侧进线零线处引出（如图 8-7 中的 1，2 所示），形成局部 TN-S 接地、接零保护系统。图 8-7 中，DK 为电源隔离开关，RCD 为漏电保护器。

（2）采用 TN-S 和局部 TN-S 接零保护系统时

①PE 线的引出位置。对于专用变压器供电时的 TN-S 接零保护系统，PE 线必须由工作接地线、配电室（总配电箱）电源侧零线或总漏电保护器（RCD）电源侧零线处引出。对于共用变压器三相四线供电时的局部 TN-S 接地、接零保护系统，PE 线必须由电源进线零线重复接地处或总漏电保护器电源侧进线零线处引出。

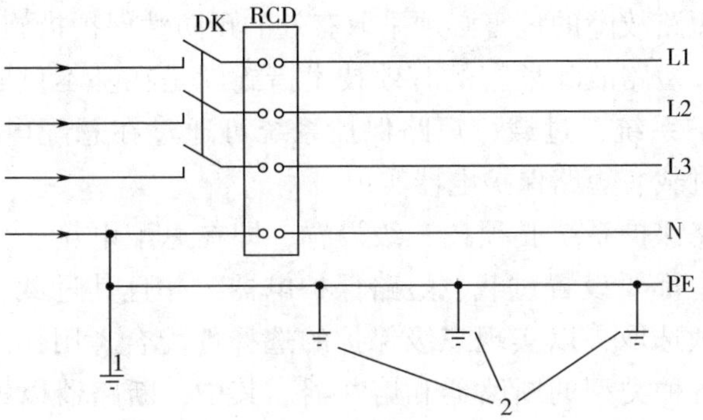

图 8-7 三相四线供电时局部 TN-S 接零保护系统零线引出示意图

②PE 线与 N 线的连接关系。经过总漏电保护器（RCD）后 PE 线和 N 线即分开，不得再做电气连接。

③PE 线与 N 线的应用区别。PE 线是保护零线，只用于连接电气设备外漏可导电部分，在正常工作情况下无电流通过，被视为不带电部分，且与大地保持等电位；N 线是工作零线，作为电源线用于连接单相设备或者三相网线设备，在正常工作情况下会有电流通过（当三相负荷不平衡时），被视为带电部分，且对地呈现电压。所以，在实用中二者不得混用和代用。

④PE 线的重复接地。PE 线的重复接地不应少于三处，应分别设置于供配电系统的首端、中间、末端处，每处重复接地电阻值（指工频接地电阻值）不应大于 10Ω。重复接地必须与 PE 线相连接，严禁与 N 线相连接，否则 N 线中的电流将会分流经大地和电源中性点工作接地处形成同路，使 PE 线对地电位升高而带电。PE 线重复接地的目的，一是降低 PE 线的接地电阻，二是防止 PE 线断线而招致接地保护失效。

⑤PE 线的绝缘色。为了明显区分 PE 线、N 线以及相线，按照国际统一标准，PE 线一律采用绿/黄双色绝缘线，N 线和相线严禁采用绿/黄双色绝缘线。

⑥PE 线的材质。为了保证 PE 线电气连接的可靠性，PE 线必须采用绝缘铜线。

8.3.2.2 过载、短路保护

当电气设备和线路因其负荷（电流）超过额定值而发生过载故障，或因其绝缘损坏而发生短路故障时，就会因电流过大而可烧毁绝缘，引起漏电和电气火灾。

过载和短路故障会使电气设备和线路不能正常使用，造成财产损失，甚至使整个用电系统瘫痪，严重影响正常施工，还可能引发触电伤害事故。所以，对过载、短路故障的危害必须采取有效的预防性保护措施。

预防过载、短路故障危害的有效技术措施就是在基本供配电系统中设置过载、短路保护系统，过载、短路保护系统可通过在总配电箱、分配电箱、开关箱中设置过载、短路保护电器实现。

过载、短路保护系统必须按三级设置，即在总配电箱、分配电箱、开关箱及其各分路中都要设置过载、短路保护电器，并且其过载、短路保护动作参数应逐级合理选取，以实现三级保护的选择性配合。用作过载、短路保护的电器主要有各种类型的断路器和熔断器。其中，断路器以塑壳式断路器为宜；熔断器则应选用具有可靠灭弧分断功能的产品，不得以普通熔丝替代。

8.3.2.3　漏电保护系统

施工现场用电工程采用二级漏电保护系统。漏电保护器的设置位置必须在基本供配电系统的总配电箱（配电柜）和开关箱首、末二级配电装置中。其中，总配电箱（配电柜）中的漏电保护器可以设置于总路，也可以设置于各分路，但不必在总路和各分路重复设置。

漏电保护器的动作参数应按分级、分段漏电保护原则和可靠防止人体触电伤害原则确定。

开关箱中的漏电保护器，其额定漏电动作电流应为：一般场所 $I_{\triangle} \leqslant 30$ mA，潮湿与腐蚀介质场所 $I_{\triangle} \leqslant 15$ mA，而其额定漏电动作时间则均应为 $T_{\triangle} \leqslant 0.1$ s。

总配电箱中的漏电保护器，其额定漏电动作电流应为 $I_{\triangle}>30$ mA，额定漏电动作时间应为 $T_{\triangle}>0.1$ s，但其额定漏电动作电流与额定漏电动作时间的乘积应不超过安全界限值 30 mA · s，即：$I_{\triangle} \times T_{\triangle} \leqslant 30$ mA · s。

漏电保护器的电源进线类别（相线或零线）必须与其进线端标记一一对应，不允许交叉混接，更不允许将 PE 线当作 N 线接入漏电保护器。

漏电保护器在结构选型时，宜选用无辅助电源型（电磁式）产品，或选用辅助电源故障时能自动断开的辅助电源型（电子式）产品。不能选用辅助电源故障时不能断开的辅助电源型（电子式）产品，漏电保护器极数和线数必须与负荷的相数和线数保持一致。

漏电保护器必须与用电工程合理的接地系统配合使用，才能形成完备、可靠的防（间接接触）触电保护系统。

8.3.2.4　接地装置

所谓接地，是指设备与大地做电气连接或金属性连接。做电气设备的接地，通常的方法是将金属导体埋入地中，并通过金属导体与电气设备做电气连接（金属性连接）。这种埋入地中直接与地接触的金属导体称为接地体，而连接电气设备与接地体的金属导体称为接地线，接地体与接地线的连接组合体就称为接地装置。

接地是施工现场用电系统安全运行必须实施的基础性技术措施。在施工现场用电工程中，有以下类型的接地：10/0.4 kV 电力变压器二次侧中性点和 230/400 V 自备发电机组电源中性点要直接接地（功能性接地）；PE 线要做重复接地（功能性接地）；电气设备外露导电部分要通过 PE 线接地（保护性接地）；高大建筑机械和高架金属设施要做防雷接地；产生静电的设备要做防静电接地等。

在施工现场用电过程中，电气设备的接地可以充分利用自然接地体。所谓自然接地体是指原已埋入地中并与大地做良好电气连接的金属结构体，例如埋入地中的钢筋混凝土的钢筋结构体、金属水管、其他金属管道（燃气管道除外）等。当无自然接地体可利用时应敷设人工接地装置。

8.4　用电设备安全

用电设备是配电系统的终端设备，施工现场的用电设备基本上可分为三大类，即电动建筑机械、手持式电动工具和照明器等。

施工现场用电设备的选择和使用不仅应满足施工作业、现场办公和生活需要，更重要的是要适应施工现场的环境条件，确保其运行安全，防止各种电气伤害事故。通常，施工现场的环境条件按触电危险程度可划分为三类，即一般场所、危险场所和高度危险场所。一般场所包括：相对湿度≤75%的干燥场所；无导电粉尘场所；气温不高于 30℃的场所；有不导电地板（干燥木地板、塑料地板、沥青地板等）的场所。危险场所包括：相对湿度长期处于 75%以上的潮湿场所；露天并且能遭受雨、雪侵袭的场所；气温高于 30℃的炎热场所；有导电粉尘的场所；有导电泥、混凝土或金属结构地板的场所；施工中常处于水湿润的场所。高度危险场所包括：相对湿度接近 100%的场所；蒸汽环境场所；有活性化学媒质放出腐蚀性气体或液体的场所；具有两个及以上危险场所特征（如导电地板和高温，或导电地板和有导电粉尘）的场所。

8.4.1　电动建筑机械的使用

建筑施工机械的分类、结构特点及安全管理和技术在第 7 章已经讲述，本节主要从用电安全的角度来阐述各类建筑机械的使用。

8.4.1.1　起重机械的使用

起重机械主要指塔式起重机、外用电梯、物料提升机及其他垂直运输机械。起重机械电气安全的主要内容是防雷、运行位置控制、外电防护、电磁感应防护等。

塔式起重机、外用电梯、滑升模板的金属操作平台及需要设置避雷装置的物料提升机，其机体金属结构件应做防雷接地；同时，其开关箱中的PE线应通过箱中的PE端子板做重复接地。两种接地可共用一组接地体（如机体钢筋混凝土基础中已做等电位焊接的钢筋结构接地体），但接地线及其与接地体的连接点应各自独立。

塔式起重机运行时严禁越过无防护设施的外电架空线路作业，并应按规范规定与外电架空线路或其防护设施保持安全距离。塔式起重机夜间工作时应设置正对工作面的投光灯；塔身高于30 m的塔式起重机应在塔顶和臂架端部设红色信号灯。

轨道式塔式起重机的电缆不得拖地行走。塔式起重机在强电磁波源附近工作时，地面操作人员与塔式起重机及其吊物之间应采取绝缘隔离防护措施。

外用电梯通常属于客、货两用电梯，应有完备的驱动、制动、行程、限位、紧急停止控制，每日工作前必须进行空载检查。

物料提升机是只许运送物料、不允许载人的垂直运输机械，应有完备的驱动、制动、行程、限位、紧急停止控制，每日工作前必须进行空载检查。

8.4.1.2　桩工机械的使用

桩工机械主要有潜水式钻孔机、潜水电机等。桩工机械是一种与水密切接触的机械，因此其主要的电气安全内容是防止水和潮湿引起的漏电危害。电机负荷线应采用防水橡皮护套铜芯软电缆，电缆护套不得有裂纹和破损。开关箱中漏电保护器的设置应符合潮湿场所漏电保护的要求。

8.4.1.3　夯土机械的使用

夯土机械是一种移动式、振动式机械，其主要的电气安全内容是防止潮湿、振动、机械损伤引起的漏电危害。为此应做到：

①夯土机械的金属外壳与PE线的连接点不得少于两处；其漏电保护必须适应潮湿场所的要求。

②夯土机械的负荷线应采用耐气候型橡皮护套铜芯软电缆。

③夯土机械的操作扶手必须绝缘，使用时必须按规定穿戴绝缘防护用品，使用过程中电缆应有专人调整，严禁缠绕、扭结和被夯土机械跨越，电缆长度不应大于50 m。

④多台夯土机械并列工作时，其间距不得小于5 m；前后工作时，其间距

不得小于10 m。

8.4.1.4 木工机械的使用

木工机械主要指电锯、电刨等木料加工机械。木工机械主要的电气安全内容是防止机械损伤和漏电引起触电和电气火灾。因此，必须及时清理木屑等木工机械及其负荷线周围的杂物，使其免受机械损伤。其漏电保护可按一般场所要求设置。

8.4.1.5 电焊机械的使用

电焊机械属于露天半移动、半固定式用电设备。各种电焊机基本上都是靠电弧、高温工作的，所以防止电弧、高温引燃易燃易爆物是其使用时应注意的首要问题；其次，电焊机空载时其二次侧具有50~70 V的空载电压，已超出安全电压范围，所以二次侧防触电成为其安全使用的第二个重要问题；最后，电焊机常常在钢筋网间露天作业，所以还需注意其一次侧防触电问题。其安全使用要求可综合归纳如下：

①电焊机械应放置在防雨、干燥和通风良好的地方。

②电焊机开关箱中的漏电保护器必须采用额定漏电动作参数符合规定（30 mA、0.1 s）的二极二线型产品。此外，还应配装防二次侧触电保护器。

③电焊机变压器的一次侧电源线应采用耐气候型橡皮护套铜芯软电缆，长度不应大于5 m，电源进线处必须设置防护罩，进线端不得裸露。

④电焊机变压器的二次线应采用防水橡皮护套铜芯软电缆，电缆长度不应大于30 m，不得跨越道路；电缆护套不得破裂，其接头必须做绝缘、防水包扎，不应有裸露带电部分；不得采用金属构件或结构钢筋代替二次线的地线。

⑤发电机式直流电焊机的换向器应经常检查、清理、维修，以防止可能产生的异常换向电火花。

⑥使用电焊机械焊接时必须穿戴防护用品。严禁露天冒雨从事电焊作业。

8.4.1.6 混凝土机械的使用

混凝土机械主要指混凝土搅拌机、插入式振动器、平板振动器、地面抹光机、水磨石机等。混凝土机械主要的电气安全内容是防止电源进线机械损伤引起的触电危害和停电检修时误启动引起的机械伤害。因此，混凝土机械的电源线（来自开关箱）不能过长，不得拖地，不得缠绕在金属物件上，严禁用金属裸线绑扎固定；当对其进行清理、检查、维修时，必须首先将其开关箱分闸断电，呈现可见电源分断点，并关门上锁。

8.4.1.7 钢筋机械的使用

钢筋机械主要指钢筋切断机、钢筋煨弯机等钢筋加工机械。钢筋机械主要的电气安全内容是防止设备及其负荷线的机械损伤和受潮漏电引起的触电伤害。因此，钢筋机械在使用过程中应避免雨雪和地面流水的侵害，应及时清除其周边的钢筋废料。

8.4.2 手持式电动工具的选择和使用

施工现场使用的手持式电动工具主要指电钻、冲击钻、电锤、射钉枪及手持式电锯、电刨、切割机、砂轮等。手持式电动工具按其绝缘和防触电性能共分为三类，即Ⅰ类工具、Ⅱ类工具、Ⅲ类工具。Ⅰ类工具是指具有金属外壳、采用普通单重绝缘的工具；Ⅱ类工具是指具有塑料外壳、采用双重绝缘或金属外壳、加强绝缘的工具；Ⅲ类工具是指采用安全电压（例如 36 V、24 V、12 V、6 V 等）供电的工具。各类工具因其绝缘结构和供电电压不同，所以其防触电性能也各不相同，因此其选择和使用必须与环境条件相适应。

8.4.2.1 手持式电动工具的选择

一般场所（空气湿度小于 75%）可选用Ⅰ类或Ⅱ类工具。

在潮湿场所或金属构架上操作时，必须选用Ⅱ类或由安全隔离变压器供电的Ⅲ类工具，严禁使用Ⅰ类工具。

在狭窄场所（锅炉、金属容器、地沟、管道内等）作业时，必须选用由安全隔离变压器供电的Ⅲ类工具。

8.4.2.2 手持式电动工具的使用

Ⅰ类工具的防触电保护主要依赖于其金属外壳接地和在其开关箱中装设漏电保护器，所以其外壳与 PE 线的连接点（不应少于两处）必须可靠；其开关箱中的漏电保护器应按潮湿场所对漏电保护的要求配置；其负荷线应采用耐气候型橡皮护套铜芯软电缆，并且不得有接头，负荷线插头应具有专用接地保护触头。

Ⅱ类工具的防触电保护可依赖于其双重绝缘或加强绝缘，但使用金属外壳Ⅱ类工具时，其金属外壳可与 PE 线相连接，并设漏电保护。Ⅱ类工具的负荷线应采用耐气候橡皮护套铜芯软电缆，并且不得有接头。

Ⅲ类工具的防触电保护主要依赖于安全隔离变压器，由安全电压供电。在狭窄场所使用Ⅲ类工具时，其开关箱和安全隔离变压器应设置在场所外面，并连接 PE 线，使用过程中应有人在外面监护。Ⅲ类工具开关箱中的漏电保护器应按潮湿场所对漏电保护的要求配置，其负荷线应采用耐气候型橡皮护套铜芯软电缆，并且不得有接头。

在潮湿场所、金属构架上使用Ⅱ类、Ⅲ类工具时，其开关箱和控制箱也应设在作业场所外面。

各类手持式电动工具的外壳、手柄、插头、开关、负荷线等必须完好无损，其绝缘电阻应为：Ⅰ类工具≥2MΩ，Ⅱ类工具≥7MΩ，Ⅲ类工具≥1MΩ。

使用手持式电动工具时，必须按规定穿戴绝缘防护用品。

8.4.3 照明器的选择和使用

8.4.3.1 照明设置的一般规定

在夜间施工或在坑洞、作业厂房、料具堆放场、道路、仓库、办公室、食堂、宿舍等场所，应设一般照明、局部照明或混合照明。在一个工作场所内，不得只设局部照明。

停电后作业人员需要及时撤离现场的特殊工程，例如夜间高处作业工程及自然采光很差的深坑洞工程等场所，还必须装设由独立自备电源供电的应急照明。

对于夜间影响行人和车辆安全通行的在建工程，如开挖的沟、槽、孔洞等，应在其邻边设置醒目的红色警戒照明。对于夜间可能影响飞机及其他飞行器安全通行的高大机械设备或设施，如塔式起重机、外用电梯等，应在其顶端设置醒目的警戒照明。警戒照明应设置不受停电影响的自备电源。

此外，还要根据需要设置不受停电影响的保安照明。

8.4.3.2 照明器的选择

（1）照明器类型的选择

正常湿度（相对湿度≤75%）的一般场所，可选用普通开启式照明器。

潮湿或特别潮湿（相对湿度>75%）的场所，属于触电危险场所，必须选用密闭型防水照明器或配有防水灯头的开启式照明器。

含有大量尘埃但无爆炸和火灾危险的场所，属于一般场所，必须选用防尘型照明器，以防尘埃影响照明器安全发光。

有爆炸和火灾危险的场所，属于触电危险场所，应按危险场所等级选用防爆型照明器。

存在较强振动的场所，必须选用防振型照明器。

有酸碱等强腐蚀介质的场所，必须选用耐酸碱型照明器。

（2）照明供电的选择

一般场所，照明电源电压宜为220 V，即可选用额定电压为220 V的照明器。

隧道、人防工程、高温、有导电灰尘、比较潮湿或灯具离地面高度低于规定2.5 m等较易触电的场所，照明电源电压不应大于AC 36 V。

潮湿和易于触及带电体的触电危险场所，照明电源电压不得大于AC 24 V。

特别潮湿、地面导电良好、有锅炉或金属容器等高度触电危险的场所，照明电源电压不得大于 AC 12 V。

行灯电压不得大于 AC 36 V。

照明电压偏移值最高为额定电压的-10%~5%。

照明变压器应使用双绕组型安全隔离变压器。携带式变压器的一次侧电源线应采用橡皮护套或塑料护套铜芯软电缆，中间不得有接头，长度不宜超过 3m，其中绿/黄组合双色线只作保护接地导体（PE）使用，电源插头应有保护触头。

8.4.3.3　照明器的使用

（1）照明器的安装

①安装高度。一般 220 V 灯具在室外不低于 3 m，在室内不低于 2.5 m；碘钨灯及其他金属卤化物灯安装高度宜在 3 m 以上。

②安装接线。螺口灯头的中心触头应与相线连接，螺口应与零线（N）连接；碘钨灯及其他金属卤化物灯的灯线应固定在专用接线柱上，不得靠近灯具表面；灯具的内接线必须牢固，外接线必须做可靠的防水绝缘包扎。

③对易燃易爆物的防护距离。普通灯具不宜小于 300 mm；聚光灯及碘钨灯等高热灯具不宜小于 500 mm，且不得直接照射易燃物。达不到防护距离时，应采取隔热措施。

④荧光灯管的安装。应采用管座固定或吊链悬挂方式安装，其配套电磁镇流器不得安装在易燃结构物上。

⑤投光灯的安装。底座应牢固安装在非燃性稳定的结构物上。

（2）照明器的控制与保护

任何灯具必须经照明开关箱配电与控制，配置完整的电源隔离、过载与短路保护及漏电保护。

路灯应逐灯另设熔断器保护。

灯具的相线必须经开关控制，不得直接引入灯具。

暂设工程的照明灯具宜采用拉线开关控制，其安装高度为距地 2~3 m。宿舍区禁止设置床头开关。

8.4.4　外电防护

在施工现场周围往往存在一些高、低压电力线路，这些不属于施工现场的外界电力线路统称为外电线路。外电线路一般为架空线路，个别现场也会存在电缆线路。由于外电线路的位置原已固定，因而其与施工现场的相对距离也难以改变，这就给施工现场作业安全带来了一个不利的影响因素。如果施工现场距离外电线路较近，施工人员搬运物料、器具（尤其是金属料具）或操作不慎时易触及外电线路，从而发生直接接触触电伤害事故。因此，当施工现场邻近外电线路作业时，为了防止外电线路对施工现场作业人员可能造成的危害，施工现场必须对其采取相应的防护措施，这种对外电线路可能引起触电伤害的防护称为外电线路防护，简称外电防护。

外电防护属于对直接接触触电的防护。直接接触触电防护的基本措施是：绝缘；屏护；安全距离；限制放电能量；采用24 V及以下安全特低电压。

上述五项基本措施具有普遍适用的意义。但是对于施工现场外电防护这种特殊的防护，其防护措施主要是做到绝缘、屏护、安全距离。概括来说：保证安全操作距离；架设安全防护设施；无足够安全操作距离且无可靠安全防护设施的施工现场暂停作业。

8.5 安全用电措施和电气防火措施

为了保障施工现场用电安全，除设置合理的用电系统外，还应结合施工现场实际编制并实施相配套的安全用电措施和电气防火措施。

8.5.1 安全用电措施

8.5.1.1 安全用电技术措施要点

①选用符合国家强制性标准认证的合格设备和器材，不用残缺、破损等不合格产品。

②严格按经批准的用电组织设计构建临时用电工程，用电系统要有完备的电源隔离及过载、短路、漏电保护。

③按规定定期检测用电系统的接地电阻、相关设备的绝缘电阻和漏电保护器的漏电动作参数。

④配电装置装设端正严实牢固，高度符合规定，不拖地放置，不随意改动；进线端严禁用插头、插座作活动连接，进出线上严禁搭、挂、压其他物体；移动式配电装置迁移位置时，必须先将其前一级隔离开关分闸断电，严禁带电搬运。

⑤配电线路不得明设于地面，严禁行人踩踏和车辆碾压；线缆接头必须连接牢固，并做防水绝缘包扎，严禁裸露带电线头；不得拖拉线缆，严禁徒手触摸和严禁在钢筋、地面上拖拉带电线路。

⑥用电设备应防止溅水和浸水，已溅水和浸水的设备必须停电处理，未断电时严禁徒手触摸；用电设备移位时，严禁带电搬运，严禁拖拉其负荷线。

⑦照明灯具的选用必须符合使用场所环境条件的要求，严禁将 220 V 碘钨灯作行灯使用。

⑧停、送电作业必须遵守以下规则：停、送电指令必须由同一人下达；停电部位的前级配电装置必须分闸断电，并悬挂停电标志牌；停、送电时应有一人操作，一人监护，并应穿戴绝缘防护用品。

8.5.1.2 安全用电组织措施要点

①建立用电组织设计制度。建立临时用电施工组织设计的编制、审批制度，并建立相应的技术档案。

②建立技术交底制度。向专业电工、各类用电人员介绍临时用电施工方案和安全用电技术措施的总体意图、技术内容和注意事项，并应在技术交底文字资料上履行交底人和被交底人的签字手续，注明交底日期。

③建立安全自检制度。从临时用电工程开始，每天配电箱内的漏电开关使用前启动漏电试验按钮试跳一次；每 10 天对配电箱内的漏电开关进行漏电动作电流和漏电动作时间的测试并对供电线路进行巡视，以监视临时用电工程是否安全可靠，并做好检测记录。

④建立电工安装、巡检、维修、拆除制度。加强日常和定期维修工作，及时发现和消除隐患，并建立维修工作记录，记载维修时间、地点、设备、内容、技术措施、处理结果、维修人员、验收人员等。建立工程拆除制度。建筑工程竣工后，临时用电工程的拆除应有统一的组织和指挥，并须规定拆除时间、人员、程序、方法、注意事项和防护措施等。

⑤建立安全培训制度。定期对专业电工和各类用电人员进行用电安全教育和培训，经过考核合格者持证上岗。禁止无证上岗或随意串岗。

⑥建立安全用电责任制。对临时用电工程各部位的操作、监护、维修分片、分区、分机落实到人，并辅以必要的奖惩。

8.5.2 电气防火措施

8.5.2.1 电气防火技术措施

①用电系统的短路、过载、漏电保护电器要配置合理，更换电器要符合原规格。

②PE 线的连接点要确保电气连接可靠。

③电气设备和线路周围，特别是电焊作业现场和碘钨灯等高热灯具周围要清除易燃易爆物或作阻燃隔离防护。

④电气设备周围要严禁烟火。

⑤电气设备集中场所要配置可扑灭电气火灾的灭火器材。

⑥防雷接地要确保良好的电气连接。

8.5.2.2 电气防火组织措施

①建立易燃易爆物和腐蚀介质管理制度。

②建立电气防火责任制，加强电气防火重点场所烟火管制，并设置禁止烟火标志。

③建立电气防火教育制度，定期进行电气防火知识宣传教育，增强各类人员电气防火意识和电气防火能力。

④建立电气防火检查制度，发现问题，及时处理，不留隐患。

⑤建立电气火警预报制，做到防患于未然。

⑥建立电气防火领导责任体系及电气防火队伍。

⑦电气防火措施可与一般防火措施一并编制。

思考题

1. 建筑施工用电安全指导方针和基本原则分别是什么？
2. 什么是保护接地、保护接零？TN-S 保护接零的技术要求有哪些？
3. 简要阐述漏电保护器、熔断器、断路器、隔离开关的设置要求。
4. 易燃易爆场所、腐蚀性场所和特别潮湿环境的电气防护要求有哪些？
5. 简述手持式电动工具的安全防护要求。
6. 配电线路主要有哪些敷设方式？各自有哪些防护重点？
7. 列举施工现场的主要可燃物种类。不同类型可燃物的管理要点有哪些？
8. 阐述施工现场环境保护的文明施工措施和管理措施。

9　建筑施工安全事故报告与应急救援

内容提要：本章介绍了建筑施工安全事故报告与处理；介绍了建筑施工安全事故应急救援的规定和应急预案的内容；以建筑施工公司、项目经理部、施工现场各类事故为例，编写了建筑施工单位各级应急预案案例。

9.1　建筑施工安全事故报告与处理

9.1.1　安全事故的定义与分类

9.1.1.1　安全事故的概念和特征

（1）概念

安全事故（以下简称“事故”）是指生产经营单位在生产经营活动（包括与生产经营有关的活动）中突然发生的，伤害人身安全和健康，或者损坏设备设施，或者造成经济损失，导致原生产经营活动（包括与生产经营活动有关的活动）暂时中止或永远终止的意外事件。

（2）特征

事故的特征主要包括：事故的因果性，事故的偶然性、必然性和规律性，事故的潜在性、再现性和预测性。

①事故的因果性。事物之间都存在关联，一事物是另一事物发生的根据，即因果性。事故是许多因素互为因果连续发生的结果。因果关系有继承性，是多层次的。也就是说，一个因素是前一个因素的结果，又可能是后一因素的原因。

②事故的偶然性、必然性和规律性。从本质上讲，伤亡事故属于在一定条件下可能发生也可能不发生的随机事件。就一特定事故而言，其发生的时间、地点、状况等均无法预测。因此，事故的偶然性是客观存在的，这与是否掌握事故的原因毫无关系。换言之，即使完全掌握了事故的原因，也不能保证绝对不发生事故。事故的偶然性还表现在事故中是否产生人员伤亡、物质损失，以及事故后果的大小。反复发生的同类事故并不一定产生相同的后果。

事故的偶然性决定了要完全杜绝事故发生是不可能的；事故的因果性决定了事故的必然性。事故因素及其因果关系的存在决定了事故或迟或早必然要发生。事故的随机性仅表现在事故在何时何地因什么意外事件触发产生。

事故的必然性中包含着规律性。既为必然，就有规律可循。必然性来自因果性，深入探查、了解事故因果关系，就可以发现事故发生的客观规律，从而为防止发生事故提供依据。应用概率理论，收集尽可能多的事故案例进行统计分析，就可以从总体上找出问题的根源，为改进安全工作指明方向，从而做到“预防为主”，实现安全生产的目的。

从偶然性中找出必然性，认识事故发生的规律性，变不安全条件为安全条件，把事故消除在萌芽状态，这就是预防为主的科学根据。

③事故的潜在性、再现性和预测性。事故往往是突然发生的，然而导致事故发生的因素是早就存在的，只是未被发现或未受到重视而已。随着时间的推移，一旦条件成熟，就会显现而酿成事故。这就是事故的潜在性。

事故发生后，如果没有真正地了解事故发生的原因，并采取有效措施去消除这些原因，就会再次出现类似的事故。这就是事故的再现性。

人们根据对过去事故所积累的经验和知识，以及对事故规律的认识，使用科学的方法和手段，可以对未来可能发生的事故进行预测。这就是事故的预测性。事故预测的目的在于识别和控制危险，预先采取对策，最大限度地降低事故发生的可能性。

9.1.1.2 事故的分类

(1) 按事故严重程度划分

依据《企业职工伤亡事故分类》(GB 6441-1986)，事故可以分为轻伤事故、重伤事故与死亡事故三类。

轻伤指造成职工肢体伤残，或某些器官功能性、器质性轻度损伤，表现为劳动能力轻度或暂时丧失的伤害，损失工作日为1个工作日以上（含1个工作日)、105个工作日以下的失能伤害。重伤指造成职工肢体残缺或视觉、听觉等器官受到严重损伤，一般能引起人体长期存在功能障碍，或劳动能力有重大损失的伤害，损失工作日为105个工作日以上（含105个工作日)、6 000个工作日以下的失能伤害。死亡指损失工作日为6 000个工作日以上(含6 000个工作日）的失能伤害。

(2) 按照事故原因划分

依据《企业职工伤亡事故分类》，在施工现场，事故可以分为14类，即：高处坠落事故、坍塌事故、物体打击事故、起重伤害事故、触电事故、机械伤害事故、车辆伤害事故、火灾事故、灼烫事故、淹溺事故、火药爆炸事故、中毒事故、窒息事故、其他伤害事故。

（3）按照事故的等级划分

《生产安全事故报告和调查处理条例》第三条规定："根据生产安全事故（以下简称事故）造成的人员伤亡或者直接经济损失，事故一般分为以下等级：

（一）特别重大事故，是指造成30人以上死亡，或者100人以上重伤（包括急性工业中毒，下同），或者1亿元以上直接经济损失的事故；

（二）重大事故，是指造成10人以上30人以下死亡，或者50人以上100人以下重伤，或者5 000万元以上1亿元以下直接经济损失的事故；

（三）较大事故，是指造成3人以上10人以下死亡，或者10人以上50人以下重伤，或者1 000万元以上5 000万元以下直接经济损失的事故；

（四）一般事故，是指造成3人以下死亡，或者10人以下重伤，或者1 000万元以下直接经济损失的事故；

国务院安全生产监督管理部门可以会同国务院有关部门，制定事故等级划分的补充性规定。

本条第一款所称的'以上'包括本数，所称的'以下'不包括本数。"

9.1.2 事故报告与处理

9.1.2.1 事故报告对象

事故报告应当及时、准确、完整，任何单位和个人对事故不得迟报、漏报、谎报或者瞒报。根据《生产安全事故报告和调查处理条例》，事故发生后，事故现场有关人员应当立即向本单位负责人报告；单位负责人接到报告后，应当于1小时内向事故发生地县级以上人民政府安全生产监督管理部门和负有安全生产监督管理职责的有关部门报告。情况紧急时，事故现场有关人员可以直接向事故发生地县级以上人民政府安全生产监督管理部门和负有安全生产监督管理职责的有关部门报告。

中华人民共和国住房和城乡建设部印发的《房屋市政工程生产安全事故报告和查处工作规程》（建质〔2013〕4号）对事故报告做了规定：事故发生地住房城乡建设主管部门接到施工单位负责人或者事故现场有关人员的事故报告后，应当逐级上报事故情况。

特别重大、重大、较大事故逐级上报至国务院住房城乡建设主管部门，一般事故逐级上报至省级住房城乡建设主管部门。必要时，住房城乡建设主管部门可以越级上报事故情况。

国务院住房城乡建设主管部门应当在特别重大和重大事故发生后4小时

内，向国务院上报事故情况。

省级住房城乡建设主管部门应当在特别重大、重大事故或者可能演化为特别重大、重大的事故发生后3小时内，向国务院住房城乡建设主管部门上报事故情况。

较大事故、一般事故发生后，住房城乡建设主管部门每级上报事故情况的时间不得超过2小时。

9.1.2.2　事故报告内容

根据《房屋市政工程生产安全事故报告和查处工作规程》，事故报告主要应当包括以下内容：

①事故的发生时间、地点和工程项目名称。

②事故已经造成或者可能造成的伤亡人数（包括下落不明人数）。

③事故工程项目的建设单位及项目负责人、施工单位及其法定代表人和项目经理、监理单位及其法定代表人和项目总监。

④事故的简要经过和初步原因。

⑤其他应当报告的情况。

省级住房城乡建设主管部门应当通过传真向国务院住房城乡建设主管部门书面上报特别重大、重大、较大事故情况。特殊情形下确实不能按时书面上报的，可先电话报告，了解核实情况后及时书面上报。事故报告后出现新情况，以及事故发生之日起30日内伤亡人数发生变化的，住房城乡建设主管部门应当及时补报。

住房城乡建设主管部门应当及时通报事故基本情况以及事故工程项目的建设单位及项目负责人、施工单位及其法定代表人和项目经理、监理单位及其法定代表人和项目总监。国务院住房城乡建设主管部门对特别重大、重大、较大事故进行全国通报。

事故发生单位负责人接到事故报告后，应当立即启动事故相应应急预案，或者采取有效措施组织抢救，防止事故扩大，减少人员伤亡和财产损失。事故发生地有关地方人民政府、安全生产监督管理部门和负有安全生产监督管理职责的有关部门接到事故报告后，其负责人应当立即赶赴事故现场，组织事故救援。事故发生后，有关单位和人员应当妥善保护事故现场以及相关证据，任何单位和个人不得破坏事故现场、毁灭相关证据。因抢救人员、防止事故扩大以及疏通交通等原因，需要移动事故现场物件的，应当做出标志，绘制现场简图并做出书面记录，妥善保存现场重要痕迹、物证。

9.1.2.3　事故调查

事故调查应当坚持实事求是、尊重科学的原则，及时、准确地查清事故经过、事故原因和事故损失，查明事故性质，认定事故责任，总结事故教训，提出整改措施，并对事故责任者依法追究责任。

特别重大事故由国务院或者国务院授权有关部门组织事故调查组进行调查。重大事故、较大事故、一般事故分别由事故发生地省级人民政府、设区的市级人民政府、县级人民政府负责调查。省级人民政府、设区的市级人民政府、县级人民政府可以直接组织事故调查组进行调查，也可以授权或者委托有关部门组织事故调查组进行调查。未造成人员伤亡的一般事故，县级人民政府也可以委托事故发生单位组织事故调查组进行调查。

上级人民政府认为必要时，可以调查由下级人民政府负责调查的事故。自事故发生之日起30日内（道路交通事故、火灾事故自发生之日起7日内），因事故伤亡人数变化导致事故等级发生变化，依照《生产安全事故报告和调查处理条例》规定应当由上级人民政府负责调查的，上级人民政府可以另行组织事故调查组进行调查。特别重大事故以下等级事故，事故发生地与事故发生单位不在同一个县级以上行政区域的，由事故发生地人民政府负责调查，事故发生单位所在地人民政府应当派人参加。

事故调查组的组成应当遵循精简、效能的原则。根据事故的具体情况，事故调查组由有关人民政府、安全生产监督管理部门、负有安全生产监督管理职责的有关部门、监察机关、公安机关以及工会派人组成，并应当邀请人民检察院派人参加。事故调查组可以聘请有关专家参与调查。事故调查组成员应当具有事故调查所需要的知识和专长，并与所调查的事故没有直接利害关系。事故调查组组长由负责事故调查的人民政府指定。事故调查组组长主持事故调查组的工作。

事故调查组履行下列职责：

①查明事故发生的经过、原因、人员伤亡情况及直接经济损失。

②认定事故的性质和事故责任。

③提出对事故责任者的处理建议。

④总结事故教训，提出防范和整改措施。

⑤提交事故调查报告。

事故调查组有权向有关单位和个人了解与事故有关的情况，并要求其提供相关文件、资料，有关单位和个人不得拒绝。事故发生单位的负责人和有关人员在事故调查期间不得擅离职守，并应当随时接受事故调查组的询问，如实提供有关情况。事故调查中发现涉嫌犯罪的，事故调查组应当及时将有关材料或者其复印件移交司法机关处理。

事故调查中需要进行技术鉴定的，事故调查组应当委托具有国家规定资质的单位进行技术鉴定。必要时，事故调查组可以直接组织专家进行技术鉴定。技术鉴定所需时间不计入事故调查期限。事故调查组成员在事故调查工作中应当诚信公正、恪尽职守，遵守事故调查组的纪律，保守事故调查的秘密。未经事故调查组组长允许，事故调查组成员不得擅自发布有关事故的信息。事故调查组应当自事故发生之日起60日内提交事故调查报告；特殊情况下，经负责事故调查的人民政府批准，提交事故调查报告的期限可以适当延长，但延长的期限最长不超过60日。

事故调查报告应当包括下列内容：

①事故发生单位概况。

②事故发生经过和事故救援情况。

③事故造成的人员伤亡和直接经济损失。

④事故发生的原因和事故性质。

⑤事故责任的认定以及对事故责任者的处理建议。

⑥事故防范和整改措施。

事故调查报告应当附具有关证据材料。事故调查组成员应当在事故调查报告上签名。事故调查报告报送负责事故调查的人民政府后，事故调查工作即告结束。事故调查的有关资料应当归档保存。

9.1.2.4 事故处理

重大事故、较大事故、一般事故，负责事故调查的人民政府应当自收到事故调查报告之日起15日内做出批复；特别重大事故，应30日内做出批复，特殊情况下，批复时间可以适当延长，但延长的时间最长不超过30日。有关机关应当按照人民政府的批复，依照法律、行政法规规定的权限和程序，对事故发生单位和有关人员进行行政处罚，对负有事故责任的人员进行处分。事故发生单位应当按照负责事故调查的人民政府的批复，对本单位负有事故责任的人员进行处理。负有事故责任的人员涉嫌犯罪的，依法追究刑事责任。

事故发生单位应当认真吸取事故教训，落实防范和整改措施，防止事故再次发生。防范和整改措施的落实情况应当接受工会和职工的监督。安全生产监督管理部门和负有安全生产监督管理职责的有关部门应当对事故发生单位落实防范和整改措施的情况进行监督检查。事故处理的情况由负责事故调查的人民政府或者其授权的有关部门、机构向社会公布，依法应当保密的除外。

《房屋市政工程生产安全事故报告和查处工作规程》对事故的调查和处理也做了相关规定。

住房城乡建设主管部门应当按照有关人民政府的要求，依法组织或者参与事故调查工作。应当选派具有事故调查所需要的知识和专长，并与所调查的事故没有直接利害关系的人员参加事故调查工作。参加事故调查工作的人员应当诚信公正、恪尽职守，遵守事故调查组的纪律。

住房城乡建设主管部门应当按照有关人民政府对事故调查报告的批复，依照法律法规，对事故责任企业实施吊销资质证书或者降低资质等级、吊销或者暂扣安全生产许可证、责令停业整顿、罚款等处罚，对事故责任人员实施吊销执业资格注册证书或者责令停止执业、吊销或者暂扣安全生产考核合格证书、罚款等处罚。

对事故责任企业或者人员的处罚权限在上级住房城乡建设主管部门的，当地住房城乡建设主管部门应当在收到有关人民政府对事故调查报告的批复后 15 日内，逐级将事故调查报告（附具有关证据材料）、有关人民政府批复文件、本部门处罚建议等材料报送至有处罚权限的住房城乡建设主管部门。

接收到材料的住房城乡建设主管部门应当按照有关人民政府对事故调查报告的批复，依照法律法规，对事故责任企业或者人员实施处罚，并向报送材料的住房城乡建设主管部门反馈处罚情况。

对事故责任企业或者人员的处罚权限在其他省级住房城乡建设主管部门的，事故发生地省级住房城乡建设主管部门应当将事故调查报告（附具有关证据材料）、有关人民政府批复文件、本部门处罚建议等材料转送至有处罚权限的其他省级住房城乡建设主管部门，同时抄报国务院住房城乡建设主管部门。

接收到材料的其他省级住房城乡建设主管部门应当按照有关人民政府对事故调查报告的批复，依照法律法规，对事故责任企业或者人员实施处罚，并向转送材料的事故发生地省级住房城乡建设主管部门反馈处罚情况，同时抄报国务院住房城乡建设主管部门。

住房城乡建设主管部门应当按照规定，对下级住房城乡建设主管部门的房屋市政工程生产安全事故查处工作进行督办。国务院住房城乡建设主管部门对重大、较大事故查处工作进行督办，省级住房城乡建设主管部门对一般事故查处工作进行督办。

住房城乡建设主管部门应当对发生事故的企业和工程项目吸取事故教训、落实防范和整改措施的情况进行监督检查，及时向社会公布事故责任企业和人员的处罚情况，接受社会监督。

对于经调查认定为非生产安全事故的，住房城乡建设主管部门应当在事故性质认定后 10 日内，向上级住房城乡建设主管部门报送有关材料。

省级住房城乡建设主管部门应当按照规定，通过“全国房屋市政工程生产安全事故信息报送及统计分析系统”及时、全面、准确地报送事故简要信息、事故调查信息和事故处罚信息；定期总结分析事故报告和查处工作，并将有关情况报送上级住房城乡建设主管部门；定期对事故报告和查处工作进行通报。

9.2 建筑施工安全事故应急救援及应急预案

安全生产强调预防为主，加强事前预防、强化隐患排查治理是一项重要内容。但是，要想完全防止事故发生是不可能的。当事故或灾害不可避免的时候，有效的应急救援行动是唯一可以抵御事故或灾害蔓延并减轻后果的有力措施，而事故应急预案的编制和实施是落实事故应急救援的重大举措。

9.2.1 事故应急救援的规定

事故应急救援是事故应急工作的一个关键环节，为了加强事故应急救援的科学化、规范化，《建设工程安全生产管理条例》从三个方面做了规定。

9.2.1.1 明确生产经营单位的应急救援措施

发生事故后，生产经营单位应当立即启动事故应急预案，采取相应的应急救援措施，比如迅速控制危险源，组织抢救遇险人员，组织现场人员撤离，同时采取必要措施防止事故危害扩大等，并且要按照国家有关规定报告事故情况。

9.2.1.2 细化政府的应急救援措施

有关地方人民政府及其部门接到事故报告后，应当按照规定上报事故情况，启动相应的事故应急预案，并按照预案的规定采取相应的应急救援措施，比如组织抢救遇险人员，采取必要措施防止事故危害扩大，依法发布调用和征用应急资源的决定，依法向应急救援队伍下达救援命令等。有关地方人民政府不能有效控制事故的，应当及时向上级人民政府报告。上级人民政府应当及时采取措施，统一指挥应急救援。

9.2.1.3 建立现场指挥制度

发生事故后，有关人民政府认为有必要的，可以设立现场指挥部，指定现场指挥部总指挥。现场指挥部实行总指挥负责制，按照本级人民政府的授权，组织制定并实施事故现场应急救援方案，协调、指挥有关单位和个人参加现场应急救援。

9.2.2 应急预案

事故应急预案体系由政府建设工程特大生产安全事故应急预案、施工单位生产安全事故应急预案、施工现场生产安全事故应急预案三级预案构成。其中，政府建设工程特大生产安全事故应急预案由县级以上人民政府建设行政主管部门制定。施工单位生产安全事故应急预案、施工现场生产安全事故应急预案由施工单位制定。

9.2.2.1 应急预案的内容

（1）政府建设工程特大生产安全事故应急预案

政府建设工程特大生产安全事故应急预案是政府在建设工程方面的专项预案，用于指导政府对管辖地区内建设工程特大生产安全事故的应急救援。预案的框架和主要内容一般包括：总则；组织机构和职责；预防预警机制；应急救援程序（应急响应）；救护人员培训及器材（应急保障）；后期处置；监督检查和考核；附则。

（2）施工单位生产安全事故应急预案

施工单位生产安全事故应急预案是施工单位为应对生产安全各类事故制定的综合预案，用于指导施工单位进行不同施工现场和不同事故类型的应急救援工作。预案的框架和主要内容一般包括：总则；应急机构和职责；应急预案的启动依据；报警及通信、联络方式；重大事故应急救援程序（各类事故应急救援专项预案）；应急程序技能的培训与演习；应急预案的修订和完善；相关法律文件和主要附件清单。

（3）施工现场生产安全事故应急预案

施工现场生产安全事故应急预案是施工现场应对各类事故的方案。按照施工类型，分为基坑作业事故应急预案、模板安装拆除事故应急预案、脚手架搭拆事故应急预案等；按照施工类型，分为坍塌事故应急预案、倾覆事故应急预案、物体打击事故应急预案、高处坠落事故应急预案等。

预案的框架和主要内容一般包括：目的；适用范围；组织机构和职责；应急救援指挥流程；救护器材、人员培训与演习；应急响应和救援程序；现场恢复和善后处理；应急预案的修改和完善。

9.2.2.2 应急预案的编制与实施

要保证应急救援系统的正常进行，施工企业必须事先编制应急预案，依据预案指导应急准备、训练和演练，以及快速、高效地采取行动。

（1）编制应急预案的程序

编制应急预案一般遵循以下程序：

①组织成立由各有关部门组成的预案编制小组，指定负责人。

②收集工程项目资料及现有的应急预案，使制定的预案与其他应急预案互相协调，防止预案相互交叉、矛盾。

③进行危险识别、脆弱性分析和风险分析，评估现有的预防措施和应急处理能力。

④设计预案体系，针对建筑企业或具体建设工程的风险或事故，按应急级别的要求，设计出所需编制的预案目录。

⑤组织专家小组或编制小组进行预案编写的分工。

⑥实施编写工作，完成具体的文件编写。

⑦进行应急演练，并对演练效果做出评价，发现问题，找出不足项、整改项和改进项，对预案进行完善。

⑧对预案进行管理和定期评审。

（2）应急预案的实施

应急预案编制发布后，还需对所有相关人员进行宣传和培训，对预案进行演练，让相关人员掌握应急知识和技能，锻炼和提高队伍在突发事故情况下的应急反应综合素质，有效降低事故危害和事故损失。

①应急培训。应急培训是应急救援行动成功的前提和保证。施工企业应组织相关人员接受应急救援知识的培训，掌握必要的防灾和应急知识，减少事故的损失。根据建设工程的特点，相关人员应该掌握坍塌、高处坠落、物体打击、触电等事故的特点和应急防护措施。通过培训，可以发现应急预案的不足和缺陷，在实践中加以改进；同时，又可以让涉及的人员明白事故发生时如何去做，如何协调各应急部门人员的工作等。

②应急演练。应急演练是指各级政府部门、企事业单位、社会团体，组织相关应急人员与群众，针对特定突发事件的假想情景，按照应急预案所规定的职责和程序，在特定的时间和地域执行应急响应任务的训练活动。

开展应急演练可以评估应急准备状态，发现并及时修改应急预案、执行程序等相关工作的缺陷和不足；评估突发公共事件应急能力，识别资源需求，明确相关机构、组织和人员的职责，改善不同机构、组织和人员之间的协调问题；检验应急响应人员对应急预案、执行程序的了解程度和实际操作技能，评估应急培训效果，分析培训需求。同时，调整演练难度可以进一步提高应急响应人员的业务素质和能力，促进公众、媒体对应急预案的理解，争取他们对应急工作的支持。

开展应急演练，可采用不同规模的应急演练方法对应急预案的完整性和周密性进行评估，如桌面演练、功能演练和全面演练等。

9.3 建筑施工单位各级应急预案案例

按照施工企业管理层次和结构设计级别体系，一个单位至少需构建三个级别的应急预案体系：三级预案为现场或分部工程预案，即事故应急处置的技术预案、事故应急抢救预案等。二级预案为分公司级应急预案，即事故过程以及技术预案或事故应急组织指挥预案。一级预案为公司或集团级应急预案，即公司内部应急组织指挥预案，体现重大技术决策、资源调度及技术协调、信息管理及发布等功能；政府救援预案也属于一级预案，体现政府在组织公众疏散、救助，事故现场保卫、交通控制，医院、公交、环境监测等方面的功能。

9.3.1 建筑施工公司应急预案编制案例

为贯彻落实《中华人民共和国安全生产法》《安全生产许可证条例》《中华人民共和国建筑法》《中华人民共和国职业病防治法》《建筑设计防火规范》《建设工程安全生产管理条例》等，指导子公司、项目部开展本区域内重特大生产安全事故应急救援工作，在总公司内建立应急救援体系，努力减少特大事故造成的人员伤亡和财产损失，减小对环境产生的不利影响，特制定本预案。

9.3.1.1 危险源的识别评价和重特大危险源的调查

根据总公司有关规定和标准对公司内的危险源进行辨识评价，公司主要承接的项目是房建项目，存在重大危险源和可能的突发事件如下。

（1）火灾

易发生地点：仓库、职工宿舍、防水作业区、木材加工贮存区、总配电箱等。火灾类型：可燃物的燃烧引起的火灾。

（2）高处坠落

易发生地点：脚手架施工区、外墙施工区、塔吊安拆区等。事故后果：人员外伤等。

（3）物体打击

易发生地点：无安全通道的建筑物进出入口、脚手架施工区、塔吊安拆区等。事故后果：人员外伤等。

（4）坍塌事故

易发生地点：基础施工区、脚手架周边等。事故后果：人员伤亡及财产损失。

（5）触电

易发生地点：整个施工区域。事故后果：人员受到电击伤害。

（6）机械事故

易发生地点：钢筋加工区、木工加工区、搅拌站等。事故后果：人员伤亡。

(7) 起重设备倾覆事故

易发生地点：吊车活动区内。事故后果：设备严重损坏、人员伤亡。

9.3.1.2 应急组织结构及职责

(1) 应急预案领导小组结构

应急预案领导小组构成如图 9-1 所示。

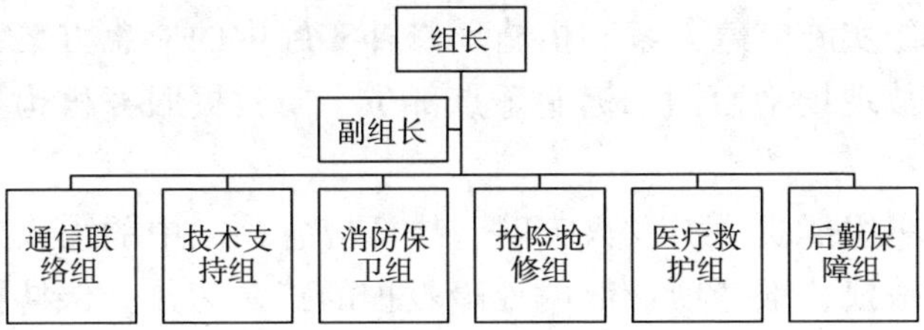

图 9-1 应急预案领导小组构成

总公司应急预案领导小组的成员如下。

组长：总公司总经理。

副组长：总公司生产经理。

通信联络组：综合办公室相关人员及各子公司相应组织的负责人。

技术支持组：技术质量科相关人员及各子公司相应组织的负责人。

消防保卫组：义务消防队、后勤保卫相关人员及各子公司相应组织的负责人。

抢险抢修组：施工生产管理相关人员及各子公司相应组织的负责人。

医疗救护组：后勤保卫、医疗救护知识培训合格人员及各子公司相应组织的负责人。

后勤保障组：材料管理相关人员及各子公司相应组织的负责人。

(2) 应急预案领导小组职责

①组长职责。判断是否存在或可能存在重大紧急事故。要求应急机构提供帮助，并实施场外应急计划，在不受事故影响的地方进行直接操作控制。复查和评估事故状态，确定其可能的发展过程。指导事故涉及的部门停工，并与应急预案领导小组成员配合指挥现场人员撤离，确保任何伤害都能得到足够的重视。与场外应急机构取得联系，对紧急情况进行记录安排。在场内实施交通管制，协助场外应急机构开展服务工作。在紧急状态结束后，指挥受影响地点的恢复工作，并组织员工参加事故的分析和处理。

②副组长职责。评估事故的规模和发展态势，协助组长采取应急措施，确保员工的安全，减少设施和财产损失。如有必要，在救援服务机构来之前

直接参与救护活动。安排受伤者及非重要人员的撤离工作。保持与应急中心的通信联络，为应急机构提供信息。

③通信联络组职责。确保与项目负责人等管理者和外部的联系畅通、内外信息反馈迅速；保证通信设施处于良好状态；负责对外联络中的整理与记录。

④技术支持组职责。提出抢险抢修及避免事故扩大的应急方案和措施。指导抢险抢修组实施应急方案和措施。修补实施中的应急方案和措施存在的缺陷。绘制事故现场平面图，标明重点部位，向救援服务机构提供准确的抢险救援信息资料。

⑤消防保卫组职责。引发火灾时，执行应急预案中的火灾应急程序。设置事故现场警戒线，维持项目部内抢险救护的正常运作。保持抢险救援通道的畅通，引导抢险救援人员及车辆的进入。保护受害人财产。抢险救援结束后，封闭事故现场，直到收到明确的解除指令。

⑥抢险抢修组职责。实施抢险抢修的应急方案和措施，并不断加以改进。寻找受害者并转移至安全地带。在事故有可能扩大的情况下进行抢险抢修或救援时，高度注意避免意外伤害。抢险抢修或救援结束后，报告组长并对结果进行复查和评估。

⑦医疗救护组职责。在救援服务机构未到达前，对受害者进行必要的抢救，如人工呼吸、包扎止血、防止受伤部位受污染等。使重度受害者优先得到救援服务机构的救护。协助救援服务机构将受害者送至医疗机构，并指定人员护理受害者。

⑧后勤保障组职责。保障系统内各组人员必需的防护、救护用品及生活物资的供给。提供合格的抢险抢修或救援的物资及设备。

（3）子公司和项目部应急救援组织

根据总公司的组织结构，子公司和项目部一般可建立以下应急救援组织，也可根据实际情况对下列人员进行调整。

①子公司应急救援组织人员构成：

组长：子公司总经理。

副组长：子公司生产经理。

通信联络组：综合办公室相关人员及各下属项目相应组织的负责人。

技术支持组：技术质量科相关人员及各下属项目相应组织的负责人。

消防保卫组：义务消防队、后勤保卫相关人员及各下属项目相应组织的负责人。

抢险抢修组：施工生产管理相关人员及各下属项目相应组织的负责人。

医疗救护组：后勤保卫、医疗救护知识培训合格人员及各下属项目相应组织的负责人。

后勤保障组：材料管理相关人员及各下属项目相应组织的负责人。

②项目部应急救援组织人员构成：

组长：项目经理。

副组长：项目副经理。

技术支持组：项目部技术人员。

消防保卫组：项目部义务消防队、保卫等相关人员。

抢险抢修组：项目工长及相应抢险抢修队。

后勤保障组：项目部材料人员。

通信联络组、医疗救护组：由项目部具有相应能力的人员担任。

③生产安全事故应急救援程序。总公司、子公司及项目部应建立安全值班制度，设置值班电话并保证24小时轮流值班。如发生生产安全事故，立即上报。生产安全事故应急救援程序见图9-2。

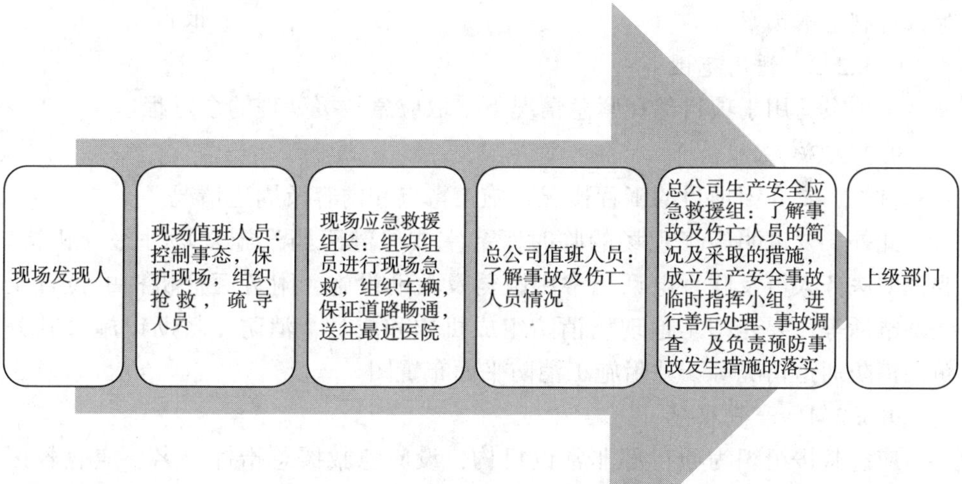

图9-2 生产安全事故应急救援程序

④施工现场的应急处理。工伤事故现场，应拨打120救护电话，联系医疗单位抢救伤者。火灾事故现场，应拨打119火警电话，请消防部门急救。发生抢劫、偷盗、斗殴等情况，应拨打110，向公安部门报警。

拨打电话时要尽量说清楚事故发生的准确地点、伤情和已经采取的措施，便于救护人员做好急救准备。说明报救者单位、姓名、电话，便于救护人员随时电话联系。通完电话，应派人在现场外等候接应救护车，同时把救护车进入施工现场的道路障碍清除，同时还应保持电话畅通。

9.3.1.3　制定相应的应急救援技术措施

事故发生后，应根据重特大危险源和事故调查的结果，由技术部门制定相应的应急救援技术措施和步骤。技术措施要结合危险源所在部位的实际特点，具有针对性和可操作性。相应的技术措施应编入施工组织设计和专项方案中。

9.3.2　项目经理部应急预案编制案例

9.3.2.1　目的

为预防或减少项目经理部各类事故灾害，并且在出现生产安全事故时对需要救援或撤离的人员提供援助，使其得到及时有效的治疗，从而最大限度地减少生产安全事故给本项目施工人员所造成的损失，根据《中华人民共和国安全生产法》《中华人民共和国消防法》《建设工程安全生产管理条例》等，特制定本预案。

9.3.2.2　适用范围

本预案适用于项目部在紧急情况下采取应急救援处理的全过程。

9.3.2.3　工程简介

首先，要介绍项目的工程概况、施工特点和内容及周边情况。

此外，要说明施工现场的临时医务室或保健医药设施及场外医疗机构。要说明医务人员及联系电话，常用医药及救助设施，附近医疗机构的位置及联系电话等。要介绍工地现场消防组成机构和成员，消防、救助设施及其分布，消防通道情况等，并附施工消防平面布置图。

9.3.2.4　职责权限

应急救援组织为项目部非常设机构，设应急救援总指挥一名，应急救援副总指挥一名。下面设现场抢救组、技术处理组、善后工作组、后勤供应组、事故调查组等非常设临时机动小组。应急救援总指挥由项目经理担任，应急救援副总指挥一般由项目副经理担任。现场抢救组、技术处理组、善后工作组、后勤供应组、事故调查组分别由现场土建工长、项目工程师、水电工长、材料员、安全员任组长，并选择相关组员。

（1）应急救援总指挥的职责

发布应急救援预案的启动命令。分析紧急状态，确定相应报警级别，根据相关危险类型、潜在后果等确定紧急情况的行动类型。负责现场的指挥与协调，与企业外应急救援人员、部门、组织和机构进行联络。进行应急评估，确定升高或降低应急警报级别。通报外部机构，决定请求外部救助。决定应急撤离。

（2）应急救援副总指挥的职责

协助总指挥组织和指挥现场应急救援工作。向总指挥提出应急反应对策和建议。协调、组织获取应急所需的其他资源、设备，以支援现场的应急救援工作。在平时，组织公司总部的相关技术和管理人员巡查施工场区，定期检查各常设应急反应组织和部门的日常工作及应急反应准备状态。

（3）现场抢险组的职责

抢救现场伤员和物资，保证现场救援通道的畅通。

（4）技术处理组的职责

根据各项目经理部的施工生产内容及特点，制定应急预案中的技术内容，整理归档，为事故现场提供有效的工程技术服务，做好技术储备。应急预案启动后，根据事故现场的特点，及时向应急救援总指挥提供科学的工程技术方案和技术支持，有效地指导应急救援中的工程技术工作。

（5）善后工作组的职责

做好受伤人员医疗救护的跟踪工作，协调处理医疗救护单位的相关矛盾。与保险部门一起做好伤亡人员及财产损失的理赔工作。慰问有关伤员及家属，做好相关人员的稳定工作。

（6）后勤供应组的职责

迅速调配抢险物资到事故发生点。提供和检查抢险人员的装备和安全防护，并及时提供后续的抢险物资。

（7）事故调查组的职责

保护事故现场，对现场的有关实物资料进行取样封存。调查了解事故发生的主要原因及相关人员的责任，按“四不放过”的原则对相关人员进行处罚、教育。对事故进行经验性总结。

9.3.2.5 项目部风险分析

根据以往施工项目和建筑业施工特点，本项目存在的主要风险为火灾、高处坠落、坍塌、倾覆、触电、机械伤害、物体打击、食物中毒、传染性疾病等。

9.3.2.6 生产安全事故应急救援程序

公司及工地应建立安全值班制度，设值班电话并保证24小时轮流值班。如发生安全事故立即上报。生产安全事故应急救援程序如图9-3所示。

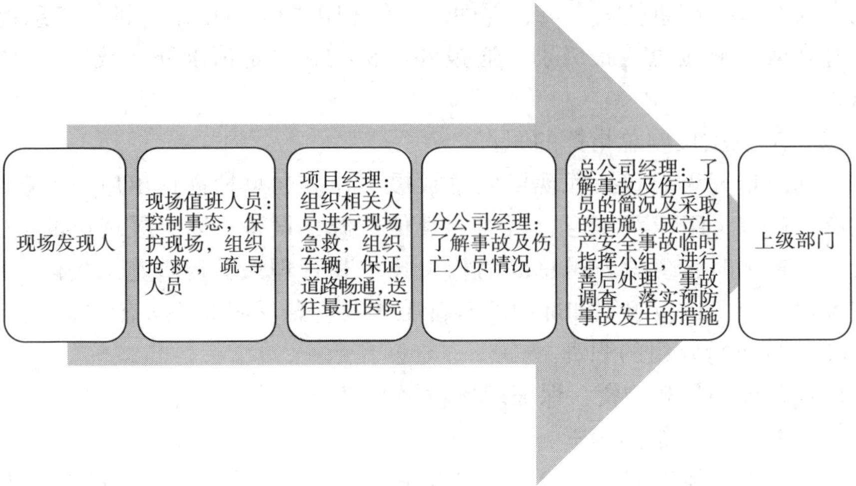

图 9–3　项目部生产安全事故应急救援程序

9.3.2.7　施工现场的应急处理设备和设施管理

（1）应急电话

工地要安装一部固定电话，项目经理、项目技术负责人配置移动电话。在室外附近张贴“119”“120”“110”等电话的安全提示标志，以便现场人员能快捷地找到电话号码，拨打电话报警求救。固定电话一般放在室内临现场通道的窗扇附近，电话机旁边张贴常用紧急电话、工地主要负责人和上级单位的联络电话，以便在节假日、夜间等情况下使用。房间无人时应上锁，有紧急情况无法开锁时，可击碎窗玻璃，拨打电话报警求救。

工伤事故现场，应拨打 120 救护电话，联系医疗单位抢救伤者。火灾事故现场，应拨打 119 火警电话，请消防部门急救。发生抢劫、偷盗、斗殴等情况，应拨打 110，向公安部门报警。在施工过程中，应有专人负责话机的维护和电话费的缴纳，保证通信的畅通。

拨打电话时要尽量说清楚事故发生的准确地点、伤情和已经采取的措施，便于救护人员做好急救准备。说明报救者单位、姓名、电话，便于救护人员随时电话联系。通完电话，应派人在现场外等候接应救护车，同时把救护车进入施工现场的道路障碍清除。

（2）救援器材

医疗器材：担架一副、氧气袋一个、塑料袋四个、急救箱一个。医疗器材应定期检查补充，保证现场急救的基本需要。

通信器材：固定电话一部、手机两部、对讲机四台。

灭火器材：灭火器材日常按要求就位，紧急情况下集中使用。

其他如应急照明，警戒带，各类安全、禁止、警告、指令标识等，现场须常年储备。

9.3.2.8 事故后处理工作

查明事故原因及责任人，以书面形式向上级做出报告，包括发生事故的时间、地点，受伤（死亡）人员的姓名、性别、年龄、工种、伤害程度、受伤部位。

制定有效的纠正或预防措施，防止此类事故再次发生。对于所有拟定的纠正或预防措施，在其实施前应先通过风险评价过程进行评审，以识别是否会产生新的风险。如果有新的风险，应对风险的大小、后果进行识别和评价。

向所有人员进行事故教育，宣读事故结束及对责任人的处理意见。

配合公司善后小组进行善后处理，避免发生不必要的冲突。

9.3.2.9 应急预案的评审

应急事故发生后或进行演练后，应对预案的可实施性进行评审。评审内容包括：预案实施过程中各机构、人员的配合程度；预案中各项措施的有效性和人员熟悉情况；预案中是否存在没有识别到的风险。

9.3.3 施工现场各类应急预案编制案例

施工单位应针对施工现场的各类事故制定相应的应急预案：按照施工类型，有基坑作业事故应急预案、模板安装拆除事故应急预案、脚手架搭拆事故应急预案等；按照施工类型，有坍塌事故应急预案、倾覆事故应急预案、物体打击事故应急预案、高处坠落事故应急预案等。下面给出三种现场预案的案例。

9.3.3.1 坍塌事故应急预案

（1）事故类型及危害程度分析

施工现场的坍塌事故主要由基坑坍塌、塔式起重机等大型机械设备倒塌、模板坍塌、脚手架倒塌、拆除工程坍塌、建筑物及构筑物坍塌等引发。

坍塌事故波及范围广，坍落重物大，往往会造成大量的人员伤亡，构成重大或特大安全事故。

（2）坍塌事故应急小组构成及职责

项目经理是坍塌事故应急小组第一负责人，负责事故的救援指挥工作。

安全总监是坍塌事故应急救援第一执行人，具体负责救援组织工作和事故调查工作。

现场经理是坍塌事故应急小组第二负责人，负责救援组织工作的配合工作和事故调查的配合工作。

坍塌事故应急小组构成如图 9-4 所示。

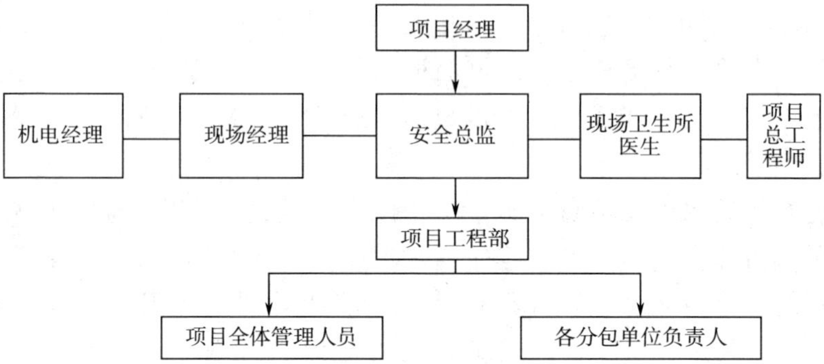

图 9-4 坍塌事故应急小组构成

坍塌事故应急小组下设机构及职责如下。

①抢险组。组长由项目经理担任，成员由安全总监、现场经理、机电经理、项目总工程师和项目班子及分包单位负责人组成。主要职责包括：组织实施抢险行动方案；协调有关部门的抢险行动；及时向指挥部报告抢险进展情况。

②安全保卫组。组长由项目副经理担任，成员由项目行政部、经警组成。主要职责包括：进行事故现场的警戒，阻止非抢险救援人员进入现场；疏通现场车辆，维持治安秩序；保护抢险人员的人身安全。

③后勤保障组。组长由项目物资部负责人担任，成员由项目物资部、行政部、合约部、食堂组成。主要职责包括：调集抢险器材、设备；解决全体参加抢险救援工作人员的食宿问题。

④医疗救护组。组长由项目技术负责人担任，成员由施工员、材料员及救护车辆组成。主要职责是负责现场伤员的救护等工作。

⑤善后处理组。组长由项目经理担任，成员由项目领导班子组成。主要职责包括：做好对遇难者家属的安抚工作；协调落实遇难者家属抚恤金和受伤人员住院费问题；做好其他善后事宜。

⑥事故调查组。组长由项目经理、公司责任部门领导担任，成员由项目安全总监、公司相关部门、公司有关技术专家组成。主要职责包括：保护事故现场；查明事故原因，提出防范措施；提出对事故责任者的处理意见。

（3）坍塌事故应急工作流程

坍塌事故应急工作流程如图 9-5 所示。

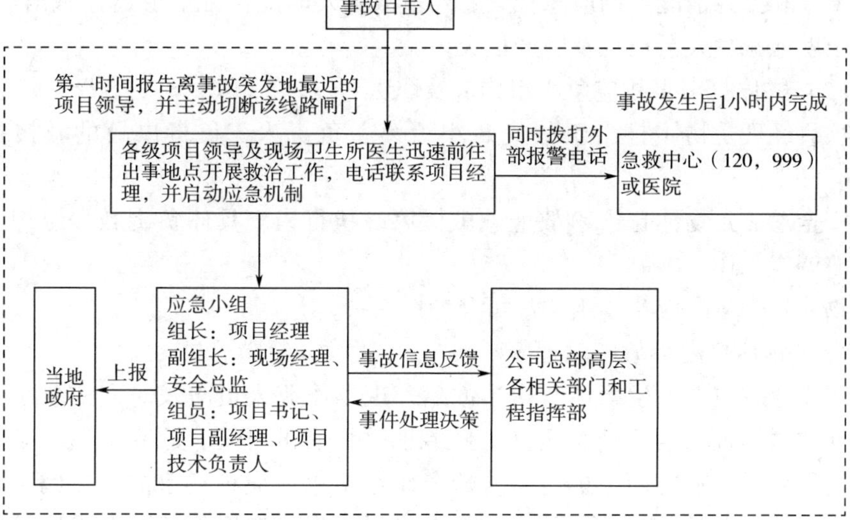

图 9-5 坍塌事故应急工作流程

（4）坍塌事故应急措施

坍塌事故发生后，安排专人及时切断有关闸门，并对现场进行声像资料的收集。事故发生后立即组织抢险人员在半小时内到达现场。根据具体情况，采取人工和机械相结合的方法，对坍塌现场进行处理。抢救中如遇到坍塌巨物，人工搬运有困难时，可调集大型吊车进行吊运。在接近边坡处时，必须停止机械作业，全部改用人工扒物，防止误伤被埋人员。现场抢救中，还要安排专人对边坡、架料进行监护和清理，防止事故扩大。事故现场周围应设警戒线。

确认有伤员后应立即与急救中心和医院联系，请求出动急救车辆并做好急救准备，确保伤员得到及时医治。

事故现场救助行动中，安排人员同时做好事故调查取证工作，以利于事故处理，防止证据遗失。

在救助行动中，抢救机械设备和救助人员应严格执行安全操作规程，配齐安全设施和防护工具，加强自我保护，确保抢救行动过程中的人身安全和财产安全。

9.3.3.2 物体打击事故应急预案

（1）事故类型及危害程度分析

作业人员在生产巡检、设备维修的过程中，由于操作不当、违反操作规程、不佩戴防护用品等原因导致物体打击事故发生。

物体打击事故发生概率较大，对人员伤害程度较严重。项目部应针对潜在的隐患和紧急情况编制应急预案，当事故突发时应保证能够迅速做出响应，最大限度地减少人员伤亡及财产损失。

（2）物体打击事故应急小组构成及职责

项目经理是物体打击事故应急小组第一负责人，负责事故的救援指挥工作。

安全总监是物体打击事故应急救援第一执行人，具体负责救援组织工作和事故调查工作。

物体打击事故应急小组构成可参考图 9-4。

（3）物体打击事故应急程序

①应急响应。发生物体打击事故后，现场作业人员应及时向应急小组报告，同时根据现场实际情况迅速大致判明受伤者的部位，联系医院，必要时可对受伤者进行临时简单的急救。应急小组接报人应核实事故基本情况，包括发生事故的单位、时间、地点、简要经过，伤亡、损失情况，采取的应急响应措施，现场保护情况，事故原因的初步判断，以及报告单位、报告人、报告时间等，并进行信息记录。应急小组在此基础上速报公司应急指挥中心，详细信息最迟不得晚于事故发生后 6 小时。重大以上生产安全事故发生后，项目经理部应急小组要立即上报公司应急指挥中心，详细信息最迟不得晚于事故发生后 2 小时。

领导小组成员接到通知后应迅速赶赴事故现场，组织处理事故。领导小组组长宣布启动事故应急预案。

应急小组应根据情况向公司进行汇报。危急状态消除，由应急小组宣布应急行动结束。

②应急物资及装备：

内、外联络通信设备：对讲机、移动电话、传真机等。通信设备应具有优先切换功能，在紧急状态时能迅速联络到相关人员和相关部门、单位。

交通工具：汽车等，以满足运送救援物资，进行人员救援、疏散的需要。

照明设备：在无电源的情况下，能够满足紧急救援、指挥工作的需要。选择照明工具时应考虑其安全性能，如防爆型电筒等。

个人防护装备：输水装置、软管、喷头、铁丝、扳手、应急照明、急救箱等。急救箱的配备应以简单和适用为原则，保证现场急救的基本需要，可根据不同情况予以内容的增减，并定期检查补充。急救箱要安排专人保管，但不要上锁。定期更换超过消毒期的敷料和过期药品，每次急救后要及时补充。急救箱要放在现场人员都知道的位置。

上述物资设备，必须设专人保管，定时检查维护。

③事故应急处置。事故发生后，要迅速确定事故发生的准确位置、可能波及的范围、设备损坏的程度、人员伤亡等情况，以根据不同情况进行处置。划出事故特定区域，非救援人员未经允许不得进入特定区域。抢救受伤人员时应根据不同情况进行处理：

轻伤事故：立即保护现场，向应急小组汇报。对伤者采取消毒、止血、包扎、止痛等临时措施，尽快将伤者送医院进行防感染和防破伤风处理，或根据医嘱做进一步检查。

重伤事故：立即保护现场，及时向应急小组及有关部门汇报。应急小组接到事故报告后迅速赶赴事故现场，组织事故抢救。立即对伤者采取包扎、止血、止痛、消毒、固定等临时措施，防止伤情恶化。如有断肢等，及时用干净毛巾、手绢、布片包好，放在无裂纹的塑料袋或胶皮袋内，袋口扎紧，在口袋周围放置冰块等降温物品，不得在断肢处涂酒精、碘酒及其他消毒液。如受伤人员骨折，应注意搬动时的保护，对昏迷、可能伤及脊椎和内脏者或伤情不详者一律用担架或平板搬动，不得一人抬肩、一人抬腿。伤员应迅速送医院急救，断肢随伤员一起运送。

死亡事故：如确认人员已死亡，立即保护现场，并向公司相关部门汇报。

9.3.3.3 高处坠落事故应急预案

(1) 事故类型及危害程度分析

依据坠落方式，高处坠落事故大致分为以下类型：洞口和临边坠落；脚手架上坠落；悬空高处作业坠落；拆除工程中发生的坠落；登高过程中坠落；高处作业坠落。

发生高处坠落事故会造成严重的人员伤亡或财产损失。

(2) 高处坠落事故应急小组构成及职责

项目经理是高处坠落事故应急小组第一负责人，负责事故的救援指挥工作。

安全总监是高处坠落事故应急救援第一执行人，具体负责救援组织工作和事故调查工作。

高处坠落事故应急小组构成可参考图 9-4。

(3) 高处坠落事故应急工作流程

高处坠落事故应急工作流程可参考图 9-5。

(4) 高处坠落事故的应急措施

紧急事故发生后，发现人应立即报警。一旦启动应急预案，相关责任人要以处置紧急情况为首要任务，绝不能以任何理由推诿、拖延。各部门之间、各单位之间必须服从指挥、协调配合，共同做好工作。因工作不到位或玩忽职守造成严重后果的，要追究有关人员的责任。

应急小组在接到报告后，应立即组织有现场医生带领的自救队伍，按事先制定的应急预案立即进行自救；简单处理伤者后，立即送附近医院进行进一步抢救。同时，组织人员疏通事发现场道路，保证救援工作顺利进行。

安全总监为紧急事故联络员，负责紧急事故的联络工作。紧急事故处理结束后，安全总监应填写记录，并组织相关人员研究预防事故发生的措施。

思考题

1. 简述事故调查的程序。
2. 应急预案的内容有哪些?
3. 如何开展应急预案演练?

10 建筑施工劳动保护与环境保护

内容提要：本章介绍了施工现场常见的职业危害种类、职业危害防护技术措施；介绍了施工现场安全卫生管理与职业健康管理；介绍了施工现场常见的环境污染以及环境保护的措施。

10.1 施工现场职业危害及防护技术措施

10.1.1 施工现场职业危害的分类

10.1.1.1 粉尘危害

一个成年人每天大约需要 19 m^3 的空气，以便从中取得所需的氧气。如果工人在粉尘浓度较高的场所作业，吸入肺部的粉尘量就会增多，当尘粒达到一定数量时，肺组织会发生纤维化病变，工人会患上尘肺病。按发病原因，尘肺可分为五类。

（1）硅肺

硅肺指吸入含有游离二氧化硅（原称矽）粉尘而引起的尘肺，病人主要接触的是施工现场砂石、水泥制品的碎石粉等。

（2）硅酸盐肺

硅酸盐肺指吸入含有硅酸盐的粉尘而引起的尘肺，施工现场的粉尘主要为水泥粉尘、滑石粉尘、石棉粉尘。接触石棉粉尘不仅容易发生硅酸盐肺，还可能导致石棉癌。

（3）混合性尘肺

混合性尘肺指吸入含有游离二氧化硅和其他粉尘而引起的尘肺。

（4）焊工尘肺

电焊烟尘的成分比较复杂，但其主要成分是铁、硅、锰，其毒性虽然不大，但其尘粒极细（直径在 5 μm 以下），在空气中停留时间较长，容易吸入肺部，对焊工的健康造成危害。

（5）其他尘肺

吸入其他粉尘如金属尘、木屑尘等都可以危及职工的健康，导致尘肺病的发生。

10.1.1.2　毒物危害

在生产条件下，毒物主要经呼吸道或皮肤进入人体，少有经过消化道进入人体的情况。在房屋施工过程中，对钢材的防腐防锈、对木材的防腐防水、对墙面进行粉刷、对装饰材料进行喷涂等施工过程中的防腐剂、油漆等各种有机材料会挥发大量的有毒气体，长期处在这种环境中的工人会吸入大量有毒气体，容易导致慢性中毒。

（1）毒物进入人体的途径

呼吸道是毒物进入人体的主要途径，整个呼吸道都能吸收毒物。肺泡吸收能力最大，因为肺泡壁表面为含碳酸的液体所湿润，并有丰富的微血管，所以肺泡对毒物的吸收极其迅速。

经皮肤进入有三种形式，即通过表皮屏障，通过毛囊，通过汗腺导管（极少）。

经消化道进入大多是不遵守卫生制度引起的，主要是用沾染了毒物的手取食物或者误食所致。

（2）铅中毒

铅是通过呼吸道进入人体的，其特点是吸收快、毒性大。

铅中毒大多表现为慢性中毒，一般常有疲乏无力、口中有金属味、食欲不良、四肢关节肌肉酸痛等症状，随着病情加重可累及各系统，主要影响神经系统、消化系统、血液系统。

（3）锰中毒

锰是一种灰白色、硬脆、有光泽的金属，在建筑业中主要由各类焊工及其配合工接触。焊条中含10%~50%的锰，焊接时产生大量的锰烟尘，长期吸入超过允许浓度的锰及其化合物的微粒和蒸气，可能造成锰中毒。

（4）苯中毒

在建筑业施工中，油漆、喷漆、环氧树脂、冷沥青、粘接塑料以及配件清洗等均用苯作为有机溶剂、稀释剂和清洗剂，有些胶粘剂含苯、甲苯或丙酮的浓度高，容易发生急性苯中毒。

苯中毒表现有两种。

①急性中毒。通风不良又无有效的个人防护品时最易发生急性中毒，严重者突然丧失神志，迅速昏迷、抽风、脉搏减弱、血压下降、呼吸急促表浅，甚至呼吸循环衰歇。如抢救及时，多数可以恢复；若不及时，可因呼吸系统麻痹而死亡。

②慢性中毒。长期吸入低浓度的苯蒸气可能造成慢性中毒，女性可出现

月经过多，部分病人可出现白细胞减少和贫血，有的甚至出现再生不良或再生障碍性贫血，个别的也有患白血病的可能。

此外，接触苯的工人可能出现皮肤干燥发红的症状，或患上疱疹、皮炎、湿疹和皮囊炎等。苯还对肝脏有损害作用。

10.1.1.3 窒息性气体危害

窒息性气体是指进入人体后使血液的运输、摄取、利用氧气的能力发生障碍，造成身体组织缺氧的有害气体。常见的窒息性气体有一氧化碳、硫化氢、氰化物。在建筑施工现场，煤气管道、冬季施工暖棚等处容易发生窒息性气体中毒。

一氧化碳为无色、无味、无刺激性的气体，相对密度为0.967，几乎不溶于水，空气中含量达到12.5%时可发生爆炸，同时也是含碳不完全燃烧的物质。在施工现场加热煤炉取暖时门窗密闭，易发生一氧化碳中毒（简称煤气中毒）。

轻度中毒：主要表现为头痛、头晕、恶心，有时呕吐，全身无力。只要及时脱离现场吸入新鲜空气，症状可自行消失。

中度中毒：除上述症状外，初期可有多汗、烦躁、脉搏快的症状，很快进入昏迷状态，此时如抢救及时可较快苏醒。

重度中毒：吸入高浓度一氧化碳，患者会突然昏倒并迅速进入昏迷，经及时抢救可逐渐恢复，但时间长了可窒息死亡。

其预防措施主要是通风、排烟，煤炉要严加看管。

10.1.1.4 放射线伤害

建筑施工中常用X射线和γ射线进行工业探伤、焊缝质量检查等。

放射线的伤害主要是使接受者出现造血障碍，代谢机能失调，内脏器官病变，生产畸形婴儿等。

10.1.1.5 噪声危害

在施工构件加工过程中，存在着多种无规律的杂乱声音。

①机械性噪声，即由机械的撞击、摩擦、敲打、切削、转动等而发生的噪声，如风镐、混凝土搅拌机、混凝土振捣器、木材加工、机具、钢模板施工等发生的噪声。

②空气动力性噪声，主要指空气压缩机、打夯机、打桩机等发出的噪声。

③电磁性噪声，如发电机、变压器等发出的噪声。

④爆炸性噪声，如放炮作业过程中发出的噪声。

噪声不仅损害人的听觉系统，造成职业性耳聋、爆炸性耳聋，严重者可鼓膜出血，而且会造成神经系统功能紊乱、胃肠功能紊乱等。

10.1.1.6 振动危害

在建筑施工中产生振动危害的主要工具有混凝土振动器、锻锤、打桩机、推土机、挖掘机、打夯机、拖拉机、翻斗车、汽车等。

振动危害分为局部症状和全身症状。局部症状主要有手指麻木胀痛、双手颤抖无力、手腕关节骨质变形、指端白指或坏死等。全身症状主要有脚部周围神经和血管的改变、肌肉触痛、头晕、头痛、腹痛、呕吐、平衡失调及内分泌障碍等。

10.1.1.7 弧光辐射的危害

弧光辐射危害主要指紫外线的危害。适量的紫外线对人体是有利的，但长时间受焊接电弧产生的强烈紫外线照射对人的身体健康是有害的，主要表现为光化学作用造成的对皮肤和眼睛的伤害。

10.1.1.8 高温作业

高温作业是指高气温、强烈的热辐射或高气湿（相对湿度≥80%RH）相结合的异常作业条件，混球黑球温度指数（WBGT 指数）超过规定限值的作业。高温作业包括高温天气作业和工作场所高温作业。

高温作业会导致人体温、湿度升高。体温升高是体温调节障碍的主要标志。另外，还会影响水盐代谢、循环系统、消化系统、神经系统和泌尿系统。

中暑是在暑热季节、高温和（或）高湿环境下，体温调节中枢功能障碍、汗腺功能衰竭和水电解质丢失过多而引起的以中枢神经和（或）心血管功能障碍为主要表现的急性疾病。根据临床表现，中暑可分为先兆中暑、轻症中暑、重症中暑。其中，重症中暑又分为热痉挛、热衰竭和热射病。热射病是最严重的中暑类型。

10.1.2 施工现场职业危害防护技术措施

10.1.2.1 综合防治管理措施

识别出施工现场的职业危害，就需要采取相应的防治管理措施。首先，公司工程管理部应设专人负责监督施工现场职业卫生、劳动保护情况，加强对职业病防治的宣传教育，增强现场作业人员的自我保护意识。其次，在施工现场醒目位置设置公告栏，公布工作场所职业病危害因素，有关职业病防治的规章制度、操作规程，以及职业病危害事故应急救援措施。最后，为作业人员配备有效的职业病防护设施并定期检修。

（1）为作业人员配备有效的职业病防护设施

职业病防护设施应具有针对性：在易扬尘和灰尘较大的部位及环节加装吸尘机、洒水等防护设施，给作业人员配备防护口罩等防护用品；为噪声较大的施工机械设备加装减音装置，为作业人员提供耳塞等防护用品；在涂料、油漆、裱糊、电焊等施工部位和环节加强现场通风，使用新型无毒电焊条以及为作业人员配备防毒面具等。

（2）对职业病防护设施进行维护

对职业病防护设施应进行经常性的维护、检修，定期检测其性能和效果，确保其处于正常状态，使用期间不得擅自拆除或者停止使用。积极推广、应用有利于职业病防治和保护劳动者健康的新技术、新工艺、新材料，限制使用或淘汰危害严重的技术、工艺、材料。一旦发现施工现场有不符合国家职业卫生标准和卫生要求的职业危害因素，立即采取相应的治理措施。经治理后符合国家职业卫生标准和卫生要求的施工现场，方可重新作业。在可能发生急性职业损伤的有毒、有害工作场所设置警示标志，在施工现场配置急救用品、冲洗设施。

（3）加强作业人员的自我防护意识

与作业人员订立劳动合同时，将工作中可能产生的职业病危害及其后果、职业病防护措施和待遇等如实告知作业人员，并在劳动合同中写明。对于施工中所使用的材料，应向作业人员提供相关的有害因素、可能产生的危害后果、安全使用注意事项、职业病防护以及应急救治措施等信息。按“三级教育”的原则对作业人员进行上岗的职业卫生培训和在岗期间的定期职业卫生培训，普及职业卫生知识，督促职工遵守职业病防治法律、法规、规章和操作规程，指导职工正确使用职业病防护设施和个人使用的职业病防护用品。对从事患职业病风险较大的工作的作业人员，公司按照有关规定组织上岗前、在岗期间和离岗位时的职业健康检查，并将检查结果如实告知本人。

10.1.2.2 各职业危害具体防治控制措施

（1）防尘技术措施

①水泥除尘。搅拌机上有两个尘源点，一是上料斗上加料时飞起的粉尘，二是料斗向伴筒中倒料时从进料口、出料口飞起的粉尘。可采用通风除尘的措施，在伴筒出料口安装活动胶皮护罩，挡住粉尘；在伴筒上方安装吸尘罩，将伴筒进料口飞起的粉尘吸走；在地面料斗侧向安装吸尘罩，将加料时扬起的粉尘吸走。

②施工现场道路扬尘。施工现场道路应根据现场平面布置图设置，并要硬化，及时洒水以减少粉尘飞扬。

③木屑和金属除尘。施工现场一般采用自然风除尘，如在车间工棚内施工时应及时打开门窗，增加室内通风，必要时操作工人要佩戴防尘防护用具。

此外，要加强个人防护措施，给施工作业人员提供防护口罩，杜绝施工操作人员的超时工作；落实检查措施，在检查施工现场安全的同时检查作业人员防护措施的落实，并指导作业人员学习减少扬尘的操作方法和技巧。

（2）防毒技术措施

①作业人员应采取的基本防护措施：认真执行操作规程，熟练掌握操作方法，接受安全职业健康、环境方面的教育，增强自我保护意识；穿戴好个人防护用品。

②防止铅中毒的技术措施：消除或减少铅毒发生源；改进工艺，使生产过程机械化、密闭化，以减少作业人员与铅烟或铅尘接触的机会；注意个人防护及个人卫生。

③防止锰中毒的技术措施：加强施工现场通风，以降低现场浓度；尽量采用低尘、低毒焊条或无锰焊条，必要时可用自动焊代替手工焊；工作时戴手套、口罩，饭前洗手漱口，下班后进行全身淋浴，不在施工现场吸烟、喝水、进食等。

④防止苯中毒的技术措施：施工中尽量使用无苯或少苯的材料；在油漆作业过程中采用新的工艺和新的设备；如在较密闭场所作业，应戴防护用品；加强现场通风，以降低空气中苯的浓度。

（3）防止弧光辐射、红外线、紫外线伤害的技术措施

为了保护眼睛不受电弧的伤害，焊接时必须使用镶有特制防护眼镜片的面罩，可根据焊接电流强度和个人眼睛情况选择适用的防护镜片。

为防止弧光灼伤皮肤，焊工必须穿好工作服，戴好手套和鞋盖等。

（4）防止噪声危害的技术措施

噪声的治理主要从三个方面着手：一是消除和减弱生产中的噪声源；二是控制噪声的传播；三是加强个人保护。

①控制和减弱噪声源：从改革工艺入手，以无声的工具代替有声工具。

②控制噪声的传播：合理布局施工现场，采用消声设备（吸声、隔声、隔振、阻尼）。

③个人防护措施：施工单位应为施工人员提供劳动防护耳塞、耳罩、头盔等防噪声用品。施工人员要轮班作业，杜绝超时工作。

此外，还要采取一定的检查措施。在检查施工现场安全的同时，检查落实作业场所的降噪措施，严格监督作业人员佩戴防护耳塞，工作时间不得超时。

（5）防止振动危害的技术措施

①作业场所防护措施：在作业区设置防职业病警示标志；有些手持式振

动工具的手柄在使用时可包扎泡沫塑料等隔振垫，工人操作时戴好专用的防振手套，也可减少振动危害。

②个人防护措施：机械操作工要持证上岗，使用振动机械防护手套；保证换班休息时间，杜绝超时工作。

③检查措施：在检查工程安全的同时，检查落实警示标志的悬挂、作业人员的持证上岗、防振手套的佩戴、轮班作业等情况。

（6）防暑降温措施

①作业场所防护措施：为了补充高温作业工人大量出汗而损失的水分和盐分，施工单位应及时供应含盐饮料；在高温期间，为作业人员备足饮用水或绿豆水、防中暑药品。对高温作业人员应及时进行健康检查，凡有心血管器质性疾病者不宜从事高温环境下的作业。炎热时节，现场管理人员要加强巡视，发现中暑应组织应急预案人员立即采取救治措施，及时抢救。

②个人防护措施：施工单位应合理安排工作时间，尤其应延长中午休息时间，加大作业人员轮班次数。

③检查措施：夏季施工，在检查工程安全的同时，还要检查饮水、防中暑物品的配备，以及作业人员的休息情况。此外，还要指导作业人员提高中暑情况发生时救人与自救的能力。

10.2 施工现场安全卫生管理与职业健康管理

10.2.1 安全卫生管理

《建筑与市政施工现场安全卫生与职业健康通用规范》（GB 55034-2022）对施工现场的安全卫生做了以下规定：

10.2.1.1 生活用水

施工现场应根据工人数量合理设置临时饮水点。施工现场生活饮用水应符合卫生标准。饮用水系统与非饮用水系统之间不得存在直接或间接连接。

10.2.1.2 食堂

施工现场食堂应设置独立的制作间、储藏间，配备必要的排风和冷藏设施；应制定食品留样制度并严格执行。食堂应有餐饮服务许可证和卫生许可证，炊事人员应持有身体健康证。应选择满足安全卫生标准的食品，且食品加工、准备、处理、清洗和储存过程应无污染、无毒害。

10.2.1.3 厕所

施工现场应根据施工人员数量设置厕所，厕所应定期清扫、消毒，厕所粪便严禁直接排入雨水管网、河道或水沟内。施工现场和生活区应设置保障施工人员个人卫生需要的设施。

10.2.1.4 办公休息区域

施工现场生活区宿舍、休息室应根据人数合理确定使用面积、布置空间格局，且应设置足够的通风、采光、照明设施。办公区和生活区应采取灭鼠、灭蚊蝇、灭蟑螂及灭其他害虫的措施。

10.2.2 职业健康管理

建筑施工企业应该为在放射性、高毒、高危粉尘等环境下工作的作业人员建立、健全职业卫生档案和健康监护档案，定期提供医疗咨询服务。《建筑与市政施工现场安全卫生与职业健康通用规范》中对建筑施工现场不同工种的劳动防护用品做了具体规定。

10.2.2.1 架子工、起重吊装工、信号指挥工

架子工、起重吊装工应配备灵便紧口的工作服、系带防滑鞋和工作手套。信号指挥工应配备专用标识服装，在强光环境条件作业时，应配备有色防护眼镜。

10.2.2.2 电工

维修电工应配备绝缘鞋、绝缘手套和灵便紧口的工作服。安装电工应配备手套和防护眼镜。高压电气作业时，应配备相应等级的绝缘鞋、绝缘手套和有色防护眼镜。

10.2.2.3 电焊工、气割工

电焊工、气割工应配备阻燃防护服、绝缘鞋、鞋盖、电焊手套和焊接防护面罩；高处作业时，应配备安全帽与面罩连接式焊接防护面罩和阻燃安全带；进行清除焊渣作业时，应配备防护眼镜；进行磨削钨极作业时，应配备手套、防尘口罩和防护眼镜；进行酸碱等腐蚀性作业时，应配备防腐蚀性工作服、耐酸碱胶鞋、耐酸碱手套、防护口罩和防护眼镜；在密闭环境或通风不良的情况下，应配备送风式防护面罩。

10.2.2.4 锅炉、压力容器及管道安装工

锅炉、压力容器及管道安装工应配备紧口工作服和保护足趾安全鞋；在强光环境条件作业时，应配备有色防护眼镜；在地下或潮湿场所作业时，应配备紧口工作服、绝缘鞋和绝缘手套。

10.2.2.5 油漆工

油漆工在进行涂刷、喷作业时，应配备防静电工作服防静电鞋、防静电手套、防毒口罩和防护眼镜；进行砂纸打磨作业时，应配备防尘口罩和密闭

式防护眼镜。

10.2.2.6 其他普通工

普通工进行淋灰、筛灰作业时，应配备高腰工作鞋、鞋盖、手套和防尘口罩，并应配备防护眼镜；进行抬、扛物料作业时，应配备垫肩；进行人工挖扩桩孔井下作业时，应配备雨靴、手套和安全绳；进行拆除工程作业时，应配备保护足趾安全鞋和手套。

10.2.2.7 防水工

防水工进行涂刷作业时，应配备防静电工作服、防静电鞋和鞋盖、防护手套、防毒口罩和防护眼镜；进行沥青熔化、运送作业时，应配备防烫工作服、高腰布面胶底防滑鞋和鞋盖、工作帽、耐高温长手套、防毒口罩和防护眼镜。

10.2.2.8 钳工、铆工、通风工

使用锉刀、刮刀、錾子、扁铲等工具进行作业时，应配备紧口工作服和防护眼镜；进行剔凿作业时，应配备手套和防护眼镜；进行搬抬作业时，应配备保护足趾安全鞋和手套；进行石棉、玻璃棉等含尘毒材料作业时，应配备防异物工作服、防尘口罩、风帽、风镜和薄膜手套。

10.2.2.9 电梯、起重机械安装拆卸工

电梯、起重机械安装拆卸工进行安装、拆卸和维修作业时，应配备紧口工作服、保护足趾安全鞋和手套。

10.2.2.10 手持电动工具作业

进行电钻、砂轮等手持电动工具作业时，应配备绝缘鞋、绝缘手套和防护眼镜；进行可能飞溅渣屑的机械设备作业时，应配备防护眼镜。

10.2.2.11 其他特殊环境作业

在噪声环境下工作的人员应配备耳塞、耳罩或防噪声帽等。进行地下管道、井、池等检查、检修作业时，应配备防毒面具、防滑鞋和手套。在有毒、有害环境中工作的人员应配备防毒面罩或面具。冬期施工期间或作业环境温度较低时，应为作业人员配备防寒类防护用品。雨期施工期间，应为室外作业人员配备雨衣、雨鞋等个人防护用品。

10.3 施工现场环境保护

施工过程中，不可避免地会产生建筑垃圾、污水以及噪声等污染。现场环保工作的效果不仅影响到施工现场内部，而且影响到市区整体环境。因此，施工现场的环保工作是整个城市环保工作的一部分，施工现场必须达到城市

的环保标准。施工现场的环保工作主要涉及防止大气污染、防止水污染、防止噪声污染和现场的环境卫生等。

10.3.1 施工现场的环境污染及危害

10.3.1.1 施工现场的环境污染

(1) 废水、废气、废渣污染

施工现场的废渣主要来源于拆除废弃物、施工过程中大量产生的建筑垃圾等。

施工现场的废水来源于构件与建筑材料的拌制、洗刷、养护，墙体的湿润，职工的生活污水等。临时供水管道的跑冒滴漏、长流水更是现场污水漫流的源头之一。另外，桩基础施工中排出的泥浆、施工降水中抽出的地下水、水磨石产生的水泥浆等，也是现场废水的来源。

废气一般产生于化学建材的热熔加工，以及现场施工人员生活炊事用火以及燃煤取暖。以柴油作燃料的建筑机械、运输车辆产生的尾气污染也是废气的主要源头。

(2) 噪声及光污染

噪声污染几乎贯穿于施工全过程，如基础施工中的打桩工程，主体施工中的塔吊、电锯、搅拌机、振捣棒、电焊机、钻孔机等各类建筑机械发出的噪声大多超过标准几倍甚至几十倍。近年来噪声扰民现象频繁发生，造成不少矛盾纠纷。光污染主要由加工焊接钢材构配件时的高强闪光造成。不少建筑工地为保工期、抢速度，在夜间进行施工，拉设强光照明，也会造成对环境的光污染。

(3) 化工建材及白色污染

在施工过程中，外加剂、塑料、聚氨酯、胶粘剂等，用于洗刷除锈的酸、碱、盐及作为溶剂的酒精，部分放射性物质如天然大理石和花岗岩，汽油、防水油膏、涂膜、卷材，粉刷用的油漆稀料等都是常见的化工建材污染源。塑料制品、高分子聚合物、石膏板、橡塑材料等有害物质，许多建筑材料配件设备的外包装采用的编织袋、苯板，施工过程中的保温、养护、防雨等使用的塑膜等，这些垃圾往往不能及时回收，致使施工现场出现了较明显的白色污染。

(4) 生活污染及粉尘污染

由于建筑业是劳动力密集型行业，一个工地往往有几十人甚至成百上千人作业，生活过程中将产生大量的生活垃圾，如废弃物、排泄物等，易造成生活污染。建筑材料如水泥、白灰、粉煤灰、砂子、黄土、玻璃纤维、珍珠岩等多是粉状、片状、颗粒状物质，极易飞扬。运输车辆来往、人群频繁活动、露天作业会造成尘土飞扬，形成粉尘污染。

10.3.1.2 施工现场环境污染的危害

大量的建筑垃圾及生活垃圾对周围环境造成污染，影响城市美观。携带泥土的车辆，装置散体、流体材料的施工车辆极易污染市政道路。施工污水、粪尿的漫流影响市容，给周围居民生活带来不便。施工噪声和夜间施工更会影响居民休息，破坏市民宁静的生活环境。建筑垃圾造成的人身伤亡事故时有发生。

10.3.2 施工现场环境保护措施

10.3.2.1 现场文明施工与管理措施

(1) 增强环保意识

施工人员应有较强的环保意识，认真学习环保方面的法律法规。

(2) 开展文明施工、创建文明工地

文明施工的重点内容包括现场围挡、封闭管理、施工场地卫生、材料堆放、现场住宿、现场防火、治安综合治理、施工标牌、生活设施管理等。

(3) 加强现场管理

各类污染源的形成与施工现场的管理有直接关系，如：质量管理跟不上会造成返工而产生大量返工废弃物；材料乱堆乱放会造成水泥、白灰、粉尘飞扬；劳力管理不善，更会造成现场混乱，废弃物、排泄物无法控制等。因此，要高度重视现场管理。

10.3.2.2 防止污染的措施

(1) 防止大气污染

施工现场垃圾要及时清运，适量洒水。高层或多层施工垃圾，必须搭设封闭临时专用垃圾道或采用容器吊运，严禁随意凌空抛洒。水泥等粉细散装材料，应尽量在库内存放，如露天存放应严密遮盖，卸运时要采取有效措施。运输车辆不得超量运载。运输工程、土方、建筑的渣土或其他散装材料不得超过槽帮上沿，运输车辆出现场前，车辆槽帮和车轮应冲洗干净，防止带泥土的运输车辆驶出现场，遗撒渣土在路途中。

施工现场应结合设计中的永久道路布置施工道路，道路基层做法按设计要求执行，面层可采用礁渣、细石沥青或混凝土以减少道路扬尘，同时要随时修复因施工而损坏的路面，防止浮土产生。

施工现场的搅拌设备，必须搭设封闭式围挡及安装喷雾除尘装置。施工现场要制定洒水降尘制度，配备洒水设备，设专人负责现场洒水降尘和及时清理浮土。拆除旧建筑物时，也应配合洒水。

（2）防止水污染

凡需进行混凝土、砂浆等搅拌作业的现场，必须设置沉淀池，排放的废水要在沉淀池内经两次沉淀后再排入市政污水管线或回收用于洒水降尘。未经处理的泥浆水严禁直接排入城市排水设施和河流。

凡进行现制水磨石作业产生的污水，必须控制污水流向，防止蔓延，并在合理的位置设置沉淀池，经沉淀后方可排入污水管线。施工污水严禁流出工地。

对于施工现场临时食堂的污水，要设置简易有效的隔油池，产生的污水经下水管道排放要经过隔油池，加强管理，定期掏油。

施工现场要设置专用的油漆和油料库，油库地面和墙面要做防渗漏的特殊处理，使用和保管要专人负责，防止油料的跑、冒、滴、漏，污染水体。

禁止将有毒、有害的废弃物用作土方回填，以防污染地下水和环境。

（3）防止噪声污染

施工现场应遵照《建筑施工场界环境噪声排放标准》（GB 12523-2011）制定降噪的相应制度和措施。

凡在居民稠密区进行噪声作业，必须严格控制作业时间，采取施工不扰民措施，若遇到特殊情况需连续作业，应按规定办理夜间施工证。

产生强噪声的成品、半成品加工和制作作业应在工厂、车间完成，以减少施工现场加工制作产生的噪声。

施工现场的强噪声机械如搅拌机、电锯、电刨、砂轮机等，要在封闭的机械棚内使用，以减少强噪声的扩散。

加强施工现场的管理，特别是要杜绝人为敲打、尖叫、野蛮装卸噪声等现象，最大限度地减少噪声扰民。

10.3.2.3 科技环保措施

（1）推行建筑业新技术

建筑业新技术不仅对提高企业的科技水平、经济效益有着巨大的作用，对环保文明施工来说也是必不可少的技术措施。

①商品混凝土及集中搅拌站应用技术。商品混凝土及集中搅拌站通过输送泵将出料输送至工作面，可以大幅度减少现场砂石、水泥用地的面积及拌制机械的数量，消除粉尘与噪声污染，减少施工用水。

②钢筋工程新技术。钢筋工程新技术主要包括双钢筋、冷轧扭钢筋、冷轧带肋钢筋、粗直径钢筋连接技术，其中的机械连接从根本上消除了焊接造成的光污染。

③新型模板与脚手架应用技术。新型模板与脚手架应用技术大幅度减少了现场模板与脚手架材料的使用量，缩短了施工周期，减少了现场施工材料的堆放。

④高强混凝土、高性能混凝土、预应力混凝土技术。高强混凝土、高性能混凝土、预应力混凝土技术可减少建筑物混凝土浇筑量，有利于减少现场钢筋用量。

⑤建筑节能技术。使用新型节能墙体，改湿作业为干作业，减少了用水量，自然减轻了现场水污染。

⑥建筑防水工程新技术。采用石油沥青油毡以外的新型防水材料和新的施工方法铺设防水层，能够改热作业为冷作业。

⑦现代化管理技术。应用现代化管理技术，能够提高建筑施工企业的管理水平及工程质量，加快施工进度，产生施工环保效益。

（2）推行建筑业新工艺、新机具

建筑施工与其他行业相比，仍然属于技术、工艺、机具相对落后的行业，应针对施工污染选用一些新技术、新机具、新设备，设计中采用绿色环保建材，施工中推行无污染的环保新机具、新工艺。

严格限制或禁止使用高噪声的气锤打桩方式，推行混凝土灌注桩和静压桩等低噪声新工艺。

采用干挂花岗石、大理石，克服使用水泥粘接。

采用流水作业、增加有效作业班次是避免夜间施工的有效方式。合理安排施工顺序，做好安装与土建配合施工，消除剔凿造成的噪声与废弃物污染，做好成品保护，及时回收处理废物。

推行工厂集中加工、现场组装施工方法，尽量减少现场用地及人员，可有效地减少各种污染。

（3）加强回收处置与重复利用

建筑垃圾应进行分类处理。

生产碎石，可用作混凝土骨料修筑道路、广场、飞机跑道，以及用作铁路道砟等。

大部分冶金炉渣，如高炉渣、钢渣、某些铁合金渣、电石渣等，均属于碱性渣，氧化钙含量为30%~50%。经水淬处理后，可生产各种水泥。

废渣可用来生产煤渣砖、矿渣砖、煤矸石砖、粉煤灰砖、水泥灰渣瓦、粉耀灰砌块等。

在混凝土搅拌机及冲刷集中的地方建贮水池、集水井，及时回收废弃水，经沉淀处理后可再用于工程或冲刷。

人员较多的大型施工场地可在厕所附近建沼气池，处理垃圾、粪便，用产生的沼气烧水、做饭、照明，既减少了污染，还节省了施工成本。

废机油可回收用于模板工程作隔离剂或用作防腐剂。

金属类、木材类、纤维类等废弃物尽量重复利用。

塑料废渣加热加压成型，可得再生塑料；粉碎后经过微波溶解、加热分解、冷却，可提取石油燃料。

思考题

1. 建筑施工现场主要有哪些职业危害因素？
2. 针对建筑施工现场的防尘技术措施主要有哪些？
3. 建筑施工现场的环境保护主要从哪些方面去开展？

参考文献

［1］李钰．建筑施工安全［M］．北京：中国建筑工业出版社，2012.

［2］门玉明．建筑施工安全［M］．北京：国防工业出版社，2012.

［3］北京市建筑教育协会．建筑施工现场安全生产管理手册［M］．北京：中国建材工业出版社，2012.

［4］陶红霞，倪万芳．建筑施工组织与管理［M］．北京：清华大学出版社，2014.

［5］周和荣．建筑施工安全隐患排查治理与事故案例分析［M］．北京：中国环境出版社，2016.

［6］胡利超．建筑施工［M］．成都：西南交通大学出版社，2013.

［7］刘爱群，廖可兵．电气安全技术［M］．北京：中国矿业大学出版社，2014.

附录1 危险性较大的分部分项工程范围

一、基坑工程

（一）开挖深度超过3 m（含3 m）的基坑（槽）的土方开挖、支护、降水工程。

（二）开挖深度虽未超过3 m，但地质条件、周围环境和地下管线复杂，或影响毗邻建、构筑物安全的基坑（槽）的土方开挖、支护、降水工程。

二、模板工程及支撑体系

（一）各类工具式模板工程：包括滑模、爬模、飞模、隧道模等工程。

（二）混凝土模板支撑工程：搭设高度5 m及以上，或搭设跨度10 m及以上，或施工总荷载（荷载效应基本组合的设计值，以下简称设计值）10 kN/m^{2}及以上，或集中线荷载（设计值）15 kN/m及以上，或高度大于支撑水平投影宽度且相对独立无联系构件的混凝土模板支撑工程。

（三）承重支撑体系：用于钢结构安装等满堂支撑体系。

三、起重吊装及起重机械安装拆卸工程

（一）采用非常规起重设备、方法，且单件起吊重量在10 kN及以上的起重吊装工程。

（二）采用起重机械进行安装的工程。

（三）起重机械安装和拆卸工程。

四、脚手架工程

（一）搭设高度24 m及以上的落地式钢管脚手架工程（包括采光井、电梯井脚手架）。

（二）附着式升降脚手架工程。

（三）悬挑式脚手架工程。

（四）高处作业吊篮。

（五）卸料平台、操作平台工程。

（六）异型脚手架工程。

五、拆除工程

可能影响行人、交通、电力设施、通讯设施或其它建、构筑物安全的拆除工程。

六、暗挖工程

采用矿山法、盾构法、顶管法施工的隧道、洞室工程。

七、其他

（一）建筑幕墙安装工程。
（二）钢结构、网架和索膜结构安装工程。
（三）人工挖孔桩工程。
（四）水下作业工程。
（五）装配式建筑混凝土预制构件安装工程。
（六）采用新技术、新工艺、新材料、新设备可能影响工程施工安全，尚无国家、行业及地方技术标准的分部分项工程。

附录 2　超过一定规模的危险性较大的分部分项工程范围

一、深基坑工程

开挖深度超过 5 m（含 5 m）的基坑（槽）的土方开挖、支护、降水工程。

二、模板工程及支撑体系

（一）各类工具式模板工程：包括滑模、爬模、飞模、隧道模等工程。

（二）混凝土模板支撑工程：搭设高度 8 m 及以上，或搭设跨度 18 m 及以上，或施工总荷载（设计值）15 kN/m^2 及以上，或集中线荷载（设计值）20 kN/m 及以上。

（三）承重支撑体系：用于钢结构安装等满堂支撑体系，承受单点集中荷载 7 kN 及以上。

三、起重吊装及起重机械安装拆卸工程

（一）采用非常规起重设备、方法，且单件起吊重量在 100 kN 及以上的起重吊装工程。

（二）起重量 300 kN 及以上，或搭设总高度 200 m 及以上，或搭设基础标高在 200 m 及以上的起重机械安装和拆卸工程。

四、脚手架工程

（一）搭设高度 50 m 及以上的落地式钢管脚手架工程。

（二）提升高度在 150 m 及以上的附着式升降脚手架工程或附着式升降操作平台工程。

（三）分段架体搭设高度 20 m 及以上的悬挑式脚手架工程。

五、拆除工程

（一）码头、桥梁、高架、烟囱、水塔或拆除中容易引起有毒有害气（液）体或粉尘扩散、易燃易爆事故发生的特殊建、构筑物的拆除工程。

（二）文物保护建筑、优秀历史建筑或历史文化风貌区影响范围内的拆除工程。

六、暗挖工程

采用矿山法、盾构法、顶管法施工的隧道、洞室工程。

七、其他

（一）施工高度 50 m 及以上的建筑幕墙安装工程。

（二）跨度 36 m 及以上的钢结构安装工程，或跨度 60 m 及以上的网架和索膜结构安装工程。

（三）开挖深度 16 m 及以上的人工挖孔桩工程。

（四）水下作业工程。

（五）重量 1 000 kN 及以上的大型结构整体顶升、平移、转体等施工工艺。

（六）采用新技术、新工艺、新材料、新设备可能影响工程施工安全，尚无国家、行业及地方技术标准的分部分项工程。

附录 3　建筑施工扣件式钢管脚手架安全技术规范（JGJ 130-2011）

（节　选）

5　设计计算

5.1　基本设计规定

5.1.1　脚手架的承载能力应按概率极限状态设计法的要求，采用分项系数设计表达式进行设计。可只进行下列设计计算：

（1）纵向、横向水平杆等受弯构件的强度和连接扣件抗滑承载力计算；

（2）立杆的稳定性计算；

（3）连墙件的强度、稳定性和连接强度的计算；

（4）立杆地基承载力计算。

5.1.2　计算构件的强度、稳定性与连接强度时，应采用荷载效应基本组合的设计值。永久荷载分项系数应取 1.2，可变荷载分项系数应取 1.4。

5.1.3　脚手架中的受弯构件，尚应根据正常使用极限状态的要求验算变形。验算构件变形时，应采用荷载效应标准组合的设计值。各类荷载分项系数均应取 1.0。

5.1.4　当纵向或横向水平杆的轴线对立杆轴线的偏心距不大于 55mm 时，立杆稳定性计算中可不考虑此偏心距的影响。

5.1.5　当采用本规范第 6.1.1 条规定的构造尺寸，其相应杆件可不再进行设计计算。但连墙件、立杆地基承载力等仍应根据实际荷载进行设计计算。

5.1.6　钢材的强度设计值与弹性模量应按表 5.1.6 采用。

表 5.1.6　钢材的强度设计值与弹性模量（N/mm^2）

Q235 钢抗拉、抗压和抗弯强度设计值 f	205
弹性模量 E	2.06×10^5

5.1.7　扣件、底座、可调托撑的承载力设计值应按表 5.1.7 采用。

表 5.1.7　扣件、底座、可调托撑的承载力设计值（kN）

项　　目	承载力设计值
对接扣件（抗滑）	3.20
直角扣件、旋转扣件（抗滑）	8.00
底座（受压）、可调托撑（受压）	40.00

5.1.8　受弯构件的挠度不应超过表 5.1.8 中规定的容许值。

表 5.1.8　受弯构件的容许挠度

构件类别	容许挠度 [v]
脚手板、脚手架纵向、横向水平杆	l/150
脚手架悬挑受弯杆件	l/400
型负悬挑脚手架悬挑梁	l/250

注：l 为受弯构件的跨度。对悬挑杆件为其悬伸长度的 2 倍

5.1.9　受压、受拉构件的长细比不应超过表 5.1.9 中规定的容许值。

表 5.1.9　受压、受拉构件的容许长细比

构件类别		容许长细比 [λ]
立杆	双排架 满堂支撑架	210
	单排架	230
	满堂脚手架	250
横向斜撑、剪刀撑中的压杆		250
拉杆		350

5.2　单、双排脚手架计算

5.2.1　纵向、横向水平杆的抗弯强度应按下式计算：

$$\sigma = M/W \leq f \tag{5.2.1}$$

式中：σ——弯曲正应力；

M——弯矩设计值（N·mm），应按本规范第 5.2.2 条的规定计算；

W——截面模量（mm^3），应本规范附录 B 表 B.0.1 采用；

f——钢材的抗弯强度设计值（N/mm^2），应按本规范表 5.1.6 采用。

5.2.2　纵向、横向水平杆弯矩设计值，应按下式计算：

$$M = 1.2M_{Gk} + 1.4\Sigma M_{Qk} \quad (5.2.2)$$

式中：M_{Gk}——脚手板自重产生的弯矩标准值（kN·m）；

M_{Qk}——施工荷载产生的弯矩标准值（kN·m）。

5.2.3　纵向、横向水平杆的挠度应符合下式规定：

$$v \leqslant [v] \quad (5.2.3)$$

式中：v——挠度（mm）；

$[v]$——容许挠度，应按本规范表5.1.8采用。

5.2.4　计算纵向、横向水平杆的内力与挠度时，纵向水平杆宜按三跨连续梁计算，计算跨度取纵距 l_a；横向水平杆宜按简支梁计算，计算跨度 l_0 可按图5.2.4采用。

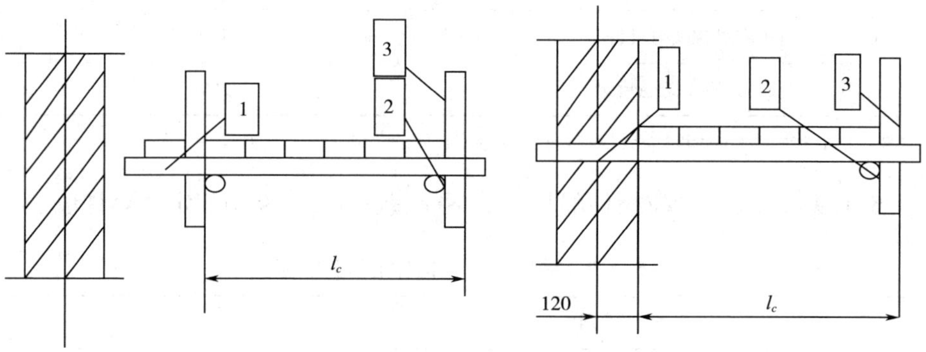

图5.2.4　横向水平杆计算跨度

注：1—横向水平杆；2—纵向水平杆；3—立杆

5.2.5　纵向或横向水平与立杆连接时，其扣件的抗滑承载力应符合下式规定：

$$R \leqslant R_c \quad (5.2.5)$$

式中：R——纵向或横向水平杆传给立杆的竖向作用力设计值；

R_c——扣件抗滑承载力设计值，应按本规范表5.1.7采用。

5.2.6　立杆的稳定性应按下列公式计算：

不组合风荷载时：

$$N/\varphi A \leqq f \quad (5.2.6-1)$$

组合风荷载时：

$$N/\varphi A + M_w/W \leqq f \quad (5.2.6-1)$$

式中：N——计算立杆的轴向力设计值（N），应按本规范式（5.2.7-1）、式（5.2.7-2）计算；

φ——轴心受压构件的稳定系数，应根据长细比 λ 由本规范附录A珍A.0.6取值；

λ——长细比，$\lambda = l_0/I$；

l_0——计算长度（mm），应按本规范式第5.2.8条的规定计算；

i——截面回转半径，可按本规范附录B表B.0.1采用；

A——立杆截面面积（mm^2），可按本规范附录B表B.0.1采用；

M_w——计算立杆段由风荷载设计值产生的弯矩（N·mm），可按本规范式（5.2.9）计算；

f——钢材的抗压强度设计值（N/mm^2），应按本规范表5.1.6用。

5.2.7　计算立杆段的轴向力设计值N，应按下列公式计算：

不组合风荷载时：

$$N = 1.2(N_{G1k} + N_{G2k}) + 1.4\Sigma N_{Qk} \qquad (5.2.7\text{-}1)$$

组合风荷载时：

$$N = 1.2(N_{G1k} + N_{G2k}) + 0.85 \times 1.4\Sigma N_{Qk} \qquad (5.2.7\text{-}2)$$

式中：N_{G1k}——脚手架结构自重产生的轴向力标准值；

N_{G2k}——构配件自重产生的轴向力标准值；

ΣN_{Qk}——施工荷载产生的轴向力标准值总和，内、外立杆各按一纵距内施工荷载总和的1/2取值。

5.2.8 立杆计算长度l_0应按下式计算：

$$l_0 = k\mu h \qquad (5.2.8)$$

式中：k——计算长度附加系数，其值取1.155，当验算立杆允许长细比时，取$k=1$；

μ——考虑单、双脚手架整体稳定因素的单杆计算长度系数，应按表5.2.8采用；

h——步距。

表5.2.8　单、双排脚手架立杆的计算长度系数μ

类　别	立杆横距（m）	连墙件布置	
		二步三跨	三步跨
双排架	1.05	1.50	1.70
	1.30	1.55	1.75
	1.55	1.60	1.80
单排架	≤1.50	1.80	2.00

5.2.9　由风荷载产生的立杆段弯矩设计值M_w，可按下式计算：

$$M_w = 0.9 \times 1.4M_{wk} = 0.9 \times 1.4\omega_k l_a h^2/10 \qquad (5.2.9)$$

式中：M_{wk}——风荷载产生的弯矩标准值（N·mm）；

w_w——风荷载标准值（kN/m^2），应按本规范式（4.2.5）式计算；

l_a——立杆纵距（m）。

5.2.10　单、双排脚手架立杆稳定性计算部位的确定应符合下列规定：

（1）当脚手架搭设尺寸采用相同的步距、立杆纵距、立杆横距和连墙件间距时，应计算底层立杆段；

（2）当脚手架的步距、立杆纵距、立杆横距和连墙件间距有变化时，除计算底层立杆段外，还必须对出现最大步距或最大立杆纵距、立杆横距、连墙件间距等部位的立杆段进行验算。

5.2.11　单、双排脚手架的可搭设高度［H］应按下列公式计算，并应取较小值：

（1）不组合风荷载时：

$$[H] = \frac{\varphi Af - (1.2N_{G2k} + 1.4\sum N_{Qk})}{1.2g_k} \tag{5.2.11-1}$$

（2）组合风荷载时：

$$[H] = \frac{\varphi Af - [1.2N_{G2k} + 0.9 \times 1.4(\sum N_{Qk} + \frac{M_{wk}}{W}\varphi A)]}{1.2g_k} \tag{5.2.11-2}$$

式中：［H］——脚手架允许搭设高度（m）；

g_k——立杆承受的每米结构自重标准值（kN/m），可按本规范附录A表A.0.1采用。

5.2.12　连墙件杆件的强度及稳定应满足下列公式的要求：

强度：

$$\sigma = \frac{N_l}{A_c} \leqslant 0.85f \tag{5.2.12-1}$$

稳定：

$$\frac{N_l}{\varphi A} \leqslant 0.85f \tag{5.2.12-2}$$

$$N_l = N_{lw} + N_0 \tag{5.2.12-3}$$

式中：σ——连墙件应力值（N/mm^2）；

A_c——连墙件的净截面面积（mm^2）；

A——连墙件的毛截面面积（mm^2）；

N_l——连墙件轴向力设计值（N）；

N_{lw}——风荷载产生的连墙件轴向力设计值，应按本规范第5.2.13条的规定计算；

N_0——连墙件约束脚手架平面外变形所产生的轴向力。单排架取 2kN，双排架取 3kN)；

φ——连墙件的稳定系数，应根据连墙件长细比按本规范附录 A 表 A. 1. 6 取值；

f——连墙件钢材的强度设计值（N/mm^2），应按本规范表 5. 0. 6 采用。

5. 2. 13　由风荷载产生的连墙件的轴向力设计值，应按下式计算：

$$N_{lw} = 1.4 \cdot w_k \cdot A_w \qquad (5.2.13)$$

式中：A_w——单个连墙件所覆盖的脚手架外侧的迎风面积。

5. 2. 14　连墙件与脚手架、连墙件与建筑结构连接的承载力应按下式计算：

$$Ni \leqslant Nv \qquad (5.2.14)$$

式中：Nv 连墙件与脚手架、连墙件与建筑结构连接的受拉（压）承载力设计值，应根据相应规范规定计算。

5. 2. 15　当采用钢管扣件做连墙件时，扣件抗滑承载力的验算，应满足下式要求：

$$N_l \leqslant R_c \qquad (5.2.15)$$

式中：R_c——扣件抗滑承载力设计值，一个直角扣件应取 8. 0 kN。

附录4　房屋市政工程生产安全重大事故隐患判定标准（2024版）

第一条　为准确认定、及时消除房屋建筑和市政基础设施工程（以下简称房屋市政工程）生产安全重大事故隐患，有效防范和遏制群死群伤事故发生，根据《中华人民共和国建筑法》《中华人民共和国安全生产法》《建设工程安全生产管理条例》等法律和行政法规，制定本标准。

第二条　本标准所称重大事故隐患，是指在房屋市政工程施工过程中，存在的危害程度较大、可能导致群死群伤或造成重大经济损失的生产安全事故隐患。

第三条　本标准适用于判定新建、扩建、改建、拆除房屋市政工程的生产安全重大事故隐患。

县级及以上人民政府住房和城乡建设主管部门和施工安全监督机构在监督检查过程中可依照本标准判定房屋市政工程生产安全重大事故隐患。

第四条　施工安全管理有下列情形之一的，应判定为重大事故隐患：

（一）建筑施工企业未取得安全生产许可证擅自从事建筑施工活动或超（无）资质承揽工程；

（二）建筑施工企业未按照规定要求足额配备安全生产管理人员，或其主要负责人、项目负责人、专职安全生产管理人员未取得有效安全生产考核合格证书从事相关工作；

（三）建筑施工特种作业人员未取得有效特种作业人员操作资格证书上岗作业；

（四）危险性较大的分部分项工程未编制、未审核专项施工方案，或专项施工方案存在严重缺陷的，或未按规定组织专家对“超过一定规模的危险性较大的分部分项工程范围”的专项施工方案进行论证；

（五）对于按照规定需要验收的危险性较大的分部分项工程，未经验收合格即进入下一道工序或投入使用。

第五条　基坑、边坡工程有下列情形之一的，应判定为重大事故隐患：

（一）未对因基坑、边坡工程施工可能造成损害的毗邻建筑物、构筑物和地下管线等，采取专项防护措施；

（二）基坑、边坡土方超挖且未采取有效措施；

（三）深基坑、高边坡（一级、二级）施工未进行第三方监测；

（四）有下列基坑、边坡坍塌风险预兆之一，且未及时处理：

1. 支护结构或周边建筑物变形值超过设计变形控制值；

2. 基坑侧壁出现大量漏水、流土；

3. 基坑底部出现管涌或突涌；

4. 桩间土流失孔洞深度超过桩径。

第六条　模板工程及支撑体系有下列情形之一的，应判定为重大事故隐患：

（一）模板支架的基础承载力和变形不满足设计要求；

（二）模板支架承受的施工荷载超过设计值；

（三）模板支架拆除及滑模、爬模爬升时，混凝土强度未达到设计或规范要求；

（四）危险性较大的混凝土模板支撑工程未按专项施工方案要求的顺序或分层厚度浇筑混凝土。

第七条　脚手架工程有下列情形之一的，应判定为重大事故隐患：

（一）脚手架工程的基础承载力和变形不满足设计要求；

（二）未设置连墙件或连墙件整层缺失；

（三）附着式升降脚手架的防倾覆、防坠落或同步升降控制装置不符合设计要求、失效或缺失。

第八条　建筑起重机械及吊装工程有下列情形之一的，应判定为重大事故隐患：

（一）塔式起重机、施工升降机、物料提升机等起重机械设备未经验收合格即投入使用，或未按规定办理使用登记；

（二）建筑起重机械的基础承载力和变形不满足设计要求；

（三）建筑起重机械安装、拆卸、爬升（降）以及附着前未对结构件、爬升装置和附着装置以及高强度螺栓、销轴、定位板等连接件及安全装置进行检查；

（四）建筑起重机械的安全装置不齐全、失效或者被违规拆除、破坏；

（五）建筑起重机械主要受力构件有可见裂纹、严重锈蚀、塑性变形、开焊，或其连接螺栓、销轴缺失或失效；

（六）施工升降机附着间距和最高附着以上的最大悬高及垂直度不符合规范要求；

（七）塔式起重机独立起升高度、附着间距和最高附着以上的最大悬高及垂直度不符合规范要求；

（八）塔式起重机与周边建（构）筑物或群塔作业未保持安全距离；

（九）使用达到报废标准的建筑起重机械，或使用达到报废标准的吊索具进行起重吊装作业。

第九条　高处作业有下列情形之一的，应判定为重大事故隐患：

（一）钢结构、网架安装用支撑结构基础承载力和变形不满足设计要求，钢结构、网架安装用支撑结构超过设计承载力或未按设计要求设置防倾覆装置；

（二）单榀钢桁架（屋架）等预制构件安装时未采取防失稳措施；

（三）悬挑式卸料平台的搁置点、拉结点、支撑点未设置在稳定的主体结构上，且未做可靠连接；

（四）脚手架与结构外表面之间贯通未采取水平防护措施，或电梯井道内贯通未采取水平防护措施且电梯井口未设置防护门；

（五）高处作业吊篮超载使用，或安全锁失效、安全绳（用于挂设安全带）未独立悬挂。

第十条　施工临时用电有下列情形之一的，应判定为重大事故隐患：

（一）特殊作业环境（通风不畅、高温、有导电灰尘、相对湿度长期超过75%、泥泞、存在积水或其他导电液体等不利作业环境）照明未按规定使用安全电压；

（二）在建工程及脚手架、机械设备、场内机动车道与外电架空线路之间的安全距离不符合规范要求且未采取防护措施。

第十一条　有限空间作业有下列情形之一的，应判定为重大事故隐患：

（一）未辨识施工现场有限空间，且未在显著位置设置警示标志；

（二）有限空间作业未履行“作业审批制度”，未对施工人员进行专项安全教育培训，未执行“先通风、再检测、后作业”原则；

（三）有限空间作业时现场无专人负责监护工作，或无专职安全生产管理人员现场监督；

（四）有限空间作业现场未配备必要的气体检测、机械通风、呼吸防护及应急救援设施设备。

第十二条　拆除工程有下列情形之一的，应判定为重大事故隐患：

（一）装饰装修工程拆除承重结构未经原设计单位或具有相应资质条件的设计单位进行结构复核；

（二）拆除施工作业顺序不符合规范和施工方案要求。

第十三条　隧道工程有下列情形之一的，应判定为重大事故隐患：

（一）作业面带水施工未采取相关措施，或地下水控制措施失效且继续施工；

（二）施工时出现涌水、涌沙、局部坍塌，支护结构扭曲变形或出现裂缝，未及时采取措施；

（三）未按规范或施工方案要求选择开挖、支护方法，或未按规定开展超前地质预报、监控量测，或监测数据超过设计控制值且未及时采取措施；

（四）盾构机始发、接收端头未按设计进行加固，或加固效果未达到要求且未采取措施即开始施工；

（五）盾构机盾尾密封失效、铰链部位发生渗漏仍继续掘进作业，或盾构机带压开仓检查换刀未按有关规定实施；

（六）未对因施工可能造成损害的毗邻建筑物、构筑物和地下管线等，采取专项防护措施；

（七）未经批准，在轨道交通工程安全保护区范围内进行新（改、扩）建建（构）筑物、敷设管线、架空、挖掘、爆破等作业。

第十四条　施工临时堆载有下列情形之一的，应判定为重大事故隐患：

（一）基坑周边堆载超过设计允许值；

（二）无支护基坑（槽）周边，在坑底边线周边与开挖深度相等范围内堆载；

（三）楼板、屋面和地下室顶板等结构构件或脚手架上堆载超过设计允许值。

第十五条　存在以下冒险作业情形之一的，应判定为重大事故隐患：

（一）使用混凝土泵车、打桩设备、汽车起重机、履带起重机等大型机械设备，未校核其运行路线及作业位置承载能力；

（二）在雷雨、大雪、浓雾或大风等恶劣天气条件下违规进行吊装作业、设备安装、拆卸和高处作业；

（三）施工现场使用塔式起重机、汽车起重机、履带起重机或轮胎起重机等非载人设备吊运人员。

第十六条　使用国家明令禁止和限制使用的危害程度较大、可能导致群死群伤或造成重大经济损失的施工工艺、设备和材料，应判定为重大事故隐患。

第十七条　其他严重违反房屋市政工程安全生产法律法规、部门规章及强制性标准，且存在危害程度较大、可能导致群死群伤或造成重大经济损失的现实危险，应判定为重大事故隐患。

第十八条　本标准自发布之日起执行。《房屋市政工程生产安全重大事故隐患判定标准（2022版）》（建质规〔2022〕2号）同时废止。